高职高专项目导向系列教材

高分子材料化学基础
基础化学篇

马超　主编

化学工业出版社

·北京·

本教材主要分为认识物质、有机化合物的结构与应用和化学基本理论三个学习情境。根据本专业必需的化学基础知识，归纳出十三个任务，分别为原子结构的基础知识、分子结构的基础知识、分子构型及分子间力的基础知识、有机物的基础知识、脂肪烃的结构与应用、环烃的结构与应用、卤代烃的结构与应用、含氧（硫）化合物的结构与应用、含氮化合物的结构与应用、气体、溶液、相平衡及应用、化学热力学基础、化学反应速率及应用和化学平衡及应用。任务选取考虑了与专业的联系、后续课程的联系和本课程知识体系三个方面，任务与知识内容联系紧密，配以自我评价，有助于学生在完成任务的同时掌握知识，增加学习兴趣。

本教材体现了以任务驱动、项目导向的教学改革模式，可作为高职高专高分子材料应用技术专业以及化工技术类相关专业教材，也可供从事该专业的相关企业工程技术人员参阅。

图书在版编目（CIP）数据

高分子材料化学基础．基础化学篇/马超主编．—2版．—北京：化学工业出版社，2014.3（2024.1重印）
高职高专"十二五"规划教材
ISBN 978-7-122-19636-1

Ⅰ.①高…　Ⅱ.①马…　Ⅲ.①高分子材料-高分子化学-高等职业-教材　Ⅳ.①TB324

中国版本图书馆 CIP 数据核字（2014）第 016850 号

责任编辑：窦 臻　　　　　　　　文字编辑：冯国庆
责任校对：宋 玮　　　　　　　　装帧设计：刘丽华

出版发行：化学工业出版社（北京市东城区青年湖南街 13 号　邮政编码 100011）
印　　装：北京科印技术咨询服务有限公司数码印刷分部
787mm×1092mm　1/16　印张 10½　彩插 1　字数 256 千字　2024 年 1 月北京第 1 版第 4 次印刷

购书咨询：010-64518888　　　　　　售后服务：010-64518899
网　　址：http://www.cip.com.cn
凡购买本书，如有缺损质量问题，本社销售中心负责调换。

定　　价：29.00 元

前言

本书的编写主要是为了适应高职以任务驱动、项目导向的教学改革趋势，根据高分子材料应用技术专业的专业基础课和专业课要求，整合"无机化学"、"有机化学"、"物理化学"等相关的学习内容，重新构成"高分子材料化学基础——基础化学"课程。

本书内容编排以采用"重难点相结合的典型习题"、"主要元素及化合物的结构性质分析"、"与实际相结合的应用"等典型任务为导向，引导学生通过对教材中相关内容的学习和不同渠道获取的知识，来完成任务，进而激发学生学习的兴趣，使学生在完成任务的过程中，既能掌握基础知识，又能拓展知识面，达到学习目的。

本书在知识内容的编排上，注意了知识结构的渐进性，以基本知识入手，通过对物质结构的分析，学习化合物的性质，以基本规律解决实际问题，知识内容由浅入深，从基础到应用；在内容侧重方面，主要考虑了高分子材料类和有机化工类后续课程的需要，有针对性地列举了靠近这两个专业大类的例子，精简了一些非必要的理论知识内容；在知识结构方面，考虑了学生刚升入高校的学习惯性，兼顾了以前相关的知识体系，尽量保证了知识体系的完整性。

本书按照任务描述、任务分析、相关知识、自我评价等项目化课程体例格式编写，表现形式多样化，做到了图文并茂、直观易读。

本书在编写过程中，得到辽宁石化职业技术学院王宝仁老师和高分子材料专业教研室张立新、杨连成、赵若东、付丽丽及石红锦等老师的大力支持，在此表示感谢！

由于编者的水平有限，书中不足之处在所难免，敬请大家批评指正。

编者

2013 年 10 月

目 录

学习情境三　化学基本理论

119

附录

157

参考文献

160

认识物质

【知识目标】

理解原子核外电子的运动状态及简单分子的空间构型；掌握核外电子的排布规律、元素周期律及元素周期表；掌握离子键和共价键的形成过程、特点及类型；了解分子间作用力、氢键及对物质性质的影响。

【能力目标】

能写出元素原子的核外电子排布式及价电子构型；能应用原子结构的理论解释共价键的形成过程、特点及类型；能应用分子间作用力及氢键的理论解释它们对物质性质的影响。

任务一 原子结构的基本知识

【任务描述】

已知 8 种元素：碳、氮、氧、硫、氟、氯、钠、硅。

完成以下任务：

1. 书写以上元素原子的电子排布式、价电子构型、价电子轨道表示式；
2. 根据价电子构型，判断以上元素在元素周期表中的位置；
3. 识读元素周期表，比较以上元素的基本性质及特点。

【任务分析】

在原子结构简图知识的基础上，通过学习，了解原子的组成和结构，以及核外电子运动状态，学会书写核外电子排布式和价层电子构型，结合不同元素原子核外电子的排布特点，对比元素周期表，归纳总结原子结构和元素性质的周期性递变规律。

【相关知识】

一、原子的组成及结构

原子是化学变化中的最小粒子，在化学反应过程中是不可分割的。如图 1-1 所示，原子的直径大约是 $10^{-10}\,\mathrm{m}$，包含一个致密的原子核及若干围绕在原子核周围带负电的电子。原子的质量极小，且 99.9% 集中在原子核上，原子核由带正电的质子和电中性的中子组成。基态原子中质子数和电子数相同，处于电中性状态；若出现电子得失，则形成带有正电荷或负电荷的离子，因此，离子是带电的原子。

　　原子的类型取决于质子和中子的数量。质子数决定该原子属于哪一种元素，所有质子数相同的原子组成元素；中子数则确定该原子是此元素的哪一个同位素，每一种元素至少有一种不稳定的同位素。分子是由原子组成的，原子也可以直接构成许多物质。构成原子的粒子性质及关系见表1-1。

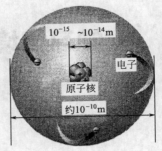

图1-1　原子结构

二、原子核外电子的运动状态

　　在化学变化过程中，原子核很难发生变化，只有核外电子才是决定分子及物质的主要因素，因此核外电子运动状态的研究揭示了物质组成的本质。

表 1-1　构成原子的粒子性质及相互关系

构成原子的粒子	电子	原子核	
		质子	中子
电性和电量	1个电子带1个单位负电荷	1个质子带1个单位正电荷	不显电性
质量/kg	9.109×10^{-31}	1.673×10^{-27}	1.675×10^{-27}
相对质量	1/1836	1.007	1.008
基态原子	原子序数＝核电荷数(Z)＝核内质子数＝核外电子数 质量数(A)＝质子数(Z)＋中子数(N)		

1. 核外电子运动特征

　　1927年，戴维逊和革末通过镍晶体（作为光栅）将一束高速电子流投射到荧光屏上，得到了与光衍射现象相似的一系列明暗交替的衍射环纹，这种现象称为电子衍射，如图1-2所示。

　　衍射是波所具有的特性。电子衍射实验表明，高速运动的电子流除有粒子性（有质量、动量）外，还具有波动性，称为电子的波粒二象性。除光子和电子外，其他微观粒子如质子、中子、原子、分子等也同样具有波粒二象性。

　　由于电子具有波粒二象性，在描述它时无法肯定它在某一瞬间处于空间的某一点，只能指出它在原子核外某处出现的概率大小。电子在原子核外各处出现的概率是不同的，有些地方出现的概率大，有些地方出现的概率很小，如果将电子在原子核外各处出现的概率用小黑点描绘出来（概率越大，小黑点越密），那么便得到一种略具直观性的图像，如图1-3所示，图像中，原子核仿佛被带负电荷的电子云雾所笼罩，故称电子云。

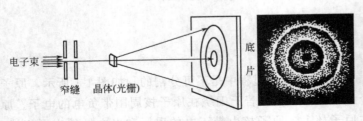

图1-2　电子衍射示意图

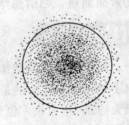

图1-3　电子云

2. 现代量子力学模型

物理学家德布罗意、薛定谔和海森堡等人，经过 13 年的艰苦论证，用主量子数、角量子数、磁量子数和自旋量子数这四个量子数很好地解释了核外电子的运动状态。

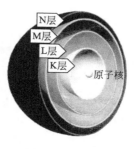

图 1-4　电子层

（1）主量子数（n）　又称电子层，是用来表述电子能量和距原子核距离的量子数，用 n 表示，如图 1-4 所示。能量低的电子通常在离核较近的区域内运动；能量高的电子通常在离核较远的区域内运动。

n 取值为 1、2、3、4 等正整数，常用 K、L、M、N、O、P、Q 等光谱符号表示，n 是决定电子能量高低的主要因素。n 值越大，表示电子所在的电子层距离原子核越远，能量越高，见表 1-2。

表 1-2　主量子数的取值、符号及能量变化

主量子数（n）	1	2	3	4	5	6	7	…
光谱符号	K	L	M	N	O	P	Q	…
能量变化	从左到右能量依次升高							

（2）角量子数（l）　又称电子亚层，是用来表述核外电子云形状的量子数，用 l 表示，是决定电子能量高低的次要因素。

l 取值为 0、1、2、3 等，$l \leqslant (n-1)$，对应光谱符号为 s、p、d、f…，每个 l 值代表一个亚层，能量按 s、p、d、f 的顺序依次增大，见表 1-3。

表 1-3　角量子数的取值、符号及能量变化

主量子数（n）	1	2		3			4				…	$l \leqslant (n-1)$
角量子数（l）	0	0	1	0	1	2	0	1	2	3	…	$l \leqslant (n-1)$
光谱符号（电子亚层）	s	s	p	s	p	d	s	p	d	f		
能量变化	按 s、p、d、f 的顺序，能量依次升高											

薛定谔等人用数学的方法，运算出 s、p、d、f 亚层的电子运动状态，结合电子云的特点，描述成如下形状，如图 1-5～图 1-8 所示。

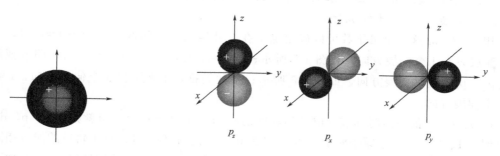

图 1-5　s 亚层为球形　　　　图 1-6　p 亚层为无柄哑铃形

为了更加直观地表明电子在核外所处的区域，常将主量子数 n 写在亚层符号的前面。例

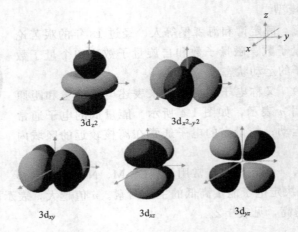

图 1-7　d 亚层为四瓣花形

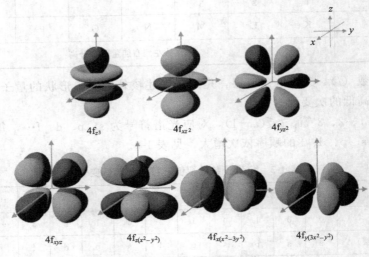

图 1-8　f 亚层为八瓣花形

如，处在 K 层 s 亚层的电子表示为 1s；处在 L 层 s 亚层的电子表示 2s；处在 M 层 d 亚层的电子表示为 3d 等。

（3）磁量子数（m）　是用来描述电子云在空间伸展方向的量子数，用 m 表示。m 取值为 0，±1，±2，…，±l，$|m| \leqslant l$。

用 n、l、m 这三个量子数可以确定电子在核外运动的空间区域。如当 $l=0$ 时，$m=0$，即 s 亚层只有 1 个伸展方向，如图 1-5 所示；当 $l=1$ 时，$m=+1$、0、-1，即 p 亚层有 3 个（p_x、p_y、p_z）伸展方向，如图 1-6 所示；依此类推，d 亚层有 5 个伸展方向，f 亚层则有 7 个伸展方向。

把 n、l、m 值一定时的核外电子运动状态称为一个原子轨道，也就是说 s、p、d、f 亚层分别有 1、3、5、7 个原子轨道。若 n、l 都相同，但 m 不同时，原子轨道的能量相同，形状也相同，只是伸展方向不同，称为等价轨道（又称简并轨道），可见，p、d、f 亚层分别有 3、5、7 个等价轨道，见表 1-4。

（4）自旋量子数（m_s）　又称电子的自旋，是用来描述电子自旋运动的量子数，用 m_s

表示。

表 1-4　原子轨道与三个量子数的关系

主量子数(n)	1	2		3			4				…	n
角量子数(l)	0	0	1	0	1	2	0	1	2	3	…	$l \leqslant (n-1)$
磁量子数(m)	0	0	$0,\pm1$	0	$0,\pm1$	$0,\pm1,\pm2$	0	$0,\pm1$	$0,\pm1\pm2$	$0,\pm1,\pm2,\pm3$	…	$|m| \leqslant l$
轨道名称	1s	2s	2p	3s	3p	3d	4s	4p	4d	4f	…	
轨道数	1	1	3	1	3	5	1	3	5	7	…	
总轨道数	1	4		9			16				…	n^2 个

电子除围绕原子核运动外，还做两种相反的自旋运动。m_s 的取值只有两个（$+1/2$ 和 $-1/2$），分别代表电子的两种自旋方向，即顺时针方向和逆时针方向，用符号 ↑ 和 ↓ 表示。自旋方向相同的两个电子所产生的磁场方向相同，互相排斥，不能在同一轨道内运动；而自旋方向相反的两个电子互相吸引，能在同一原子轨道内运动。

综上所述，用某一电子的四个量子数数值，就可从能量、距原子核距离、原子轨道的形状及伸展方向、自旋状态等方面来描述该电子在核外的运动状态。

三、原子核外电子的分布

1. 泡利不相容原理

奥地利物理学家泡利（W. Pauli）提出，在同一原子中不可能存在运动状态完全相同的两个电子。也就是说，同一原子中不存在四个量子数完全相同的电子，即每个原子轨道中，最多只能容纳两个自旋相反的电子。若用小"○"或"□"表示一个原子轨道，则可表示为：

⬆⬇ 或 ⬆⬇

2. 能量最低原理

在不违背泡利不相容原理的前提下，电子的排布方式应使得系统的能量最低，即电子应尽先占据能量最低的轨道。核外电子的能量取决于主量子数（n）和角量子数（l），即各电子层的不同亚层，都有一个对应的能量状态，称之为能级。

根据光谱实验和理论计算的结果，美国化学家鲍林（L. Pauling）总结出原子轨道的近似能级图，如图 1-9 所示。它反映出多电子原子中轨道能级顺序，同一能级组内轨道能量相差较小，能级组间轨道能量相差较大。

（1）原子轨道能级规律　在多电子原子中，轨道能量除取决于主量子数 n 以外，还与角量子数 l 有关，可归纳出以下三条规律。

① 当 n 不同，l 相同时，其能量关系为：$E_{1s} < E_{2s} < E_{3s} < E_{4s}$。即不同电子层的相同亚层，其能级随着电子层序数增大而升高。

② 当 n 相同，l 不同时，其能量关系为：$E_{ns} < E_{np} < E_{nd} < E_{nf}$。即相同电子层的不同亚层，其能级随着亚层序数增大而升高。

③ 当 n 和 l 均不同时，由于电子间相互作用，引起某些电子层较大的能级反而低于某些电子层较小能级的现象，称为"能级交错"。如 $E_{4s} < E_{3d}$；$E_{5s} < E_{4d}$；$E_{6s} < E_{4f} < E_{5d}$；

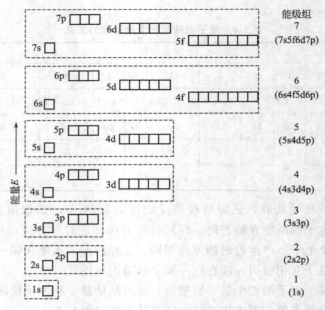

图 1-9 鲍林的轨道能级图

$E_{7s} < E_{5f} < E_{6d}$ 等。

(2) 电子排布式 又称电子分布式或电子结构式，是反映多电子原子核外电子分布的一种表达式。通常，按电子在原子核外各亚层中分布的情况，将排列的电子数标注在亚层符号的右上角。如 Br(35) 的排布顺序为 $1s^2 2s^2 2p^6 3s^2 3p^6 4s^2 3d^{10} 4p^5$，书写顺序为 $1s^2 2s^2 2p^6 3s^2 3p^6 3d^{10} 4s^2 4p^5$。

(3) 原子实表示式 由于参加化学反应的通常是原子的外层电子，内层电子结构一般不变，因此可用"原子实"来表示原子的内层电子结构。原子实表示式是指原子内层电子构型与某一稀有气体电子构型相同时，在方括号内写上该稀有气体的元素符号来表示。如 Br(35) 的原子实表示式为 $[Ar]3d^{10} 4s^2 4p^5$。

(4) 价层电子构型 发生化学反应时参与成键的电子称为价电子。在电子排布式中，价电子所在的电子层分布称价电子层构型。主族元素的价电子构型为 $ns^{1\sim2}np^{1\sim6}$，副族元素（镧系、锕系元素除外）的价电子构型为 $(n-1)d^{1\sim10}ns^{1\sim2}$。如 Br(35) 的价层电子构型为 $4s^2 4p^5$。

(5) 轨道表示式 电子排布式虽清楚地表示电子在各亚层中的分布情况，但无法表明电子占有轨道的情况，因此，采用轨道表示式。使用方框或圆圈代表原子轨道，在方框的上方或下方注明轨道的能级，方框内用向上或向下的箭头表示电子的自旋状态。如 Br(35) 的价层电子轨道表示式为：

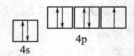

3. 洪特规则

洪特规则是指在等价轨道上分布的电子，将尽可能分占不同的轨道，且自旋平行（自旋状态形同）。例如：N 原子核外电子分布：

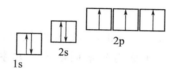

当等价轨道处于全充满（p^6，d^{10}，f^{14}）、半充满（p^3，d^5，f^7）和全空（p^0，d^0，f^0），状态时，具有较低的能量，比较稳定，属于洪特规则特例。例如：K、Cr、Cu 的核外电子分布情况，见表 1-5。

表 1-5　原子序数为 1～36 的元素的原子核外电子排布

周期	原子序数	元素符号	元素名称	电子层									
				1	2		3			4			
				1s	2s	2p	3s	3p	3d	4s	4p	4d	4f
1	1	H	氢	1									
	2	He	氦	2									
2	3	Li	锂	2	1								
	4	Be	铍	2	2								
	5	B	硼	2	2	1							
	6	C	碳	2	2	2							
	7	N	氮	2	2	3							
	8	O	氧	2	2	4							
	9	F	氟	2	2	5							
	10	Ne	氖	2	2	6							
3	11	Na	钠	2	2	6	1						
	12	Mg	镁	2	2	6	2						
	13	Al	铝	2	2	6	2	1					
	14	Si	硅	2	2	6	2	2					
	15	P	磷	2	2	6	2	3					
	16	S	硫	2	2	6	2	4					
	17	Cl	氯	2	2	6	2	5					
	18	Ar	氩	2	2	6	2	6					
4	19	K	钾	2	2	6	2	6		1			
	20	Ca	钙	2	2	6	2	6		2			
	21	Sc	钪	2	2	6	2	6	1	2			
	22	Ti	钛	2	2	6	2	6	2	2			
	23	V	钒	2	2	6	2	6	3	2			
	24	Cr	铬	2	2	6	2	6	5	1			
	25	Mn	锰	2	2	6	2	6	5	2			
	26	Fe	铁	2	2	6	2	6	6	2			
	27	Co	钴	2	2	6	2	6	7	2			
	28	Ni	镍	2	2	6	2	6	8	2			
	29	Cu	铜	2	2	6	2	6	10	1			
	30	Zn	锌	2	2	6	2	6	10	2			
	31	Ga	镓	2	2	6	2	6	10	2	1		
	32	Ge	锗	2	2	6	2	6	10	2	2		
	33	As	砷	2	2	6	2	6	10	2	3		
	34	Se	硒	2	2	6	2	6	10	2	4		
	35	Br	溴	2	2	6	2	6	10	2	5		
	36	Kr	氪	2	2	6	2	6	10	2	6		

四、元素周期律

1869 年，俄国化学家门捷列夫（Mendeleev）总结提出，元素的性质随着元素原子序数的递增而呈周期性的变化，这一规律称为元素周期律，元素周期律的图表形式称为元素周期表。

1. 电子层结构与元素周期表

（1）周期　元素周期表中共有 7 个横行，每个横行表示 1 个周期，共有 7 个周期。

同一周期的元素具有相同的电子层数，从左到右按原子序数递增的顺序排列。周期的序数等于该元素的原子具有的电子层数。第 1 周期为特短周期，只有两种元素；第 2、3 周期为短周期，各有 8 种元素；第 4、5 周期为长周期，各有 18 种元素；第 6 周期为特长周期，有 32 种元素；第 7 周期为不完全周期，现在只有 28 种元素，尚未填满。

同一周期从左到右，各元素原子最外层电子层结构都是从 ns^1 开始，至 ns^2np^6 结束（第 1 周期除外），从活泼的碱金属开始，逐渐过渡到非金属，以稀有气体结尾。

第 6 周期 57 号元素镧（La）到 71 号元素镥（Lu），第 7 周期 89 号元素锕（Ac）到 103 号元素铹（Lr），各有 15 种元素，它们的电子层结构非常相似，分别称为镧系元素和锕系元素，为了使表的结构紧凑，将镧系元素和锕系元素放在周期表的同一格里，并按原子序数递增的顺序，把它们列在表的下方，但实际上还是各占一格。

（2）族　元素周期表中共有 18 个纵行，其中 8、9、10 三个纵行称为一族，其余 15 个纵行，每个纵行称为一族，分为 8 个主族（A）和 8 个副族（B）。同族元素电子层数不同，但价电子构型基本相同（少数除外）。

元素周期表中有 8 个主族，其原子核外最后一个电子填充在 ns 或 np 亚层上，价电子构型为 $ns^{1\sim2}$ 或 $ns^2np^{1\sim6}$，表示为 ⅠA～ⅧA。主族元素的序数等于元素的最外层电子数。ⅧA 族为稀有气体，由于这些元素原子的最外层均已填满电子，因此它们的化学性质很不活泼，在通常情况下难以发生化学反应，过去曾称为零族或惰性气体。

元素周期表中有 8 个副族，其原子核外最后一个电子填充在 $(n-1)$ d 或 $(n-2)$ f 亚层上，价电子构型为 $(n-1)$ d$^{1\sim10}$ $ns^{0\sim2}$，表示为 ⅠB～ⅧB。副族元素也称为过渡元素，其中镧系和锕系称为内过渡元素。ⅢB～ⅦB 族元素的族序数等于元素原子的价电子总数。ⅠB、ⅡB 族元素由于其 $(n-1)$ d 亚层已经填满，所以最外层 ns 亚层上的电子数等于其族序数。ⅧB 族有三个纵行，它们的价电子数与其族序数不完全相同，电子总数在 8～10 之间。

（3）区　根据价电子构型，元素周期表中的元素分为 5 个区：s 区、p 区、d 区、ds 区和 f 区，如图 1-10 所示。

① s 区元素　价电子构型为 $ns^{1\sim2}$，包括 ⅠA 和 ⅡA 族，它们都是活泼金属（氢除外），容易失去电子形成阳离子。

② p 区元素　价电子构型为 $ns^2np^{1\sim6}$，包括 ⅢA～ⅧA 族，既有金属元素、非金属元素，也有稀有气体。

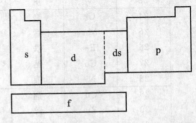

图 1-10　周期表中元素分区示意图

③ d 区元素　价电子构型为 $(n-1)$ d$^{1\sim9}$ $ns^{1\sim2}$（钯除外），包括 ⅢB～ⅧB 族，它们都是金属元素。

④ ds 区元素　价电子构型为 $(n-1)$ d^{10} $ns^{1\sim2}$，次外层轨道已充满电子，包括 ⅠB 和 ⅡB 族，它们都是金属，也属于过渡元素。

⑤ f 区元素　价电子构型为 $(n-2)f^{0\sim14}(n-1)d^{0\sim2}ns^2$，包括镧系和锕系元素。

如某元素的原子序数为 25，则该元素的原子核外有 25 个电子，核外电子排布式为 $1s^2 2s^2 2p^6 3s^2 3p^6 3d^5 4s^2$。有 4 个电子层，所以它属于第 4 周期的元素。最外层和次外层电子总数为 7，所以它位于ⅦB族。最后一个电子填充到 d 轨道，3d 电子未充满，应属于 d 区元素。

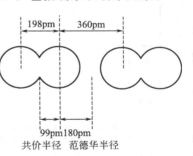

图 1-11　氯原子的共价半径与范德华半径

2. 元素周期律

元素的基本性质随原子的电子层结构呈现周期性变化规律，其实质是原子核外电子分布周期性变化的必然结果，主要表现在以下几个方面。

（1）原子半径　原子半径有三种。同种元素的两个原子以共价单键结合时，其核间距的一半，称为共价半径；在分子晶体中，相邻两分子的两个原子的核间距的一半，称为范德华半径；在金属单质的晶体中，相邻两原子间距离的一半称金属半径。一般来说，范德华半径＞金属半径＞共价半径，如图 1-11 所示。表 1-6 列出了周期表中各种原子的原子半径，表中稀有气体为范德华半径，其余为共价半径。

表 1-6　周期表中各元素的原子半径　　　　　　　　　　单位：pm

H 32																	He 93
Li 123	Be 89											B 82	C 77	N 70	O 66	F 64	Ne 112
Na 154	Mg 136											Al 118	Si 117	P 110	S 104	Cl 99	Ar 154
K 203	Ca 174	Sc 144	Ti 132	V 122	Cr 118	Mn 117	Fe 117	Co 116	Ni 115	Cu 117	Zn 125	Ga 126	Ge 112	As 121	Se 117	Br 114	Kr 169
Rb 216	Sr 191	Y 162	Zr 145	Nb 134	Mo 130	Tc 127	Ru 125	Rh 125	Pd 128	Ag 134	Cd 148	In 144	Sn 140	Sb 141	Te 137	I 133	Xe 190
Cs 235	Ba 198	La 169	Hf 144	Ta 134	W 130	Re 128	Os 126	Ir 127	Pt 130	Au 134	Hg 144	Tl 148	Pb 147	Bi 146	Po 146	At 145	Rn 220

从表 1-6 中可以看出，元素的原子半径呈周期性变化。同一周期主族元素，从左至右，随着原子序数的增加，原子半径逐渐减小。这是因为从左至右核电荷数增大，原子核对电子的吸引力增强，导致原子收缩，半径减小。卤素以后的稀有气体，因为不是共价半径，而是范德华半径，所以随着原子序数的增加，原子半径增大。镧系元素，从左至右，半径减小的幅度更加缓慢，镧系元素原子半径这种缓慢递减的现象称为镧系收缩。同一主族元素，从上到下，由于电子层数的增加，原子半径逐渐增大。

（2）电负性　电负性是指元素的原子在分子中吸引成键电子的能力，它是 1932 年由鲍林首先提出来的，是一个相对值，指相对于最活泼非金属元素氟的电负性（4.0）的数值。电负性越大，原子在分子中吸引电子的能力越强；反之，该原子吸引电子的能力就越弱。表 1-7 列出了元素的电负性。

表 1-7　元素的电负性

H 2.1																	
Li 1.0	Be 1.5											B 2.0	C 2.5	N 3.0	O 3.5	F 4.0	
Na 0.9	Mg 1.2											Al 1.5	Si 1.8	P 2.1	S 2.5	Cl 3.0	
K 0.8	Ca 1.0	Sc 1.3	Ti 1.5	V 1.6	Cr 1.6	Mn 1.5	Fe 1.8	Co 1.9	Ni 1.9	Cu 1.9	Zn 1.6	Ga 1.6	Ge 1.8	As 2.0	Se 2.4	Br 2.8	
Rb 0.8	Sr 1.0	Y 1.2	Zr 1.4	Nb 1.6	Mo 1.8	Tc 1.9	Ru 2.2	Rh 2.2	Pd 2.2	Ag 1.9	Cd 1.7	In 1.7	Sn 1.8	Sb 1.9	Te 2.1	I 2.5	
Cs 0.7	Ba 1.0	La 1.0	Hf 1.3	Ta 1.5	W 1.7	Re 1.9	Os 2.2	Ir 2.2	Pt 2.2	Au 2.4	Hg 1.9	Tl 1.8	Pb 1.8	Bi 1.9	Po 2.0	At 2.2	
Fr 0.7	Ra 0.9	Ac 1.1	Th 1.3	Pa 1.4	U 1.4	Np~No 1.4~1.3											

　　从表 1-7 可以看出，元素的电负性也呈周期性变化。同一周期从左至右，主族元素的电负性依次递增；同一主族自上而下，元素的电负性趋于减小。过渡元素的电负性变化规律不明显，这与镧系收缩有关。

　　（3）元素的氧化数　元素的氧化数（又称氧化值）是指某元素一个原子的形式电荷数，是在假设化学键中的电子指定给电负性较大的原子条件下求得的。

　　氧化数反映了元素的氧化状态，有正、负、零之分，也可以是分数。氧化数与原子的价电子构型有关，周期表中元素的最高氧化数呈周期性变化，见表 1-8。

　　由表 1-8 可见，第 Ⅰ A～Ⅶ A 族（F 除外）、Ⅲ B～Ⅶ B 族元素的最高氧化数等于价电子总数，也等于其族序数；第 Ⅰ B、Ⅱ B、Ⅶ A、Ⅷ B 族元素的最高氧化数变化不规律（详见元素周期表）。非金属元素的最高氧化值与负氧化值的绝对值之和等于 8。

表 1-8　元素常见最高氧化数与价层电子构型的关系

主族	Ⅰ A	Ⅱ A	Ⅲ A	Ⅳ A	Ⅴ A	Ⅵ A	Ⅶ A	Ⅷ A
价层电子构型	ns^1	ns^2	ns^2np^1	ns^2np^2	ns^2np^3	ns^2np^4	ns^2np^5	ns^2np^6
最高氧化数	+1	+2	+3	+4	+5	+6	+7	+8（部分元素）
副族	Ⅰ B	Ⅱ B	Ⅲ B	Ⅳ B	Ⅴ B	Ⅵ B	Ⅶ B	Ⅷ B
价层电子构型	$(n-1)d^{10}ns^1$	$(n-1)d^{10}$ ns^2	$(n-1)d^1$ ns^2	$(n-1)d^2$ ns^2	$(n-1)d^3$ ns^2	$(n-1)d^{4\sim5}$ $ns^{1\sim2}$	$(n-1)d^5$ ns^2	$(n-1)d^{6\sim10}$ $ns^{1\sim2}$
最高氧化数	+3（部分元素）	+2	+3	+4	+5	+6	+7	+8（部分元素）

■ 自我评价 ■

一、填空题

1. 电子云是描述电子在原子核外呈 _____ 分布的图像。

2. 当主量子数为 3 时，包含有 _____、_____、_____ 三个亚层，各亚层为分别包含

_____、_____、_____ 个 轨 道，最 多 能 容 纳 _____、_____、
_____个电子。

3. 同时用 n、l、m 和 m_s 四个量子数可表示原子核外某电子的_____；用 n、l、m 三个量子数表示核外电子运动的一个_____；而 n、l 两个量子数确定原子轨道的_____。

4. 改错

原子	核外电子分布	违背哪条原理	正确的电子排布式
$_3\text{Li}$	$1s^3$		
$_{15}\text{P}$	$1s^2 2s^2 2p^6 3s^2 3p_x^2 3p_y^1$		
$_{24}\text{Cr}$	$1s^2 2s^2 2p^6 3s^2 3p^6 3d^4 4s^2$		
$_{22}\text{Ti}$	$1s^2 2s^2 2p^6 3s^2 3p^6 3d^3 4s^1$		

5. 完成下表

原子序数	元素符号	原子实表示式	价层电子构型	周期	族	区	最高氧化数
14							
	Mn						
		$[\text{Ar}]3d^5 4s^1$					
			$3s^2 3p^3$				
				四	ⅥA		
				三		p	$+7$

二、问答题

1. 举例说明什么是等价轨道？

2. 以表格形式总结元素周期表中，同周期从左至右，同族从上到下，主族元素的原子半径、电负性、最高氧化数、元素金属性与非金属性等基本性质的变化规律。

3. 某元素的原子序数为 35，试回答以下问题：

(1) 该原子中电子数是多少？

(2) 写出该原子核外电子分布式、原子实表示式和价层电子构型。

(3) 指出该元素位于元素周期表的位置（周期、族、区）及最高氧化数。

任务二　分子结构的基本知识

【任务描述】

　　已知下列 8 种物质，Br_2、HF、KI、CO_2、NH_4Cl、Ag 金属、$NaOH$、K_2SO_4，完成以下任务：

　　1. 判断以上分子中含有的化学键的类型，并说明原因；

　　2. 判断共价键属于 σ 键还是 π 键，并说明原因；

　　3. 判断共价键是极性键还是非极性键，并说明原因。

【任务分析】

　　在了解原子外层电子结构的基础上，通过分析分子内两个原子之间电子运动方式的不

同，区分各种化学键的形成原理和形成方式，归纳总结判断化学键类型的方法，进而掌握化学键的类型及特点。

【相关知识】

自然界中，除稀有气体以单原子形式存在外，其他物质都是以分子（或晶体）形式存在的。分子是保持物质化学性质的一种粒子，物质间进行化学反应的实质是分子的形成与分解过程。分子（或晶体）中相邻原子（或离子）间的强烈相互作用，称为化学键。

化学变化的特点是原子核组成不变，只是核外电子运动状态发生变化，即化学键的形成与分解只与原子核外电子运动有关。化学键按电子运动方式的不同可分为离子键、共价键（含配位键）和金属键。

一、离子键

阴、阳离子间通过静电作用而形成的化学键，称为离子键。例如，钠在氯气中燃烧，形成离子化合物 NaCl 的过程表示如下。

$$Na \times + \cdot \overset{..}{\underset{..}{Cl}} : \longrightarrow Na^+ [\times \overset{..}{\underset{..}{Cl}} :]^-$$
$$[Ne]3s^1 \quad [Ne]3s^2 3p^5 \quad [Ne] \quad [Ar]$$

离子的电场分布是球形对称的，可以从任何方向吸引带异性电荷的离子，并且只要其周围空间允许，各种离子将尽可能多地吸引带异性电荷的离子，因此，离子键具有无方向性、无饱和性的特征。但受静电作用和平衡距离的限制，形成离子键的异电荷离子数并不是任意的，如氯化钠晶体中，每个 Na^+（或 Cl^-）只能和 6 个 Cl^-（或 Na^+）相结合，如图 1-12，因此 NaCl 分子式是表明氯化钠晶体中 Na^+ 和 Cl^- 的数量比。

二、共价键

原子间通过共用电子对而形成的化学键，称为共价键。例如，基态 H_2 分子，其形成过程可表示为：

$$H \cdot + \times H \longrightarrow H \overset{\times}{\cdot} H \quad （结构式为 H—H）$$

共价键的实质是原子轨道重叠，如图 1-13 所示。当具有电子自旋相反的两个 H 原子相互靠近时，1s 轨道发生重叠，导致核间电子云密度增大，这既增强了两核对电子云的吸引，又削弱了原子核间的相互排斥，直至核间达平衡距离（74pm）时（图 1-14），系统能量最低，形成了稳定的 H_2 分子（基态 H_2 分子）；反之，若两电子自旋相同，核间排斥增大，系统能量升高，则处于不稳定状态，不能形成 H_2 分子。

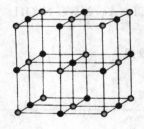

图 1-12　NaCl 空间结构

● Na^+；● Cl^-

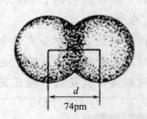

图 1-13　基态 H_2 分子

1. 价键理论

（1）电子配对原理 该理论认为具有自旋方向相反未成对电子的两原子相互靠近时，均可以配对形成共价键，每个未成对电子只能与一个自旋方向相反的未成对电子配对成键。例如，H 原子只有一个未成对电子，因此 H_2 只能通过一对共用电子对相结合形成共价单键。

（2）最大重叠原理 该理论认为形成共价键时，原子轨道将尽可能达到最大重叠，以使系统能量最低，这时共价键最牢固。

2. 共价键的特征

（1）饱和性 根据电子配对原理，一个原子有几个未成对电子，就只能形成几个共价键，这称为共价键的饱和性。例如，H 原子仅有一个电子，因此 H_2 分子只能以单键结合；水分子是 H_2O $\left(\begin{array}{c} O \\ H \quad H \end{array}\right)$，而不是 H_3O，原因在于 O 原子只有两个未成对电子；N 原子有三个未成对电子，因此 N_2 分子为三键（ N≡N ）；而稀有气体 He、Ne、Ar 等没有未成对电子，故其单质为单原子分子。

（2）方向性 根据最大重叠原理，形成共价键时，原子轨道只有沿电子云密度最大的方向进行重叠，才能达到最大有效重叠，使系统能量处于最低状态，这称为共价键的方向性。除 H_2 分子外，其他化学键的形成均有方向性限制。例如，HCl 分子形成过程，如图 1-14 所示。

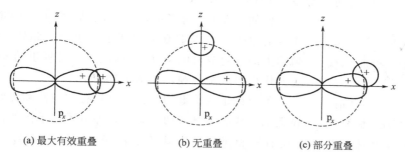

(a) 最大有效重叠　　　　　(b) 无重叠　　　　　(c) 部分重叠

图 1-14　HCl 分子形成示意图

3. 共价键的类型

（1）非极性键和极性键 共价键按其共用电子对有无偏向，分为非极性键和极性键。像 H_2、O_2、N_2、Cl_2 等单质分子中的共价键，成键的两原子电负性相同，电子云在两核间呈对称分布，共用电子对无偏向，属非极性键。但在 HCl、NH_3、H_2O、CH_4 等分子中，成键的两原子电负性不同，共用电子对会偏向电负性较大的原子，使其电子云密度较大，显负电性，另一原子则显正电性，共用电子对有偏向，属极性键，这种分子称为极性分子。且成键的原子间的电负性之差（Δx）越大，键的极性越强。键的极性大小对分析判断分子的极性具有重要意义。

（2）σ 键和 π 键 原子轨道沿键轴方向，以"头碰头"方式重叠而形成的共价键，称为 σ 键。可重叠形成 σ 键的轨道有 s-s、s-p_x、p_x-p_x。如 H—H、H—Cl 及 Cl—Cl 等化学键均为 σ 键，如图 1-15（a）所示。

原子轨道沿键轴方向，以"肩并肩"方式重叠而形成的共价键，称为 π 键，如图 1-15（b）所示。需要注意的是，π 键不能单独存在，只能与 σ 键共存于两个原子之间。

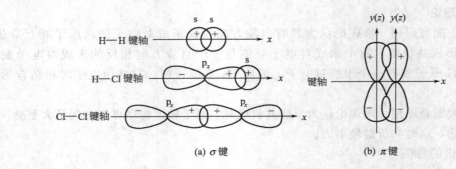

图 1-15 σ键、π键示意图

由于重叠方式不同，所以 σ 键在不影响重叠程度的前提下，成键两原子可沿着键轴相对旋转，而 π 键则不能沿键轴方向相对旋转，否则 π 键断裂。

受原子轨道伸展方向的限制，当两个原子形成共价键时，只能形成一个 σ 键，其余均为 π 键，如 N_2 分子是由一个 σ 键和两个 π 键相结合的。由于 π 键重叠程度比 σ 键小，π 电子能量较高，因此 π 键容易断裂而发生化学反应，如烯烃、炔烃、芳香烃及醛、酮等有机化合物的加成反应，都是由于 π 键断裂引起的。

（3）配位键 由一个原子提供共用电子对而形成的共价键，称为配位共价键，简称配位键。在配位键中，提供电子对的原子称为电子给予体；接受电子对的原子称为电子接受体。配位键用箭头 "→" 表示，箭头指向接电子受体。

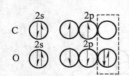

图 1-16 CO 分子中的
配位键形成示意图

例如，在 CO 分子中，C、O 两原子的 2p 轨道上各有 2 个未成对电子，可以重叠形成两个共价键；此外，O 原子的 2p 轨道上的一对成对电子（孤对电子），可提供给 O 原子的空轨道共用而形成配位键，如图 1-16 所示。

配位键是共价键的一种，也具有方向性和饱和性特征。配位键的形成必须具备两个条件，即电子给予体的价电子层有孤对电子，电子接受体的价电子层有空轨道。这类共价键在无机物中存在较多，如 NH_4^+、SO_4^{2-}、PO_4^{3-}、ClO_4^- 等离子中都含有配位键。

4. 键参数

键参数是表征化学键性质的物理量，有键能、键长、键角等。

（1）键能 在 25℃和 100kPa 下，断裂单位物质的量的气态分子化学键（6.02×10^{23} 个化学键），使其变成气态原子或原子团时所需的能量，称为键能，单位是 kJ/mol。对于多原子分子如 CH_4，为 4 个 C—H 键离解能的平均值。键能是用来衡量共价键强弱的物理量，键能越大，化学键越牢固。常见共价键的键能见表 1-9。

（2）键长 分子中成键两原子核间的平衡距离（核间距），称为键长，单位是 pm。键长是反映分子空间构型的重要物理量。通常，成键原子的半径越小，共用电子对越多，其键长越短，键能越大，共价键越牢固。常见共价键的键长见表 1-9。

（3）键角 分子内同一原子形成的两个化学键之间的夹角，称为键角。键角也是反映分子空间构型的重要物理量。例如，H_2O 分子中两个 O—H 键的夹角为 104°45′，分子构型呈 "V" 形；而在 CO_2 分子中，两个 C=O 键的夹角是 180°，分子构型是直线形。用 X 射线衍射方法可以精确地测得各种化学键的键长和键角。

表 1-9 常见共价键的键长和键能

化学键	键长/pm	键能/(kJ/mol)	化学键	键长/pm	键能/(kJ/mol)
H—H	74	436	C—C	154	356
H—F	92	566	C=C	134	596
H—Cl	127	432	C≡C	120	513
H—Br	141	366	N—N	146	1160
H—I	161	299	N≡N	110	946
F—F	128	158	C—H	109	416
Cl—Cl	199	242	N—H	101	3391
Br—Br	228	193	O—H	96	467
I—I	267	151	S—H	136	347

三、金属键

依靠自由电子运动将金属原子和离子结合起来的化学键，称为金属键。自由电子是指金属晶体中从原子中脱落下来的价电子，它不固定在某一原子附近，是在整个晶体中做自由运动。金属元素电负性小，原子很容易失去电子形成阳离子。自由电子时而与金属离子结合，时而脱落下来，将金属离子和金属原子紧密结合起来，如图 1-17 所示。

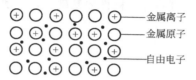

图 1-17 金属内部微粒示意图

由于金属晶体中的原子和离子共用全部自由电子，因此金属键又称为"改性共价键"。但由于自由电子可自由运动，故金属键没有饱和性和方向性，其本质是静电作用。

自由电子向一个方向移动，可产生电流，因此，一般金属是电的良好导体。金属的其他物理性质如光泽、延性、展性和导热性等都与金属键有关。

自我评价

一、填空题

1. 分子（或晶体）中相邻原子（或离子）间的_____，称为化学键。其中，阴、阳离子间通过静电作用而形成的化学键，称为_____，其本质是_____，特征是_____、_____。

2. 原子间通过共用电子对而形成的化学键，称为_____，其本质是_____，形成条件是两个具有_____的原子轨道，尽可能达到_____。

3. 表征化学键性质的物理量，统称为_____，常用的有_____、_____、_____。

4. 由一个原子提供共用电子对而形成的共价键，称为_____。在该化学键中，提供电子对的原子称为_____；接受电子对的原子称为_____。形成条件是_____、_____。

二、问答题

1. 共价键的本质和特征是什么？

2. 如何判断极性键和非极性键的强弱？

3. 列表比较 σ 键和 π 键的区别。

4. 金属键的本质和特征是什么？

任务三 分子构型及分子间力的基本知识

【任务描述】

已知下列 6 种分子，NH_3、CO_2、H_2O、CH_4、C_2H_4、C_2H_2，完成以下任务：

1. 分析判断以上分子的杂化类型和空间构型；
2. 指明以上分子属于极性分子还是非极性分子；
3. 说明以上分子都存在哪些分子间力；
4. 说明以上分子熔沸点的高低。

【任务分析】

通过对多媒体课件的学习，了解 sp 型杂化轨道的分类和空间构型，进而掌握分子空间构型与分子极性的关系，在学会判断分子极性的基础上，了解分子间存在的作用力及其强弱对物理性质的影响。

【相关知识】

一、杂化轨道与分子构型

根据价键理论，C 原子价电子构型为 $2s^2 2p_x^1 2p_y^1$，只能与 H 原子形成 CH_2，键角为 $90°$。但事实上，甲烷分子式是 CH_4，有 4 个性质相同的 C—H 键，键角为 $109°28'$，分子构型为正四面体。

1. 杂化与杂化轨道

1931 年鲍林提出了杂化轨道理论，发展了价键理论，解释了多原子分子的成键及空间构型等问题。该理论认为，在形成共价键的过程中，同一原子能级相近的某些原子轨道，可以重新组成相同数目的新轨道，这个过程称为杂化。杂化后所形成的新轨道，称为杂化轨道。杂化轨道与原轨道不同，其成键能力更强，形成的分子更稳定。

2. 杂化与分子构型

（1）sp^3 杂化　由同一原子的 1 个 ns 轨道和 3 个 np 轨道发生的杂化，称为 sp^3 杂化。例如，在 CH_4 分子形成过程中，基态 C 原子价电子层的 1 个 2s 电子被激发到 2p 能级的空轨道中，随之与 3 个 2p 轨道发生杂化，形成 4 个等价的 sp^3 杂化轨道，每个轨道含有 1 个未成对电子。

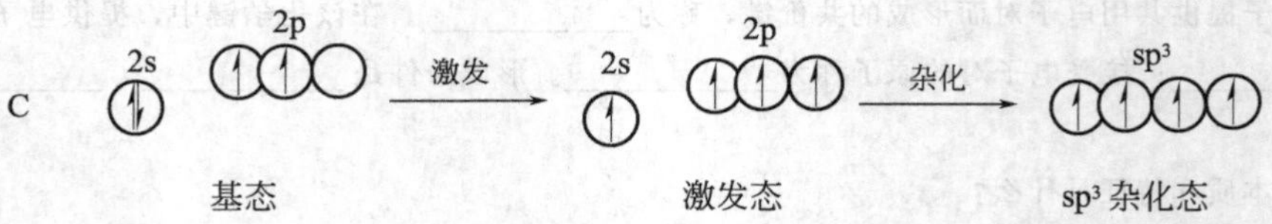

各 sp^3 杂化轨道的形状均为一头大，一头小，大头指向正四面体的顶点，轨道夹角为 $109°28'$，如图 1-18 所示。

成键时，每个杂化轨道较大一端与 H 原子的 1s 轨道发生"头碰头"重叠形成 σ 键，生成正四面体构型的 CH_4 分子，如图 1-19 所示。

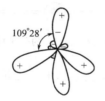

图 1-18　sp^3 杂化轨道伸展方向

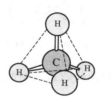

图 1-19　CH_4 分子构型

（2）sp^2 杂化　由同一原子的 1 个 ns 轨道和 2 个 np 轨道发生的杂化，称为 sp^2 杂化。例如，在 BF_3 分子中，中心原子 B 的杂化过程。

$$B \quad \overset{2s}{\text{↑↓}} \quad \overset{2p}{\text{↑}\bigcirc\bigcirc} \xrightarrow{\text{激发}} \overset{2s}{\text{↑}} \quad \overset{2p}{\text{↑}\text{↑}\bigcirc} \xrightarrow{\text{杂化}} \overset{sp^2}{\text{↑}\text{↑}\text{↑}} \quad \overset{2p}{\bigcirc}$$

基态　　　　　　　　　激发态　　　　　　　　sp^2 杂化态

B 原子的 3 个 sp^2 杂化轨道，如图 1-20 所示，各与 1 个 F 原子的 $2p_x$ 轨道进行"头碰头"重叠形成 σ 键，生成平面三角形的 BF_3 分子，如图 1-21 所示。

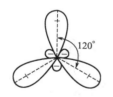

图 1-20　sp^2 杂化轨道伸展方向

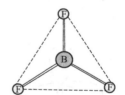

图 1-21　BF_3 分子构型

在 C_2H_4 分子中，C 原子只有 2 个 2p 轨道参与形成 sp^2 杂化，另 1 个未参与杂化的 2p 轨道保持原状，并垂直于 sp^2 杂化轨道平面。成键时，两个 C 原子各用 1 个 sp^2 杂化轨道"头碰头"重叠形成 σ 键，1 个 2p 轨道"肩并肩"重叠形成 π 键；其余杂化轨道均与 H 原子形成 σ 键。C_2H_4 成键及其结构式如下。

（3）sp 杂化　由同一原子的 1 个 ns 轨道和 1 个 np 轨道发生的杂化，称为 sp 杂化。例如，在 $BeCl_2$ 分子中，中心原子 Be 的杂化过程。

$$Be \quad \overset{2s}{\text{↑↓}} \quad \overset{2p}{\bigcirc\bigcirc\bigcirc} \xrightarrow{\text{激发}} \overset{2s}{\text{↑}} \quad \overset{2p}{\text{↑}\bigcirc\bigcirc} \xrightarrow{\text{杂化}} \overset{sp}{\text{↑}\text{↑}} \quad \overset{2p}{\bigcirc\bigcirc}$$

基态　　　　　　　　　激发态　　　　　　　　sp杂化态

sp 杂化轨道夹角为 180°，如图 1-22 所示，因此，$BeCl_2$ 为直线形分子，如图 1-23 所示。

图 1-22 sp 杂化轨道的伸展方向

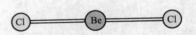

图 1-23 $BeCl_2$ 的分子构型

常见 sp 型杂化轨道及空间构型见表 1-10。杂化轨道的 s 成分越多，能量越低，其成键能力越强。

表 1-10 常见 sp 型杂化轨道及空间构型

杂化方式	杂化轨道数目	s 成分	p 成分	轨道夹角	空间构型	实例
sp	2	1/2	1/2	180°	直线形	CS_2，CO_2，$BeCl_2$，C_2H_2，$HgCl_2$
sp^2	3	1/3	2/3	120°	平面三角形	BF_3，BCl_3，C_2H_4，C_6H_6
sp^3	4	1/4	3/4	109°28′	正四面体	CH_4，CCl_4，SiH_4，SiF_4，NH_4^+

（4）不等性杂化 在 NH_3 分子中，N 原子发生 sp^3 杂化时，参与杂化的 1 个 2s 轨道和 3 个 2p 轨道中，有一对孤对电子。这种有孤对电子参与形成的杂化轨道，其能量不完全等同（孤对电子占据的杂化轨道 s 成分略多），称为不等性杂化轨道，如图 1-24 所示。

由于孤对电子占据的杂化轨道，不参与成键，电子云离核较近，对其余两个成键轨道施以同电相斥作用，使键角 $\angle HNH$ 由 109°28′压缩至 107°18′，因此 NH_3 分子呈三角锥形，如图 1-25 所示。

图 1-24 N 原子 sp^3 不等性杂化轨道示意图

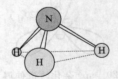

图 1-25 NH_3 分子构型示意图

像 PH_3、PCl_3 和 NF_3 等分子，中心原子 P、N 均采取 sp^3 不等性杂化。此外，在 H_2O、H_2S 和 OF_2 分子中，中心原子 O、S 也都采取 sp^3 不等性杂化，只是各有两对孤对电子占据杂化轨道，不参与成键，分子构型均为"V"形。

（5）中心原子杂化轨道类型的判断办法 价层电子互斥理论（简称 VSEPR 法）：

该法适用于主族元素间形成的 AB_m 型分子或离子。该理论认为，一个共价分子或离子中，中心原子 A 周围所配置的原子 B（配位原子）的几何构型，主要决定于中心原子的价电子层中各电子对间的相互排斥作用。这些电子对在中心原子周围按尽可能互相远离的位置排布，以使彼此间的排斥能最小。所谓价层电子对，指的是形成 σ 键的电子对和孤对电子。孤对电子的存在，增加了电子对间的排斥力，影响了分子中的键角，会改变分子构型的基本类型。

AB_m 型价电子对数 $n=$［中心原子的价电子数（A）+配位原子（B）提供的价电子数 $\times m-$ 离子电荷代数值］÷2

对于主族元素，中心原子（A）的价电子数＝最外层电子数；配位原子（B）中卤族原子、氢原子提供 1 个价电子,氧族元素的原子按不提供电子计算。离子在计算价电子对数时,还应加上负离子的电荷数或减去正离子的电荷数。

$$中心原子孤电子对数\ p = n(价电子对数) - m(配位原子\ B\ 数)$$

杂化轨道由形成价键的电子对和孤电子对占据,因此分子或离子的空间构型为杂化轨道构型去掉孤电子对后剩余的形状。

根据价电子对数 n 和中心原子孤电子对数 p 即可判断中心原子杂化轨道类型及分子形状,见表 1-11。

表 1-11　中心原子杂化轨道类型及分子形状与价电子对数 n 和中心原子孤电子对数 p 对照表

电子对数 n	杂化类型	轨道形状	中心原子孤电子对数 p	分子形状	例
2	sp	直线形	0	直线形	$BeCl_2$、二氧化碳
3	sp^2	平面正三角形	0	平面正三角形	三氯化硼
			1	V 字形(角形、弯曲形)	二氧化硫
4	sp^3	正四面体	0	正四面体	甲烷
			1	三角锥	氨
			2	V 字形(角形、弯曲形)	水

【**例**】 指出 SO_3、NH_3 和 PO_4^{3-} 的中心原子的杂化轨道类型,并预测它们的空间构型。

解:(1)SO_3 的价电子对数 $n = (6 + 0 \times 3) \div 2 = 3$,S 采用 sp^2 杂化;$p = n - m = 3 - 3 = 0$,无孤电子对,故分子呈平面正三角形。

(2)NH_3 的价电子对数 $n = (5 + 1 \times 3) \div 2 = 4$,N 采用 sp^3 杂化;$p = n - m = 4 - 3 = 1$,有 1 对孤电子对,故分子呈三角锥形。

(3)PO_4^{3-} 的价电子对数 $n = (5 + 0 \times 3 + 3) \div 2 = 4$,P 采用 sp^3 杂化;$p = n - m = 4 - 4 = 0$,无孤电子对,分子呈正四面体形结构。

二、分子的极性

虽然分子是电中性的,但都包含带正电荷的原子核和带负电荷的电子。假设分子中两种电荷各自集中于一点,分别称为正电荷重心和负电荷重心。若分子中正、负电重心重合,称为非极性分子;若分子中正、负电重心偏离,称为极性分子。

双原子分子的极性与化学键极性是一致。例如,由非极性键结合的 H_2、Cl_2、N_2 等分子是非极性分子;由极性键结合的 HCl、HBr、HI、CO 等分子是极性分子。

多原子分子的极性,主要取决于分子的空间构型。若构型对称,则为非极性分子;反之,为极性分子。多原子分子的类型、空间构型和极性见表 1-12。

表 1-12　多原子分子的类型、空间构型和极性

分子类型		空间构型	分子极性	常见实例
三原子分子	ABA	直线形	非极性	CO_2,CS_2,$BeCl_2$,$HgCl_2$
	ABA	弯曲形	极性	H_2O,H_2S,SO_2
	ABC	直线形	极性	HCN,HClO
四原子分子	AB_3	平面三角形	非极性	BF_3,BCl_3,BBr_3,BI_3
	AB_3	三角锥形	极性	NH_3,NF_3,PCl_3,PH_3
五原子分子	AB	正四面体	非极性	CH_4,CCl_4,SiH_4,$SnCl_4$
	AB_3C	四面体	极性	CH_3Cl,$CHCl_3$,CF_2Cl_2

分子极性大小，可用偶极矩来衡量，如图 1-26 所示。偶极矩定义为：

$$\boldsymbol{\mu}=qd$$

式中 $\boldsymbol{\mu}$——偶极矩，$C \cdot m$；

q——偶极分子正电荷重心的电量，C；

d——正、负电荷重心距离，m。

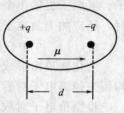

图 1-26 分子的偶极矩

偶极矩是矢量，规定方向为正电荷重心指向负电荷重心，可由实验测出。根据 $\boldsymbol{\mu}$ 的大小，可以判断分子的极性及推断分子构型。非极性分子 $\boldsymbol{\mu}=0$；极性分子 $\boldsymbol{\mu}>0$，$\boldsymbol{\mu}$ 越大，分子的极性越大。例如，CO_2 分子的 $\boldsymbol{\mu}=0$，一定是直线形的非极性分子，H_2O 分子的 $\boldsymbol{\mu}>0$，一定是"V"形的极性分子。

三、分子间力及其对物质性质的影响

1. 分子间力

分子之间存在一种相互吸引的作用力，称为分子间力。比如 NH_3、Cl_2、I_2 等气体由于分子间力的存在，在一定条件下可以凝聚成液体或固体。分子间力是由范德华首先提出研究的，因此又称范德华力。

分子间力实质是静电引力，包括取向力、诱导力和色散力三种。

（1）取向力 极性分子本身存在的正、负两极，称为固有偶极。当两个极性分子充分靠近时，固有偶极就会发生同极相斥、异极相吸的取向（或有序）排列。这种固有偶极之间产生的作用力，称为取向力，如图 1-27 所示。

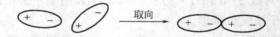

图 1-27 极性间分子取向示意图

取向力存在于极性分子与极性分子之间，分子偶极矩越大，取向力越大。

（2）诱导力 当极性分子充分靠近非极性分子时，会诱导非极性分子的电子云，使其变形，导致分子正、负电荷重心不相重合，产生诱导偶极。这种固有偶极与诱导偶极之间产生的作用力，称为诱导力，如图 1-28 所示。

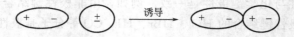

图 1-28 极性分子诱导非极性分子示意图

诱导力存在于极性分子与非极性分子之间、极性分子与极性分子之间。分子极性越强，诱导力越强；分子间距离越大，诱导力越弱。

（3）色散力 由于电子运动及原子核的振动，引起非极性分子正、负电荷重心发生瞬间偏移，称为瞬时偶极。瞬时偶极可使邻近分子异极相邻。这种瞬时偶极之间的作用而产生的分子间力，称为色散力，如图 1-29 所示。

瞬时偶极稍现即逝，但不断出现，即分子间始终存在色散力。所有分子都会产生瞬时偶极，因此色散力存在于一切分子之间。

色散力与分子变形性有关。通常，组成、结构相似的分子，分子量越大，分子越易变形，则色散力越大。例如，稀有气体从 He 到 Xe，卤素单质从 F_2 到 I_2，卤化硼从 BF_3 到

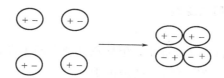

图 1-29　非极性分子相互作用示意图

BI_3，卤素氢化物从 HCl 到 HI 等，伴随着分子量的增大，色散力递增。

　　分子间力比化学键弱得多，即使在分子晶体中或分子靠得很近时，其作用力也仅是化学键的 1/100～1/10，并且只有在分子间距小于 500pm 时，才表现出分子间力，并随分子间距离的增加而迅速减小。因此，分子间力是短程力。

　　除强极性分子 HF、H_2O 外，通常色散力是最主要的分子间力，取向力次之，诱导力最小。某些物质分子间的作用能及其构成见表 1-13。

表 1-13　某些物质分子间的作用能及其构成（两分子间距离 $d=500$ pm，温度 $T=25$ ℃）

分子	$E_{取向}$/(kJ/mol)	$E_{诱导}$/(kJ/mol)	$E_{色散}$/(kJ/mol)	$E_{总}$/(kJ/mol)
Ar	0.000	0.000	8.49	8.49
CO	0.003	0.0084	8.74	8.75
HCl	3.305	1.004	16.82	21.13
HBr	0.686	0.502	21.92	23.11
HI	0.025	0.1130	25.86	26.00
NH_3	13.31	1.548	14.94	29.80
H_2O	36.38	1.929	8.996	47.30

　　2. 分子间力对物质性质的影响

　　（1）对物质熔、沸点的影响　物质需要克服分子间力才能熔化与气化。通常，分子间力越强，物质的熔点和沸点越高；组成、结构相似的分子，随着分子量的增大，熔点和沸点升高。

　　稀有气体从 He 到 Xe，卤素单质从 F_2 到 I_2，卤化硼从 BF_3 到 BI_3，卤素氢化物从 HCl 到 HI，熔点和沸点依次升高，见表 1-14。

表 1-14　卤化氢的熔、沸点

卤化氢	HF	HCl	HBr	HI
熔点/℃	−83	−115	−87	−51
沸点/℃	19.4	−85	−67	−35

　　（2）对溶解性的影响　大量生产实验得出，结构相似的物质，因溶解前后分子间力的变化较小，因此易于相互溶解。也就是说极性分子易溶于极性溶剂之中，非极性分子易溶于非极性分子之中，这个规律称为"相似相溶"规律。

　　例如，结构相似的甲醇（CH_3OH）和水（HOH）可以互溶，极性相似的 NH_3 和 H_2O 有极强的互溶能力；非极性的碘单质（I_2），易溶于非极性的苯（⬡）或四氯化碳（CCl_4）溶剂中，而难溶于水。

　　依据"相似相溶"规律，在工业生产和实验室中，可以选择合适溶剂进行物质的溶解或混合物萃取分离。

四、氢键及其对物质性质的影响

1. 氢键的形成

在卤素氢化物中，HF的分子量最小，但熔点和沸点却很高，类似情况也存在于第ⅥA、ⅤA族元素氢化物中，如图 1-30 所示。这是由于 HF、H_2O、NH_3 等单质分子之间除范德华力外，还存在着另一种特殊的分子间力，这就是氢键，氢键的本质也是静电引力。

在 HF 分子中，由于 F 原子的电负性很大，共用电子对强烈偏向于 F 原子，使 H 原子几乎呈质子状态。这样就使 H 原子和相邻 HF 分子中 F 原子的孤对电子产生较强吸引，这种静电吸引力就是氢键。氢键使 HF 形成缔合分子 $(HF)_n$，如图 1-31 所示。

类似的缔合分子还有 $(H_2O)_n$、$(NH_3)_n$ 等。

氢键的组成可用 X—H····Y 来表示，其中 X、Y 代表电负性大、半径小、有孤对电子，且具有局部负电荷的原子，通常为 F、O、N 等原子，当

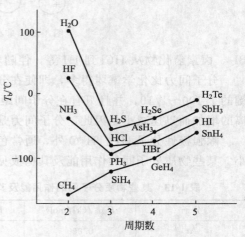

图 1-30 ⅣA～ⅦA族元素
氢化物的沸点递变情况

氢原子与 X 原子以共价键结合时，其共用电子对强烈地偏向 X 原子，而氢原子几乎成为"裸露"的质子，表现出较强的正电性，故能吸引 Y 原子。氢键不仅可在同种分子间形成，也可在不同分子间甚至在分子内形成，如图 1-32 所示。

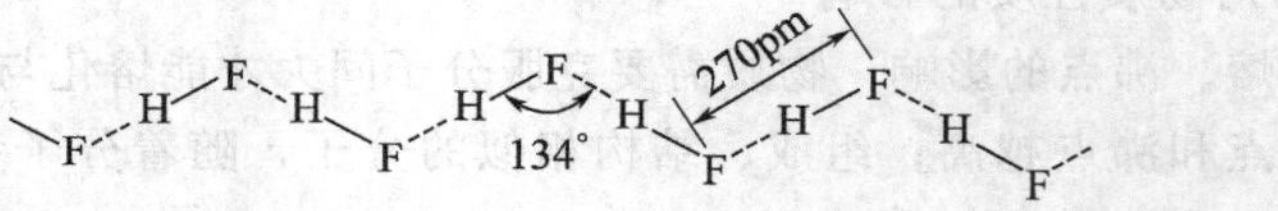

图 1-31 HF 分子间氢键示意图

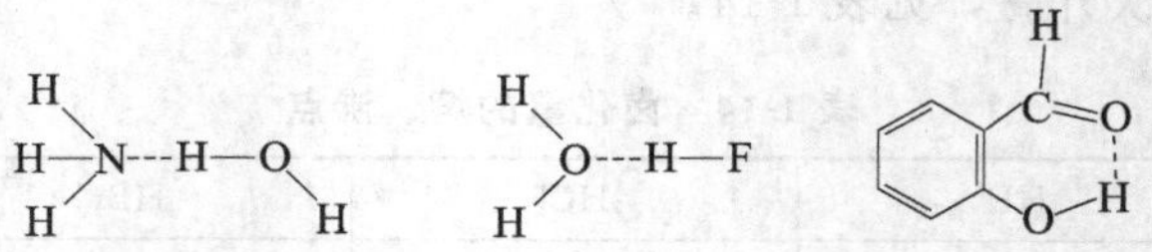

图 1-32 一些物质氢键示意图

氢键虽不是化学键，但也具有饱和性和方向性。即每个 X—H 只能与一个 Y 原子相互吸引形成氢键，Y 与 H 形成氢键时，尽可能采取 X—H 键键轴的方向，使 X—H····Y 在一直线上（分子内氢键例外）。氢键结合能虽然远比化学键小，但通常又比分子间力大许多。

2. 氢键对物质性质的影响

简单分子形成缔合分子后，并不改变其化学性质，但对物质的某些物理性质会产生较大影响。例如，HF、H_2O、NH_3 由固态转化为液态，或由液态转化为气态时，需要克服分子间力和氢键的双重作用，将消耗更多的能量，因此 HF、H_2O、NH_3 的熔点和沸点反常高。

分子内氢键常使物质的熔点和沸点降低。例如，（邻硝基苯酚）和（水杨醛）都能形成分子内氢键，由于氢键具有饱和性特征，一旦形成分子内氢键，则不能

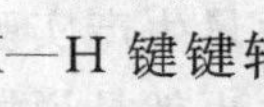

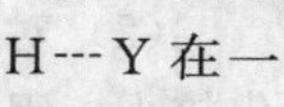

再形成分子间氢键，因此其分子间力明显低于其他同分异构体，因此，它们的熔点和沸点均比其同分异构体低。HNO_3 的熔、沸点较低也是其分子内氢键引起的。

　　氢键的形成，有利于溶质的溶解，如 NH_3、CH_3CH_2OH（乙醇）、$HCHO$（甲醛）在水中有较大的溶解度。

自我评价

一、填空题

1. NH_3 分子构型为 _____ 形，中心原子 N 采取 _____ 杂化，键角 $\angle HNH$ _____ 109°28′（提示：填写＞，＝或＜）。

2. 分子间力包括 _____、_____、_____ 和 _____，其中 _____，普遍存在于所有分子之间。

3. 完成下表：

物质	杂化方式	空间构型	是否为极性分子
H_2O			
CH_2Cl_2			
CS_2			

4. 填表（用"√"或"×"表示有或无）

作用力	I_2 和 CCl_4	CH_4 和 NH_3	HF 和 H_2O	O_2 和 H_2O
取向力				
诱导力				
色散力				
氢键				

二、问答题

1. 指出下列分子中，中心原子采用的杂化轨道类型和分子构型。

(1)$HgCl_2$ 　　(2)PCl_3 　　(3)BCl_3 　　(4)CS_2

2. 为什么 H_2O 分子呈"V"形，键角为 104°45′，而不是 90°？

3. 为什么卤素单质 F_2、Cl_2、Br_2、I_2 的熔、沸点逐渐升高？

4. 为什么 I_2 易溶于 CCl_4，而难溶于水？

5. 氢键的形成条件是什么？为什么 CH_4、HCl 不能形成氢键？

有机化合物的结构与应用

【知识目标】

　　了解有机物的结构、特征及分类方法；掌握各类有机物结构特征及命名方法；掌握各类有机物的性质及其反应规律。

【能力目标】

　　能根据有机物结构特征进行分类和命名；能用有机化学反应方程式正确表述有机物的性质；能应用有机物的性质进行鉴别、推断、分离及合成有机物。

任务一　有机物的基础知识

【任务描述】

　　已知下列物质，$CH_3(CH_2)_4CH_3$、$HCHO$、$HOOC(CH_2)_4COOH$、CH_3Cl、

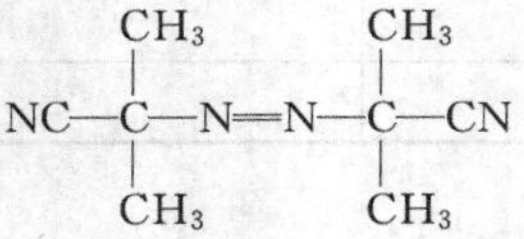

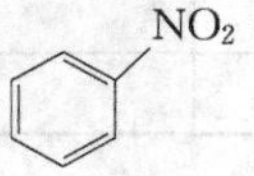

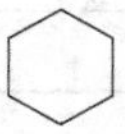

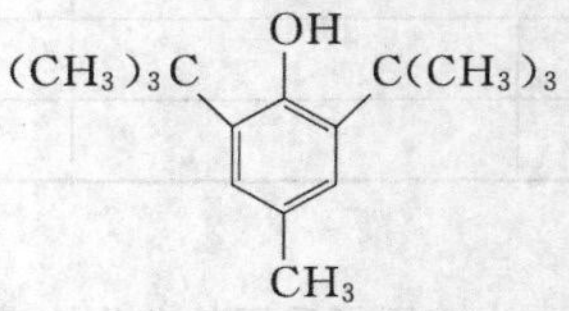

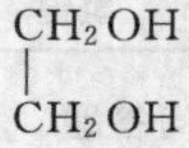

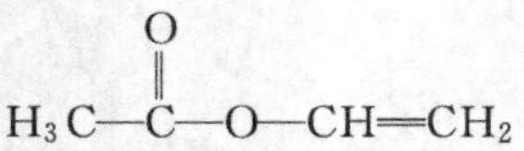

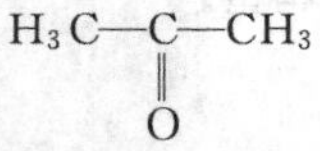

$$NC-\underset{\underset{CH_3}{|}}{\overset{\overset{CH_3}{|}}{C}}-N=N-\underset{\underset{CH_3}{|}}{\overset{\overset{CH_3}{|}}{C}}-CN$$ 、

苯环-NO_2、环己烷、$(CH_3)_3C$—OH—$C(CH_3)_3$（CH_3）、$\begin{matrix}CH_2OH\\CH_2OH\end{matrix}$、

$$H_3C-\overset{\overset{O}{\|}}{C}-O-CH=CH_2$$ 、$$H_3C-\overset{\overset{}{}}{C}-CH_3\ (\underset{O}{})$$ 、$HC\equiv CH$、$NH_2(CH_2)_6NH_2$、$\underset{O}{\overset{H_2C-CH_2}{\diagdown\diagup}}$ 、

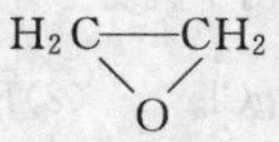

$H_2C=CH-CH=CH_2$，完成下列任务：

　　1. 指出上述化合物属于哪类，并写出官能团；

　　2. 指出上述化合物属于开链化合物还是环状化合物；

　　3. 写出上述化合物可能存在的异构体，初步推测其可能的反应类型。

【任务分析】

　　通过对有机化合物结构的学习，掌握不同类型有机物的结构特征，对比无机物总结有机物的性质特点，进而了解有机物的概况。

【相关知识】

一、有机化合物

有机化合物，简称有机物，是含碳化合物（一氧化碳、二氧化碳、碳酸盐、金属碳化

物、氰化物除外）或碳氢化合物及其衍生物的总称。多数有机化合物在组成上都含有碳，绝大多数还含有氢，此外也常含有氧、氮、硫、卤素、磷等元素。有机物是生命产生的物质基础，部分有机物来自植物界，但绝大多数是以石油、天然气、煤等作为原料，通过人工合成的方法制得。

二、有机物的结构

1. 有机物的结构特征

（1）种类繁多、分子结构复杂 与无机物相比，有机物数目众多，目前确定结构的可达几千万种。碳元素位于元素周期表的第二周期第Ⅳ主族，碳原子是四价的，结合能力非常强，原子间可以单、双、三键相互连接形成碳链或碳环，还可与其他元素的原子结合成共价键。

（2）普遍存在同分异构现象 有机物分子中原子的排列顺序和连接方式称为化学结构。分子式相同，但由于化学结构不同而形成的不同化合物的现象叫做同分异构现象，而不同的化合物互称同分异构体。同分异构体之间的物理、化学性质有明显的不同。有机物含有的碳原子数和原子种类越多，同分异构体数也越多。如 CH_3CH_2OH 的熔点是 $78.3{}^\circ\!C$，而 CH_3OCH_3 的熔点是 $-23.8{}^\circ\!C$。

2. 有机物结构式的表示方法

（1）结构式

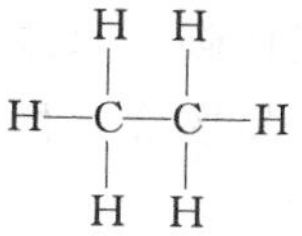

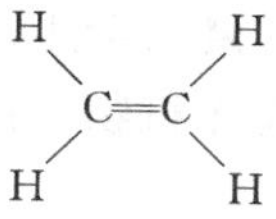

（2）结构简式

$$CH_3{-}CH_3 \qquad CH_2{=}CH_2 \qquad CH{\equiv}CH$$

有些长链化合物中的相同部分可以合并书写，如 $CH_3（CH_2）_5CH_3$。

广义的化学结构包含结构、构型和构象三个方面，因而同分异构现象包括结构异构、构型异构和构象异构三种异构体。

结构异构体指分子中原子的排列次序、连接方式不同。例如：

$$CH_3CH_2CH_2OH \qquad \underset{\underset{\textstyle OH}{|}}{CH_3CHCH_3} \qquad CH_3CH_2OCH_3$$

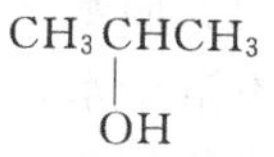

构型异构体指分子的构造相同，在空间的排列方式不同。例如：

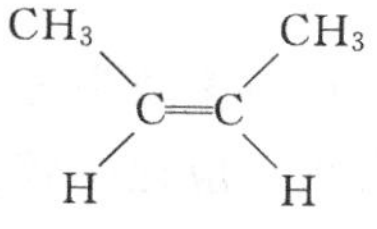

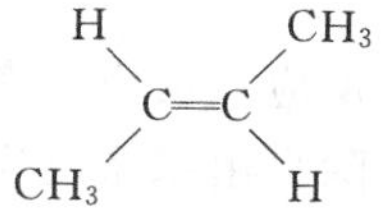

构象异构体指分子的构造、构型都相同，由于单键的旋转，原子在空间的排列方式不同。

三、有机反应的类型

有机物多为共价键化合物，其化学反应是旧键断裂、形成新键的过程。有机反应的类型取决于共价键的断裂形式。

1. 自由基反应

一个共价键断裂时，组成该键的两个原子之间的共用电子对均匀分裂，两个原子各保留一个电子，这种断裂方式为均裂。均裂产生的带有未成对电子的原子或原子团叫做自由基（游离基），共价键均裂时产生自由基的反应称为自由基反应。

$$A:B \longrightarrow A \cdot + B \cdot$$

2. 离子型反应

一个共价键断裂时，组成该键的两原子间的共用电子对完全转移到一个原子上的断裂方式称为异裂，异裂的结果产生阴、阳离子。通过共价键异裂发生的化学反应称为离子型反应。

$$A:B \longrightarrow A^+ + :B^-$$
$$A:B \longrightarrow :A^- + B^+$$

离子型反应不同于无机物的离子反应，是通过共价键的异裂形成离子型的中间体来完成的。

四、有机物的一般特性

1. 易燃烧

有机物是碳氢化合物及其衍生物，燃烧后会生成二氧化碳、水或其他元素的氧化物。因此，绝大多数有机化合物都容易燃烧，而无机物一般都不易燃烧。但也有少数有机物可用于灭火。

2. 热稳定性较差

大多数有机化合物受热后容易分解，在 $200 \sim 300℃$ 时就逐渐分解。

3. 熔、沸点较低

有机化合物多数属于分子晶体，聚集状态一般是由较弱的分子间力（范德华力）所致，它比无机物离子间或原子间的作用力弱得多，所以有机物在常温下一般为气体或液体，熔点和沸点都很低，常温下为固体的有机化合物，其熔点一般也很低。

4. 难溶于水而易溶于有机溶剂

多数有机化合物是非极性或弱极性的。而水是极性强、介电常数很大的液体，根据"相似相溶"原理，多数有机物难溶于水或不溶于水，而易溶于某些有机溶剂，如苯、甲苯、乙醚、丙酮、石油醚等。但极性较强的有机物如低级醇、羧酸、磺酸等易溶于水，甚至可以任何比例与水互溶。

5. 反应速度慢

无机反应一般为离子反应，反应速率快。而有机反应多数为分子间的反应，反应速率取决于分子间的有效碰撞，除自由基型反应外，多数有机反应速率较慢，往往需要一定的时间才能完成。为了提高有机反应的速率，往往需要通过提高反应温度、加催化剂或光照等手段降低活化能或改变反应历程来缩短反应时间。

6. 反应不是单一的

有机物分子发生反应时，往往有几个不同部位受到试剂的影响，从而导致反应不是单一的，常伴随有副反应发生，产物多样化、产率较低，需要采取有效的分离技术进行提纯。

五、有机物的分类

有机化合物的种类繁多，数量庞大，为了便于学习和研究，必须对有机物进行科学分类，常用的分类方法有两种。

1. 按碳架结构分类

按碳架结构分类
- 开链化合物(脂肪族化合物)，如　$CH_3CH_2CH_3$，CH_3CH_2OH
- 碳环化合物
  - 脂环族化合物，如
  - 芳香族化合物，如
- 杂环化合物，如

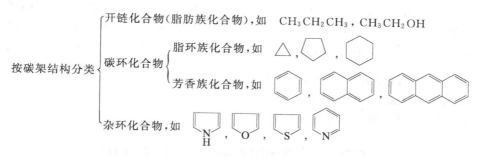

2. 按官能团性质分类

官能团是指有机化合物分子中化学性质比较活泼、容易发生化学反应的原子或基团。官能团决定有机化合物的主要物理、化学性质。官能团可以是原子（如卤素原子）、原子团（如：羟基—OH、羧基—COOH、硝基—NO_2、氨基—NH_2 等）或某些特征化学键结构（如碳碳双键 $>C=C<$ 、碳碳三键 —C≡C— ）等。常见有机化合物的官能团见表 2-1。

表 2-1　常见有机化合物的官能团

类别	通式或表达式	官能团	官能团名称	有机物举例
烷烃	C_nH_{2n+2}	无	—	乙烷
烯烃	C_nH_{2n}	$>C=C<$	碳碳双键	乙烯
炔烃	C_nH_{2n-2}	—C≡C—	碳碳三键	乙炔
卤代烃	R—X	—X	卤原子	溴乙烷
醇	R—OH	—OH	(醇)羟基	乙醇
酚	Ar—OH	—OH	(酚)羟基	苯酚
醚	R—O—R	—O—	醚键	乙醚
醛	R—CHO	—CHO	醛基	乙醛
酮	R—CO—R	—CO—	羰基	丙酮
羧酸	R—COOH	—COOH	羧基	乙酸
酯	R—COO—R	—COO—	酯基	乙酸乙酯
硝基化合物	Ar—NO_2	—NO_2	硝基	硝基苯
胺	R—NH_2	—NH_2	氨基	乙胺
腈	R—CN	—CN	氰基	乙腈
重氮化合物	Ar—$N_2^+Cl^-$	—N_2^+	重氮基	氯化重氮苯
偶氮化合物	Ar—N═N—Ar	—N═N—	偶氮基	偶氮苯
磺酸	Ar—SO_3H	—SO_3H	磺酸基	苯磺酸

自我评价

1. 指出下列化合物的类别及其对应的官能团。

(1)CH_3CH_2OH　　　(2)$CH_3CH_2OCH_2CH_3$　　　(3)CH_3CHO　　　(4)CH_3COOH

2. 下列各组化合物中属于同分异构体的有哪些？并具体指出是哪种异构体。

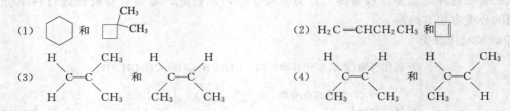

3. 书写有机化学反应方程式时，应注意哪些问题？

4. 能否用 C_2H_6O 分子式表示乙醇和甲醚吗？为什么？

5. 实验室合成有机物时，为什么常采用回流操作？

任务二　脂肪烃的结构与应用

【任务描述】

已知以下脂肪烃：$CH_2\!=\!CH_2$、$CH_3(CH_2)_2CH_3$、$CH_2\!=\!CH\!-\!CH_3$、CH_3CH_3、$CH_2\!=\!CH\!-\!CH\!=\!CH_2$、$CH_2\!=\!CH\!-\!CH(CH_3)\!=\!CH_2$、$H_3CC(CH_3)_2CH_2CH(CH_3)CH_3$、$HC\!\equiv\!CH$。完成以下任务：

1. 命名以上化合物，写出同分异构体；
2. 将以上化合物进行分类，并写出通式；
3. 利用反应式说明以上化合物性质。

【任务分析】

　　通过对相关知识的学习，归纳同系列有机物的共同特点，掌握分类、通式、同分异构及命名方法。从结构分析入手，区分碳-碳单键、双键和三键的不同，进而掌握烷、烯、炔的性质。

【相关知识】

一、脂肪烃的分类

　　若有机物分子中只含有碳、氢两种元素，称为碳氢化合物，简称为烃。烃包括链烃和环烃两大类。

　　脂肪烃是指分子中只含有碳、氢两种元素，碳原子彼此相连成链而不成环的一类有机物。按分子中碳原子的饱和性又分为饱和烃（烷烃）和不饱和烃两大类，碳原子之间只以单键连接的称为饱和烃或烷烃，通式为 C_nH_{2n+2}；含有碳-碳双键或三键的称为不饱和烃，不饱和烃分为烯烃和炔烃。单烯烃分子中含有一个碳-碳双键 $C\!=\!C$，通式为 C_nH_{2n}；二烯烃分子中有两个碳-碳双键，通式为 C_nH_{2n-2}；炔烃分子中含有一个碳-碳三键 $C\!\equiv\!C$，通式为 C_nH_{2n-2}。

具有同一通式、分子组成上相差一个或若干个 CH_2 原子团的一系列化合物称为同系列。同系列中的各个化合物互称为同系物，CH_2 称为同系列的系差。

二、脂肪烃的同分异构现象

脂肪烃的同分异构现象主要包括碳链异构、官能团位置异构、官能团异构和立体异构四种形式。

烷烃的同分异构现象只有碳链异构，如：

$$CH_2CH_2CH_2CH_2CH_3 \qquad\qquad CH_3CHCH_2CH_3$$
$$ |$$
$$ CH_3$$

烯烃的同分异构现象有碳链异构、官能团位置异构、官能团异构和构型异构，如：

$$CH_2{=}CHCH_2CH_2CH_3 \qquad\qquad CH_3CH{=}CHCH_2CH_3$$

$$CH_3CH{=}CCH_3$$
$$\phantom{CH_3CH{=}C}|$$
$$\phantom{CH_3CH{=}C}CH_3$$

炔烃的同分异构现象有碳链异构、官能团位置异构和官能团异构，如：

$$CH{\equiv}CCH_2CH_2CH_3 \qquad CH_3C{\equiv}CCH_2CH_3 \qquad CH{\equiv}CCHCH_3$$
$$\phantom{CH{\equiv}CCH_2CH_2CH_3 \qquad CH_3C{\equiv}CCH_2CH_3 \qquad CH{\equiv}CC} |$$
$$\phantom{CH{\equiv}CCH_2CH_2CH_3 \qquad CH_3C{\equiv}CCH_2CH_3 \qquad CH{\equiv}CC} CH_3$$

$$CH_2{=}CH{-}C{-}CH_2 \qquad\qquad \square{-}CH_3$$
$$\phantom{CH_2{=}CH{-}}|$$
$$\phantom{CH_2{=}CH{-}}CH_3$$

三、脂肪烃的命名

有机物常见的命名方法有普通命名法（也称习惯命名法）、衍生物命名法、系统命名法和通俗命名法。

普通命名法和衍生物命名法只适用于结构比较简单的有机物的命名；系统命名法采用国际通用 IUPAC（International Union of pure and Chemistry，国际纯粹与应用化学联合会）命名原则，结合我国的文字特点而形成的。

（一）烷烃的命名

1. 伯、仲、叔、季碳原子和伯、仲、叔氢原子的含义

有机物分子中同种原子所处的位置不同，化学活性有所不同。

根据碳原子在分子中所处的位置不同而分为四类。与一个碳原子相连的碳原子称为伯碳原子或一级碳原子，用 $1°$ 表示；与两个碳原子相连的碳原子称为仲碳原子或二级碳原子，用 $2°$ 表示；与三个碳原子相连的碳原子称为叔碳原子或三级碳原子，用 $3°$ 表示；与四个碳原子相连的碳原子称为季碳原子或四级碳原子，用 $4°$ 表示。而与伯、仲、叔碳原子相连的氢原子则相应地称为伯、仲、叔氢原子。

$$\overset{1°}{CH_3}{-}\overset{2°}{CH_2}{-}\overset{3°}{CH}{-}\overset{4°}{\underset{\underset{CH_3}{|}}{\overset{\overset{CH_3}{|}}{C}}}{-}CH_2{-}CH_3$$
$$\phantom{CH_3{-}CH_2{-}\underset{\underset{|}{CH_3}}{CH}}$$

2. 基的概念

从有机物分子中去掉一个氢原子后剩余的原子团称为基。从烃分子中去掉一个氢原子后剩余的原子团称为烃基。烷烃分子中去掉一个氢原子后剩余的原子团称为烷基，常用 R— 表示，通式为 C_nH_{2n+1}。去掉不同的氢原子，可形成不同的烃基。例如：

CH_3—　　　　CH_3CH_2—　　　　$CH_3CH_2CH_2$—　　　　$CH_3CH_2CH_2CH_2$—
甲基　　　　　　乙基　　　　　　　　正丙基　　　　　　　　　正丁基

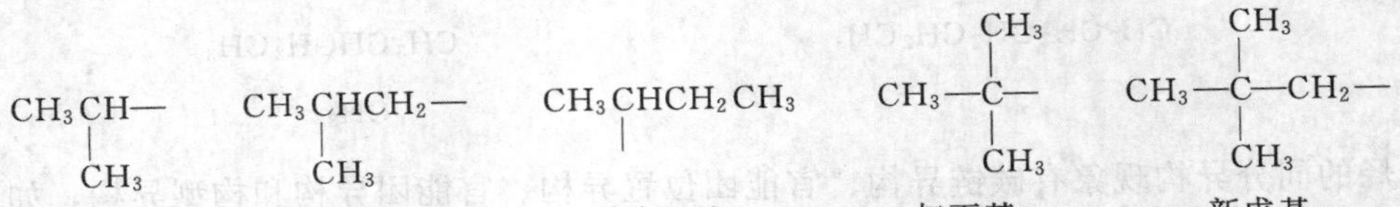

异丙基　　　　　　异丁基　　　　　　仲丁基　　　　　　叔丁基　　　　　新戊基

—CH_2—　　　　　—CH
亚甲基　　　　　　次甲基

3. 习惯命名法

直链烷烃常用习惯命名法。命名方法是将分子中碳原子数称为某烷。碳原子数在 10 以内的依次用天干数甲、乙、丙、丁、戊、己、庚、辛、壬、癸来命名；碳原子数在 10 以上的，用十一、十二等数字命名。用"正"、"异"、"新"区别不同的异构体，"正"代表直链烷烃；"异"代表在链端第二个碳原子上连有一个甲基的烷烃；"新"代表在链端第二个碳原子上连有两个甲基的烷烃。如戊烷、异戊烷、新戊烷、新己烷等。

4. 衍生物命名法

衍生物命名法是以甲烷为母体，把其他烷烃看做是甲烷的烷基衍生物。命名时选择连接烷基最多的碳原子为母体碳原子。不同烷基按先小后大的次序依次命名。例如：四甲基甲烷、二甲基乙基丙基甲烷等。

5. 系统命名法

直链烷烃的系统命名与习惯命名法相似，但要去掉"正"字。

支链烷烃的命名原则如下。

（1）选择主链　选择最长的碳链作为主链（母体），把支链烷基看做是主链上的取代基。根据主链所含碳原子数称为"某"烷。若有两条以上等长的最长碳链时，选择含有支链最多的碳链作为主链。

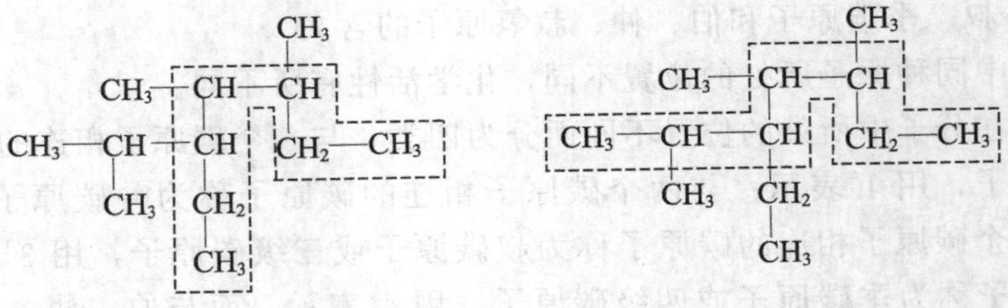

错误　　　　　　　　　正确

（2）编号　从距离支链最近的一端开始，给主链碳原子编号以确定取代基的位次。若有多个取代基时，要优先考虑较简单的支链，同时遵循使各个取代基的位号之和最小的原则。例如：

$$CH_3-CH_2-\overset{\overset{\displaystyle CH_3}{|}}{\underset{1\qquad2\qquad3}{CH}}-\overset{\overset{\displaystyle CH_3}{|}}{\underset{4\quad\ \,5\qquad6}{C}}-CH_2-CH_3$$

错误

$$CH_3-CH_2-\overset{\overset{\displaystyle CH_3}{|}}{\underset{6\qquad5\qquad4}{CH}}-\overset{\overset{\displaystyle CH_3}{|}}{\underset{3\quad\ \,2\qquad1}{C}}-CH_2-CH_3$$

正确

（3）写出名称　把取代基名称写在烷烃母体名称前，在取代基名称之前用阿拉伯数字标明它的位置。

当有几个相同的取代基时，将相同基团合并，分别标明位次，在取代基名称前标明个数；不同取代基则简单在前，复杂在后，依次写出。

命名时注意表示位次的数字之间要用逗号隔开，汉字与数字之间要用短线连接。例如：

$$CH_3CH_2-\overset{\overset{\displaystyle CH_3}{|}}{\underset{\underset{\displaystyle CH_2-CH_3}{|}}{\underset{\displaystyle CH_3}{C}}}-CH-CH_2CH_3$$

3,3-二甲基-4-乙基己烷

$$CH_3CH-\overset{\overset{\displaystyle CH_3}{|}}{\underset{\underset{\displaystyle CH_2-CH_3}{|}}{\underset{\displaystyle CH_3}{C}}}-CH-\overset{\overset{\displaystyle CH_3}{|}}{CH}-CH_2CH_3$$

2,3,3,5-四甲基-4-乙基庚烷

（二）不饱和烃的命名

1. 基的命名

$$CH_2=CH- \qquad CH_3-CH=CH- \qquad CH_2=CH-CH_2-$$

乙烯基　　　　　　　丙烯基　　　　　　　烯丙基

2. 习惯命名

少数简单的烯烃、炔烃常用习惯命名法或衍生物命名法。如：

$$\underset{\underset{\displaystyle CH_3}{|}}{CH_3C}=CH_2 \qquad CH_3-C\equiv C-CH_2CH_3 \qquad CH\equiv C-CH=CH_2$$

异丁烯　　　　　　甲基乙基乙炔　　　　　乙烯基乙炔

3. 系统命名法

由于分子中有碳-碳双键和碳-碳三键的存在，因此，其命名方法与烷烃有所不同，命名原则如下。

（1）选择含有双键或三键（不饱和键）的最长碳链作为主链，支链看做取代基，根据主链上的碳原子数目，称为某烯或某炔。含10个碳原子以下用天干数表示，10个以上的用中文数字表示，并在"烯"或"炔"字前面加上"碳"字。

（2）从距不饱和键最近的一端开始，对主链碳原子编号，使双键或三键的位号最小。

（3）以不饱和键碳原子中编号最小的数字标明不饱和键的位次（乙烯、丙烯、乙炔、丙炔可省略），并将取代基的位次、名称写在烯或炔的名称之前。例如：

$$\underset{\underset{\displaystyle CH_3}{|}}{H_2C=CHCHCH_3}$$

3-甲基-1-丁烯

$$CH_3C\equiv CCH_3 \qquad CH_3CH=CH(CH_2)_{10}CH_3$$

2-丁炔　　　　　　　　　2-十四碳烯

（4）含有多个双键的烯烃，命名时必须依次标明各个双键的位次，并在"烯"字前面加上数字"二、三、四…"，以表明双键的个数。例如：

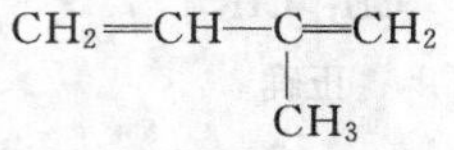

$$CH_2=CH-C-CH_2 \qquad CH_2=CH-CH=CH-CH=CH_2$$
$$\qquad\qquad |$$
$$\qquad\quad CH_3$$

2-甲基-1,3-丁二烯 　　　　　　　　1,3,5-己三烯

（5）分子中同时含有双键和三键时，首先选取含有双键和三键的最长碳链为主链，按主链上碳原子的数目命名为"某"烯炔（烯在前，炔在后）。主链碳原子的编号以双键和三键位号之和最小为原则。当双键和三键处于同一位次时，优先给双键以最小的位号，例如：

$$CH\equiv C-CH=CHCH_3 \qquad CH_3C\equiv C-CH_2CH_2CH=CHCH_3$$

3-戊烯-1-炔 　　　　　　　　　　2-辛烯-6-炔

4. 顺反异构体的命名

（1）顺、反命名法　有顺、反异构体的烯烃一般是根据其构型命名的，在系统命名的名称前加一个"顺"字或"反"字。相同的基团在双键键轴同侧为"顺"，异侧为"反"。例如：

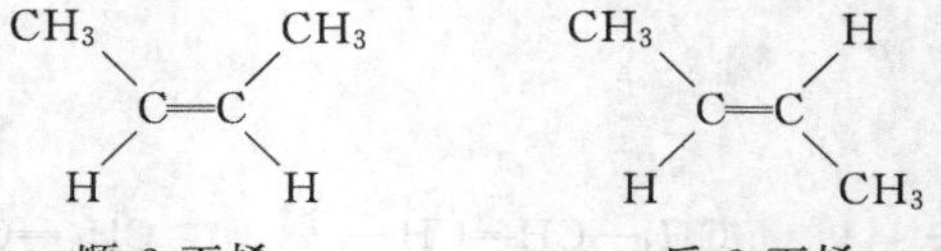

顺-2-丁烯 　　　　　　　　反-2-丁烯

当两个双键碳原子上连接有四个不同的原子或基团时，顺、反命名法不能确定它们的构型，国际上做了统一规定，用 Z/E 法命名。

（2）Z/E 命名法　字母 Z 即"同一侧"的意思，E 指"相反、相对"的意思。Z/E 命名法用次序规则决定 Z、E 的构型。次序规则的要点如下。

① 分别将连接在双键碳原子上的两个原子，按原子序数的大小排列，原子序数大的"优先"排在前面，小的排在后面。有机物中常见原子的排列次序为：

$$I>Br>Cl>S>P>F>O>N>C>D>H$$

② 当与双键碳原子直接相连的是原子团时，采用"外推法"，即首先比较与之相连的第一个原子，若第一个原子的原子序数相同，则比较次第相连的第二个、第三个…原子的原子序数，来决定原子团的大小顺序。例如：

$$-OH>-NH_2>-C(CH_3)_3>-CH(CH_3)_2>-CH_2CH_3>-CH_3$$

③ 当取代基中含有不饱和键时，则把不饱和键看做是它以单键重复与多个原子相连。例如：

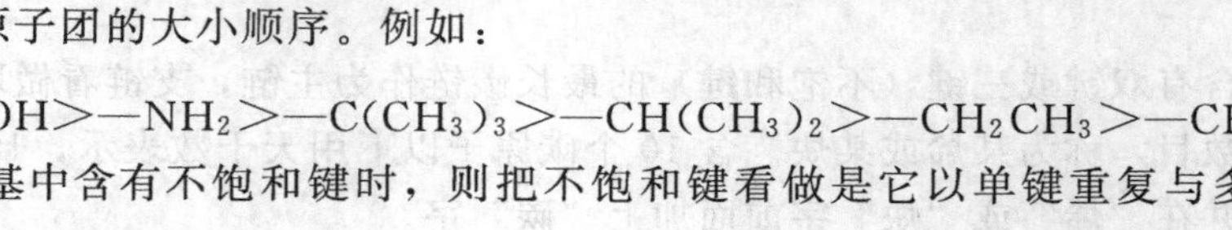

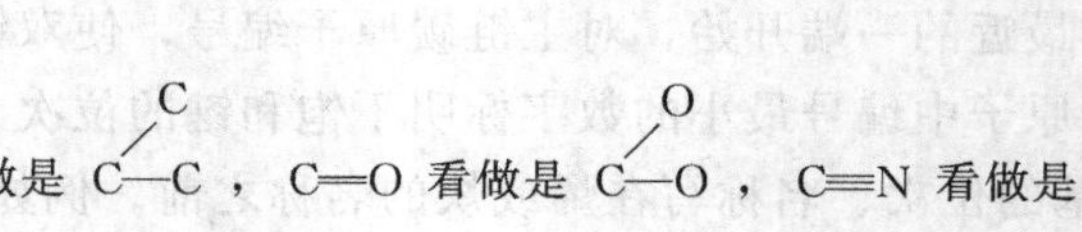

$$C=C \text{ 看做是 } \overset{C}{C-C}, \quad C=O \text{ 看做是 } \overset{O}{C-O}, \quad C\equiv N \text{ 看做是 } \overset{N}{\underset{N}{C-N}}。$$

$$-\overset{O}{\underset{OH}{C}} > -C\equiv N > -C\equiv CH > -CH=CH_2$$

双键的两个碳原子所连接的两个原子或基团如果是两个“优先”基团排在双键的同侧，称为“Z”型；如果位于双键的异侧，就称为“E”型。例如：

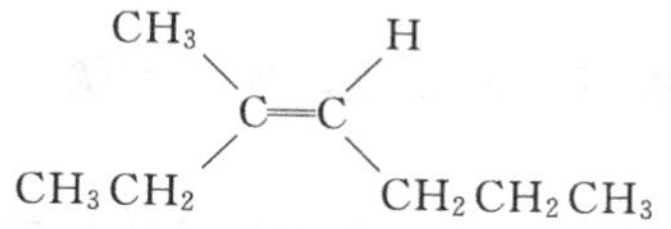

(*Z*)-甲基-3-庚烯

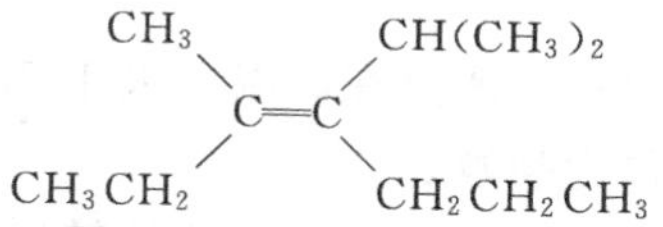

(*E*)-3-甲基-4-异丙基-3-庚烯

四、脂肪烃的物理性质

在常温（25℃）、常压（0.1MPa）下，直链烷烃 C_4 以下为气态，C_5～C_{17} 为液态，C_{17} 以上为固态；烯烃 C_2～C_4 为气体，C_5～C_{18} 为液体，C_{18} 以上为固体；炔烃 C_2～C_4 为气体，C_5～C_{15} 为液体，C_{15} 以上为固体。

脂肪烃的熔、沸点及相对密度均随分子量的增加而升高。相同碳原子数时，支链烃沸点略低，且支链越多，沸点越低，顺式烯烃沸点比反式高；对称性较高的偶数碳原子直链烷烃熔点略高，反式烯烃比顺式高；相对密度顺序为炔烃＞烯烃＞烷烃，但均比水轻。

脂肪烃是无色物质，难溶于水，易溶于四氯化碳等有机溶剂。

五、脂肪烃的化学性质

（一）脂肪烃的结构特征

由于同系列中各个同系物结构相似，使得它们具有相似的物理性质和化学性质。

烷烃特点是 C—C 可以任意旋转而不破坏 σ 键。不饱和烃的 C═C、C≡C 中，只有一个 σ 键，其余为 π 键，π 键重叠程度小，易断裂，是化学反应活性部位，但 C═C 不能自由旋转，因此，烯烃有构型异构，而键长 C≡C＜C═C，故炔烃加成反应活性比烯烃低，且三键碳所连接的氢活泼易解离成 H^+ 具有弱酸性，容易形成金属炔化物。

两个双键被一个单键隔开的二烯烃，称共轭二烯烃。例如 1,3-丁二烯：

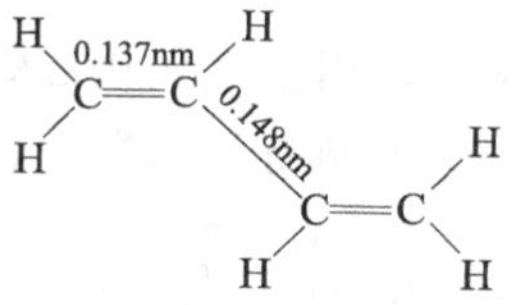

共轭二烯烃分子的碳-碳键长趋于平均化，所有原子共平面，极性交替，互相传递（$\overset{\delta^+}{CH_2}=\overset{\delta^-}{CH}-\overset{\delta^+}{CH}=\overset{\delta^-}{CH_2}$），体系能量较低，分子稳定，常称为共轭效应。若分子结构中 4 个 π 电子不再限于两个直接相连的原子之间，而运动于 4 个碳原子核外，形成了离域 π 键（大 π 键或共轭 π 键），这种有共轭 π 键结构的体系，称为共轭体系。

（二）脂肪烃的化学性质

1. 裂化、异构化反应

（1）裂化反应　烷烃在高温及隔绝空气条件下进行的热分解反应称为裂化反应，其实质是 C—C 和 C—H 断裂，产物是复杂的混合物。例如：

$$CH_3CH_2CH_2CH_3 \xrightarrow{高温} \begin{cases} CH_3CH=CH_2 + CH_4 \\ CH_2=CH_2 + CH_3CH_3 \\ CH_3CH_2CH=CH_2 + H_2 \end{cases}$$

裂化分为热裂化（5MPa，500～600℃）和催化裂化（常压，450～500℃，分子筛硅酸铝催化剂）两种。目前，前者只用于残渣燃料减黏，后者用于增产汽油、柴油等轻质油。

生产上，将石油馏分在高温（大于700℃）下进行深度裂化，生产乙烯、丙烯、丁二烯等产品的过程称为裂解。

（2）异构化反应 从一种异构体转变为另一种异构体的过程称为异构化反应。常见的是在催化剂的作用下直链及少支链烃碳骨架重排为多支链烃。例如：

$$CH_3CH_2CH_2CH_3 \underset{}{\overset{催化剂}{\rightleftharpoons}} CH_3\overset{\overset{CH_3}{|}}{C}HCH_3$$

$$CH_3CH_2CH{=\!=}CH_2 \underset{}{\overset{催化剂}{\rightleftharpoons}} CH_3\overset{\overset{CH_3}{|}}{C}{=\!=}CH_2$$

多支链烃是改善汽油抗爆性的优良组分，石油二次加工中的催化裂化、催化加氢及催化重整等过程均有异构化反应发生。例如，汽油生产中可以通过直链庚烷的异构化，来提高汽油的标号。

2. 氧化反应

（1）催化氧化 在催化剂的作用下，一些脂肪烃可被空气轻度氧化，生成重要化合物。例如：

高级烷烃（C_{20}～C_{40}石蜡）在二氧化锰或乙酸锰等锰盐的催化作用下，可被空气氧化生成高级脂肪酸。其中，C_{12}～C_{18}的高级脂肪酸可与氢氧化钠反应制成对应的钠盐（肥皂）。

$$RCH_2CH_2R' + O_2 \xrightarrow[120℃]{锰盐} RC\overset{\overset{O}{\|}}{\underset{OH}{}} + R'C\overset{\overset{O}{\|}}{\underset{OH}{}}$$

工业上，采用银或氧化银为催化剂，用空气氧化乙烯制取环氧乙烷。环氧乙烷是一种简单的环醚，重要的有机合成中间体，用于制备乙二醇、合成洗涤剂、乳化剂及塑料等。

$$CH_2{=\!=}CH_2 + O_2 \xrightarrow[250℃]{Ag} CH_2\text{—}CH_2$$
$$\underset{O}{\diagdown\diagup}$$

环氧乙烷

在氯化钯-氯化铜水溶液中，用空气或氧气氧化烯烃，乙烯生成乙醛，丙烯生成丙酮。乙醛、丙酮是重要的工业原料。

$$CH_2{=\!=}CH_2 + O_2 \xrightarrow[120℃]{PdCl_2\text{-}CuCl_2} CH_3C\overset{\overset{O}{\|}}{\underset{H}{}}$$

乙醛

$$CH_3\text{—}CH{=\!=}CH_2 + O_2 \xrightarrow[120℃]{PdCl_2\text{—}CuCl_2} CH_3\overset{\overset{O}{\|}}{C}CH_3$$

丙酮

丙烯在氨存在的条件下可被催化氧化成丙烯腈，该反应称为氨氧化反应。丙烯腈可用于制备丁腈橡胶和其他合成树脂。

$$CH_2=CHCH_3 + NH_3 + O_2 \xrightarrow[470℃]{磷钼酸铋} CH_2=CHCN$$
$$\text{丙烯腈}$$

（2）高锰酸钾氧化　烯烃在高锰酸钾稀、冷的中性或碱性溶液中，C=C 中的 π 键断裂，双键碳原子各引入一个羟基生成邻二醇。反应时，高锰酸钾溶液紫红色迅速褪去，并产生棕褐色二氧化锰沉淀。

$$CH_3-CH=CH_2 + KMnO_4 \xrightarrow[NaOH,H_2O]{稀、冷} CH_3-\underset{\underset{OH}{|}}{CH}-\underset{\underset{OH}{|}}{CH_2} + MnO_2\downarrow$$
$$\text{1,2-丙二醇}$$

该反应不易停留在生成二元醇的阶段，产物复杂，因此只能用于鉴别烯烃的存在，不能用于制备。在过量的 $KMnO_4$ 热溶液或 $KMnO_4$ 酸性溶液中，C=C 完全断裂。烯烃结构不同，所得氧化产物也不同，根据氧化产物，可推断烯烃构造。例如：

$$CH_3CH=CH_2 \xrightarrow[H_2SO_4,\triangle]{KMnO_4} CH_3C\overset{\displaystyle O}{\underset{\displaystyle OH}{\Big\|}} + CO_2 + H_2O$$
$$\text{乙酸}$$

$$CH_3CH_2CH=C\underset{\underset{CH_2CH_3}{|}}{\overset{\overset{CH_3}{|}}{}} \xrightarrow[H_2SO_4,\triangle]{KMnO_4} CH_3CH_2C\overset{\displaystyle O}{\underset{\displaystyle OH}{\Big\|}} + O=C\underset{\underset{CH_2CH_3}{|}}{\overset{\overset{CH_3}{|}}{}}$$
$$\qquad\qquad\text{丙酸}\qquad\qquad\text{2-丁酮}$$

炔烃被高锰酸钾氧化，三键断裂，炔氢及三键碳被氧化成二氧化碳和水，烷基与三键碳被氧化成对应的羧酸。同时，高锰酸钾溶液紫色褪去，生成棕褐色的二氧化锰沉淀。这个反应用于检验炔烃存在及推断炔烃构造。例如：

$$CH\equiv CH + KMnO_4 + H_2O \longrightarrow CO_2\uparrow + MnO_2\downarrow + KOH$$

3. 加成反应

（1）催化加氢　不饱和脂肪烃与某些试剂作用时，π 键断裂，试剂中的两个原子或基团加到不饱和碳原子上的反应，称为加成反应。在加热（200～300℃）、加压及催化剂存在下，不饱和脂肪烃能与氢气发生反应，称为催化加氢反应。

$$CH_3CH=CH_2 + H_2 \xrightarrow[\triangle]{Ni} CH_3CH_2CH_3$$

$$CH_3C\equiv CH + H_2 \xrightarrow[\triangle]{Ni} CH_3CH=CH_2 \xrightarrow[Ni,\triangle]{H_2} CH_3CH_2CH_3$$

$$CH\equiv CH + H_2 \xrightarrow{林德拉催化剂} CH_2=CH_2$$

由于烯烃加氢可定量进行，因此根据试样吸收汽油的体积，利用有机分析可计算试样中含双键的数目或混合物中不饱和烃的含量。生产上，催化裂化汽油加氢可提高其稳定性。

（2）加卤素　烯烃、炔烃与卤素加成，将生成邻二或四卤代烃。利用反应过程中颜色的变化，可检验 C=C 或 C≡C 的存在。例如：

$$CH_2=CH_2 + Br_2 \xrightarrow{CCl_4} \underset{\underset{Br}{|}}{CH_2}-\underset{\underset{Br}{|}}{CH_2}$$

（红棕色） 1,2-二溴乙烷（无色）

不饱和脂肪烃与卤素发生加成反应的活性顺序为：$F_2 > Cl_2 > Br_2 > I_2$。其中，与 F_2、Cl_2 反应剧烈，与 I_2 加成较困难，如乙炔只能加一分子 I_2，生成 1,2-二碘乙烯。

共轭二烯烃有极性交替现象，因此与卤素加成有两种产物。通常，共轭二烯烃在低温下或非极性溶剂中，有利于 1,2 加成；升高温度或在极性溶剂中，1,4 加成产物比例升高。

（3）加卤化氢　对称烯烃与卤化氢加成时，只得到一种一卤代物。例如：

$$CH_2=CH_2 + HCl \xrightarrow[130\sim250℃]{AlCl_3} CH_3CH_2Cl$$

不对称烯烃与卤化氢加成可得到两种加成产物。例如：

$$CH_3CH_2CH=CH_2 + HBr \xrightarrow{醋酸} \underset{\underset{Br}{|}}{CH_3CH_2CHCH_3} + CH_3CH_2CH_2CH_2Br$$

2-溴丁烷（80%）　　1-溴丁烷（20%）

常见极性试剂见表 2-2。试剂中带正电荷部分主要加到含氢较多的双键碳原子上，带负电部分则加到含氢较少的双键碳原子上。此规律称为马尔科夫尼科夫（Markovnikov）规则，简称马氏规则。不饱和脂肪烃与卤化氢反应活性次序为：$HI > HBr > HCl$。

表 2-2　常见极性试剂

极性试剂	带正电荷部分	带负电和部分	极性试剂	带正电荷部分	带负电荷部分
卤化氢	H—X		水	H—OH	
硫酸	$H—OSO_2OH$		次卤酸	X—OH	

当有过氧化物（如 H_2O_2、R—O—O—R 等）存在时，不对称烯烃与溴化氢加成时，按反马氏规则进行，称为过氧化物效应。例如：

$$CH_3CH=CH_2 + HBr \xrightarrow{过氧化物} CH_3CH_2CH_2Br$$

$$CH_3CH=CH_2 + HBr \xrightarrow{无过氧化物} \underset{\underset{Br}{|}}{CH_3CHCH_3}$$

炔烃与卤化氢加成与烯烃相似。例如：

$$CH≡CH + HCl \xrightarrow[180℃]{HgCl_2-C} \underset{\underset{H}{|}}{CH}=\underset{\underset{Cl}{|}}{CH}$$

该反应工艺简单，产率高，是工业上早期生产氯乙烯的方法，但因能耗大，催化剂有毒，已逐渐被乙烯合成法所代替。氯乙烯继续与氯化氢加成，则生成 1,1-二氯乙烷（CH_3CHCl_2）。

不对称炔烃加成遵循马氏规则。例如：

$$CH_3CH_2C{\equiv}CH \xrightarrow{HBr} \underset{\underset{Br}{|}}{CH_3CH_2C}{=}CH_2 \xrightarrow{HBr} \underset{\underset{Br}{|}}{CH_3CH_2\overset{\overset{Br}{|}}{C}CH_3}$$

$$\qquad\qquad\qquad\quad \text{2-溴-1-丁烯} \qquad\qquad \text{2,2-二溴丁烷}$$

当有过氧化物时，不对称炔烃与溴化氢加成也存在过氧化物效应。

共轭二烯烃与卤化氢加成时，低温利于 1,2 加成；升高温度则利于 1,4 加成。

$$CH_2{=}CHCH{=}CH_2 + HBr \longrightarrow$$

$$-80℃: \quad \underset{\underset{Br}{|}}{CH_2{=}CHCHCH_3} + \underset{\underset{Br}{|}}{CH_2CH{=}CHCH_3}$$
$$(80\%) \qquad\qquad\qquad (20\%)$$

$$40℃: \quad \underset{\underset{Br}{|}}{CH_2{=}CHCHCH_3} + \underset{\underset{Br}{|}}{CH_2CH{=}CHCH_3}$$
$$(20\%) \qquad\qquad\qquad (80\%)$$

（4）加硫酸　烯烃与冷的浓硫酸反应，生成硫酸氢烷基酯，产物溶于浓 H_2SO_4 中，与水共热则水解为醇。不对称烯烃与硫酸加成时，符合马氏规则。

$$CH_3CH{=}CH_2 + HOSO_2OH \longrightarrow \underset{\underset{OSO_2OH}{|}}{CH_3CHCH_3} \xrightarrow[\triangle]{H_2O} \underset{\underset{OH}{|}}{CH_3CHCH_3}$$

$$\qquad\qquad\qquad\qquad\qquad \text{硫酸氢异丙酯} \qquad \text{异丙醇}$$

石油工业上，利用烯烃溶于浓硫酸的性质精制石油产品，以改善油品的稳定性。同时，产物水解成醇（烯烃间接水合），此法对烯烃纯度要求不高，是工业回收裂解气中烯烃制备乙醇、异丙醇等低级醇的方法，其缺点是水解后产生的硫酸易腐蚀设备，产生的酸性废水易污染环境。

（5）加水　烯烃与水在酸催化下加成生成醇。不对称烯烃与水发生加成符合马氏规则，是目前工业合成低级醇的常用方法，称为烯烃直接水合法。该反应对烯烃纯度要求高，需达 97％以上。

$$CH_2{=}CH_2 + H_2O \xrightarrow[300℃,7MPa]{H_3PO_4/硅藻土} CH_3CH_2OH$$

$$CH_3CH{=}CH_2 + H_2O \xrightarrow[300℃,4MPa]{H_3PO_4/硅藻土} \underset{\underset{OH}{|}}{CH_3CHCH_3}$$

在催化剂作用下，炔烃可与水发生加成反应，首先生成烯醇，然后立即进行分子内重排。乙炔转变为乙醛，其他炔转变为酮。这是工业制乙醛和丙酮的一种方法，但由于所用催化剂有毒，污染环境，影响健康，目前已被其他方法所代替。

$$CH{\equiv}CH + H{-}OH \xrightarrow[H_2SO_4]{HgSO_4} \left[\underset{\underset{OH}{|}}{CH_2{=}CH} \right] \xrightarrow{重排} \underset{H}{\overset{O}{\underset{|}{CH_3C}}}$$

$$CH_3C{\equiv}CH + H{-}OH \xrightarrow[H_2SO_4]{HgSO_4} \left[\underset{\underset{OH}{|}}{CH_3CH{=}CH} \right] \xrightarrow{重排} \underset{\underset{O}{\|}}{CH_3CCH_3}$$

（6）加次卤酸　烯烃与次卤酸（常用次氯酸、次溴酸）加成，生成卤代醇。不对称烯烃加成时符合马氏规则。

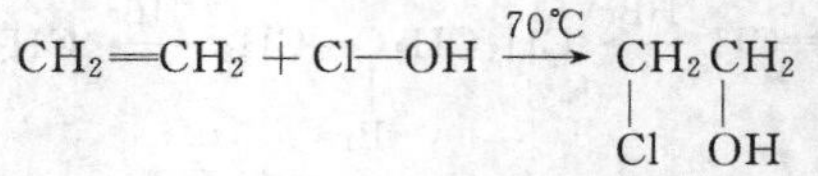

$$CH_2\!=\!CH_2 + Cl\!-\!OH \xrightarrow{70\text{℃}} \underset{\underset{Cl\quad OH}{|\quad\ |}}{CH_2\ CH_2}$$

2-氯乙醇

实际中，常用卤素和水代替次卤酸（如 $Cl_2 + H_2O \rightleftharpoons HOCl + HCl$）。

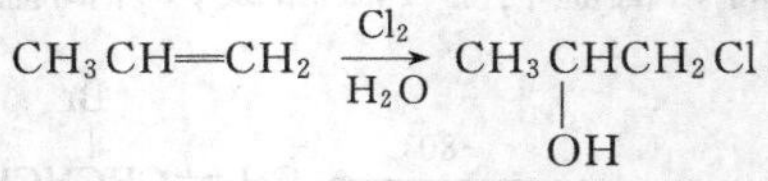

$$CH_3\,CH\!=\!CH_2 \xrightarrow[H_2O]{Cl_2} \underset{\underset{OH}{|}}{CH_3\,CHCH_2\,Cl}$$

1-氯-2-丙醇

2-氯乙醇和 1-氯-2-丙醇是制备环氧乙烷和甘油等的重要原料。

4. 双烯合成反应

共轭二烯烃与烯（炔）烃能进行 1,4-加成反应生成六元环状化合物，该反应称为双烯合成反应，又称狄尔斯-阿德尔（Diels-Alder）反应。

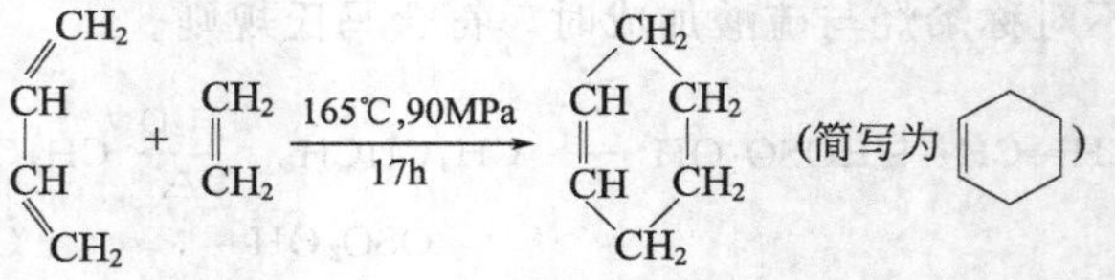

环己烯(78%)

共轭二烯烃称为双烯体，烯（炔）烃称为亲双烯体。当亲双烯体中连有吸电子基（—COOH、—CHO、—CN 等）时，利于反应进行。

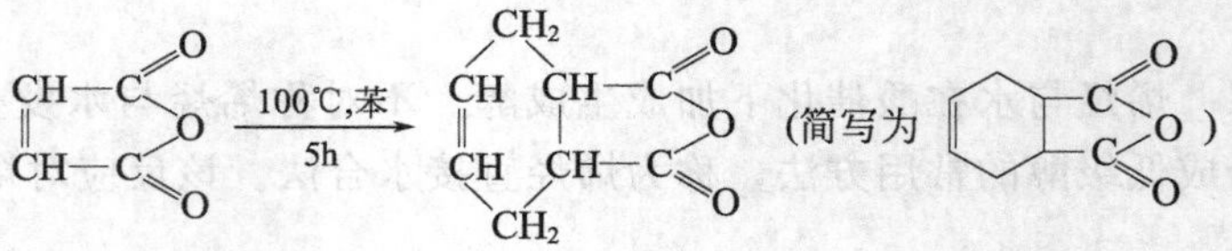

顺丁烯二酸酐　　（白色固体,100%）

双烯合成反应是合成六元环状化合物的一种方法。共轭二烯烃与顺丁烯二酸酐反应定量生成白色固体，加热到较高温度时可分解为原来的二烯烃，常用于共轭二烯烃的鉴定与分离。

5. 聚合反应

不饱和烃在引发剂的作用下，π键断裂，相互结合成大分子或高分子化合物的反应，称为聚合反应。例如，乙烯在催化剂作用下发生聚合反应，生成聚乙烯。

$$nCH_2\!=\!CH_2 \xrightarrow[60\sim75\text{℃}]{(CH_3CH_2)_3Al\text{-}TiCl_4} \left[\!\!\begin{array}{c}CH_2\!-\!CH_2\end{array}\!\!\right]_n$$

乙炔聚合比较困难，在不同条件下，只能发生二聚、三聚反应。乙烯基乙炔是合成氯丁橡胶的单体 2-氯-1,3-丁二烯的重要原料。乙炔在高温及催化剂作用下，发生环状聚合生成苯，但产量不高，无工业生产价值。

$$CH\equiv CH + CH\equiv CH \xrightarrow[85\sim95℃]{Cu_2Cl_2-NH_4Cl} CH_2=CHC\equiv CH$$
$$\text{乙烯基乙炔}$$

6. 取代反应

（1）烷烃的卤代　烷烃中的氢原子在高温或光照条件下可被卤素原子取代。烷烃的氟代反应剧烈，难以控制，而碘代难以进行，常用是氯代和溴代。例如：

$$CH_3\overset{\overset{\displaystyle CH_3}{|}}{C}HCH_3 + Cl_2 \xrightarrow[25℃]{漫射光} CH_3\overset{\overset{\displaystyle CH_3}{|}}{C}HCH_2Cl + CH_3\overset{\overset{\displaystyle CH_3}{|}}{\underset{\underset{\displaystyle Cl}{|}}{C}}CH_3$$

2-甲基-1-氯丙烷（64%）　　　2-甲基-2-氯丙烷（36%）

大量实验证明，烷烃同类碳原子的单个氢原子取代反应活性顺序为：3°H＞2°H＞1°H。

（2）烯烃 α-H 的卤代　受 C=C 影响，α-H 有较强活性，在一定条件下可被卤素取代。例如：

$$CH_3CH=CH_2 + Cl_2 \xrightarrow{500℃} CH_2\underset{\underset{\displaystyle Cl}{|}}{C}H=CH_2 + HCl$$

3-氯丙烯

（3）炔氢的取代　乙炔及末端炔（RC≡CH 型炔烃）分子中，与三键碳原子直接相连的氢原子称炔氢。其性质比较活泼，有微弱的酸性，可与碱金属（Na 或 K）或强碱（NaNH$_2$）等反应，生成金属炔化物。例如：

$$RC\equiv CH + NaNH_2 \xrightarrow{液氨} RC\equiv CNa + NH_3$$
$$\quad\quad\quad\text{氨基钠}\quad\quad\quad\text{炔化钠}$$

炔化钠性质非常活泼，如与卤代烷作用，可在炔烃分子中引入烷基，利用该反应可由低级炔合成高级炔，是增长炔烃碳链的重要方法。

$$CH_3CH_2CH_2Br + CH\equiv CNa \xrightarrow{液氨} CH_3CH_2CH_2C\equiv CH$$

将乙炔通入硝酸银或氯化亚铜的氨溶液中，则生成乙炔银白色沉淀或乙炔亚铜红棕色沉淀。该反应迅速，现象明显，是检验和分离乙炔及末端炔的简便方法。

$$CH\equiv CH + 2Ag(NH_3)_2NO_3 \longrightarrow AgC\equiv CAg\downarrow + 2NH_4NO_3 + 2NH_3$$
$$\text{乙炔银（白色）}$$
$$CH\equiv CH + 2Cu(NH_3)_2Cl \longrightarrow CuC\equiv CCu\downarrow + 2NH_4Cl + 2NH_3$$
$$\text{乙炔亚铜（红棕色）}$$

六、重要的脂肪烃

1. 乙烯

常温下，乙烯是一种无色、稍带有甜味的气体，密度为 $0.5674g/cm^3$，比空气的密度略小，难溶于水，易溶于四氯化碳等有机溶剂，是合成纤维、合成橡胶、合成塑料、合成乙醇的基本化工原料，也用于制造氯乙烯、苯乙烯、环氧乙烷、醋酸、乙醛、乙醇和炸药等，还可用作水果和蔬菜的催熟剂，是一种已证实的植物激素。乙烯是世界上产量最大的化学产品之一，乙烯工业是石油化工产业的核心，乙烯产品占石化产品的 70% 以上，在国民经济中占有重要的地位。世界上已将乙烯产量作为衡量一个国家石油化工发展水平的重要标志之一。

例如，工业上用齐格勒-纳塔催化剂 $[Al(CH_2CH_3)_3\text{-}TiCl_4]$，在常压或 $1\sim1.5MPa$ 下可将乙烯制成高密度聚乙烯。

$$nCH_2\!\!=\!\!CH_2 \xrightarrow[60\sim75℃]{(CH_3CH_2)_3Al\text{-}TiCl_4} \left[CH_2\!\!-\!\!CH_2\right]_n$$
聚乙烯

2. 丙烯

常温下，丙烯为无色、稍带有甜味的气体。密度为 $0.5139g/cm^3$，易燃，爆炸极限为 $2\%\sim11\%$。不溶于水，溶于乙醇等有机溶剂，是一种属低毒类物质。丙烯是三大合成材料（塑料、橡胶、纤维）的基本原料，主要用于生产丙烯腈、异丙烯、丙酮和环氧丙烷等。

例如，工业上用齐格勒-纳塔催化剂 $[Al(CH_2CH_3)_3\text{-}TiCl_4]$，在 $1MPa$ 压力下可将丙烯制成聚丙烯，聚丙烯强度高，硬度大，是耐磨、耐热性比聚乙烯好的塑料。

$$nCH_3CH\!\!=\!\!CH_2 \xrightarrow[50℃,1MPa]{(CH_3CH_2)_3Al\text{-}TiCl_4} \left[\underset{CH_3}{CH}\!\!-\!\!CH_2\right]_n$$
聚丙烯

3. 1,3-丁二烯

工业上，在齐格勒-纳塔催化剂的作用下，使 1,3-丁二烯按 1,4 加成方式聚合成顺-1,4-聚丁二烯，简称顺丁橡胶。顺丁橡胶具有耐磨、耐高温、耐老化、弹性好的特点，其性能与天然橡胶相近。主要用于制造轮胎、胶管等橡胶制品。

$$nCH_2\!\!=\!\!CH\!\!-\!\!CH\!\!=\!\!CH_2 \xrightarrow{TiCl_4\text{-}C_2H_5AlCl_2} \left[\begin{matrix} CH_2 & CH_2 \\ \diagdown & \diagup \\ C\!\!=\!\!C \\ \diagup & \diagdown \\ H & H \end{matrix}\right]_n$$
顺-1,4-聚丁二烯

4. 异戊二烯

2-甲基-1,3-丁二烯（异戊二烯）可以发生以 1,4 加成为主的聚合反应，制成顺-1,4-聚异戊二烯橡胶，其结构与天然橡胶相似，故又称为合成天然橡胶。

$$n\begin{matrix} CH_2 & CH_2 \\ \diagdown & \diagup \\ C\!\!-\!\!C \\ \diagup & \diagdown \\ CH_3 & H \end{matrix} \xrightarrow{(CH_3CH_2)_3Al\text{-}TiCl_4} \left[\begin{matrix} CH_2 & CH_2 \\ \diagdown & \diagup \\ C\!\!=\!\!C \\ \diagup & \diagdown \\ CH_3 & H \end{matrix}\right]_n$$
顺-1,4-聚异戊二烯

自我评价

一、填空题

1. 脂肪烃是由碳碳单键、双键、三键连接而成的＿＿＿＿＿化合物。碳原子间只以单键连接的脂肪烃，称为_____烃或_____；含有碳碳双键或三键的脂肪烃称为_____烃。

2. 写出下列的名称或构造式：

(1) $CH_3CH_2CH_2-$　　　(2) $CH_3\overset{\overset{\displaystyle CH_3}{|}}{CH}-$　　　(3) $CH_3CH_2\overset{\overset{\displaystyle CH_3}{|}}{CH}-$　　　(4) $CH_2{=\!=}CH-$

(5) 烯丙基　　　　　(6) 乙炔基　　　　　(7) 叔丁基　　　　　(8) 新戊基

3. 命名下列化合物或写出其结构式：

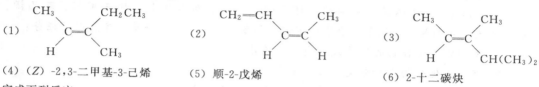

(4) (Z)-2,3-二甲基-3-己烯　　　(5) 顺-2-戊烯　　　　　(6) 2-十二碳炔

4. 完成下列反应：

(1) $CH_3CH_2CH{=}C\overset{\overset{\displaystyle CH_3}{|}}{\underset{\underset{\displaystyle CH_3}{|}}{}}$ $\xrightarrow[H_2SO_4,\triangle]{KMnO_4}$ (　　　　　) + (　　　　　)

(2) $CH{\equiv}CH + H_2$ $\xrightarrow{\text{林德拉催化剂}}$ (　　　　　)

(3) $CH_3CH{=}CH_2 + HBr$ $\xrightarrow{\text{过氧化物}}$ (　　　　　)

(4) $CH_3CH_2C{\equiv}CH$ $\xrightarrow{HCl}$ (　　　) $\xrightarrow{HCl}$ (　　　　　)

(5) $CH_3CH{=}CH_2 + H_2O$ $\xrightarrow[300℃,4MPa]{H_3PO_4/硅藻土}$ (　　　　　)

(6) $CH_3CH{=}CH_2 + HOSO_2OH$ $\longrightarrow$ (　　　) $\xrightarrow[\triangle]{H_2O}$ (　　　　　)

(7) $CH_2{=}CHCH_3$ $\xrightarrow[H_2O]{Cl_2}$ (　　　　　)

(8) 丁二烯 + 顺丁烯二酸 $\longrightarrow$ (　　　　　)

(9) $CH_3CH{=}CH_2$ $\xrightarrow[500℃]{Cl_2}$ (　　　　　)

(10) $CH_3CH_2C{\equiv}CH$ $\xrightarrow{NaNH_2}$ (　　　) $\xrightarrow[\text{液氨}]{CH_3CH_2Br}$ (　　　　　)

二、综合题

1. 烯烃经高锰酸钾酸性溶液氧化，得到下列化合物，请写出与其对应的烯烃结构式。

　(1) 只得到乙酸；(2) 得到丙酸和丙酮；(3) 得到丁酸和二氧化碳；

　(4) 分子式为 C_6H_{12} 的烯烃，只得到一种酮。

2. 用化学方法鉴别下列各组化合物。

　(1) 乙烷，乙烯，乙炔；(2) 丙烷，丙烯，丙炔，1,3-丁二烯；

　(3) 丁烷，1,3-丁二烯，1-丁炔，2-丁炔。

3. 用所给原料合成化合物（无机试剂任选）。

　(1) 以 1-丁烯为原料，合成 1,2,3-三氯丁烷；(2) 由丙炔合成 2-己炔。

三、问答题

1. 聚丙烯生产中常用己烷或庚烷作溶剂，如何检验溶剂中是否含有烯烃及怎样除去烯烃？

2. 如何用简便方法将乙烯中混入的乙炔除去？

任务三　环烃的结构与应用

【任务描述】

已知以下 12 种环烃：环丙烷、环己烷、甲苯、对二甲苯、均三甲苯、环己烯、萘、呋喃、异丙苯、1,1,2-三甲基环丁烷、邻苯二甲酸酐、α-溴萘。完成以下任务：

1. 写出以上化合物的结构式和同分异构体；
2. 将以上化合物进行分类，并写出通式；
3. 利用反应式说明其性质，并查找以上化合物用途。

【任务分析】

通过对相关知识的学习，掌握环烃的分类、通式、同分异构及命名方法，归纳同系列有机物的共同特点，对脂环烃、芳香烃和杂环的结构进行对比分析，找出不同，进而掌握其的性质。

【相关知识】

环烃指首尾相连的环状碳氢化合物。包括脂环烃和芳香烃两类，杂环化合物由于其结构和性质和环烃类似，所以在此一并讨论。

一、脂环烃

脂环烃是指由碳、氢两元素组成的具有环状结构，性质上与脂肪烃相似的化合物。脂环烃在自然界中广泛存在。例如，石油中含有的环戊烷、甲基环戊烷、二甲基环戊烷、环己烷、甲基环己烷等。另外，薄荷、樟脑、松节油以及麝香等都属于脂环烃及其衍生物。

（一）脂环烃的分类与异构

1. 分类

根据脂环烃分子中是否存在不饱和键，分为饱和脂环烃和不饱和脂环烃两类。饱和脂环烃即环烷烃，不饱和脂环烃有环烯烃和环炔烃；根据分子中碳环的数目分为单环、二环和多环脂环烃等。单环环烷烃的通式为 C_nH_{2n}，单环环烯烃的通式为 C_nH_{2n-2}。例如：

单环环烷烃：

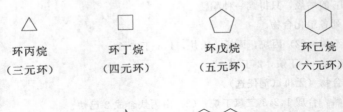

环丙烷　　　　环丁烷　　　　环戊烷　　　　环己烷
（三元环）　　（四元环）　　（五元环）　　（六元环）

二环环烷烃：

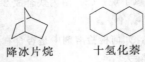

降冰片烷　　　十氢化萘

多环环烷烃：

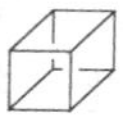

　　　　　　　　立方烷 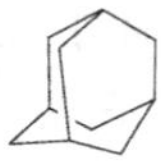　　　　金刚烷

环烯烃：

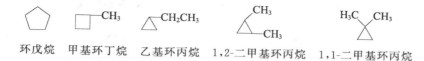

　　1,3-环戊二烯　　　环己烯　　　1,3,5-环庚三烯　　　环辛四烯

2. 异构

脂环烃由于组成环的碳原子数和取代基的不同，也存在构造异构体。例如，符合 C_5H_{10} 的脂环烃就有 5 个构造异构体。

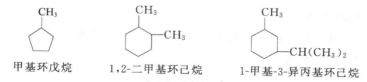

　环戊烷　　甲基环丁烷　　乙基环丙烷　　1,2-二甲基环丙烷　　1,1-二甲基环丙烷

（二）脂环烃的命名

1. 环烷烃的命名

与烷烃命名相似，只是前面加一个"环"字。如果环上有两个以上取代基时，将环上碳原子编号。编号时，按照次序规则给较优基团以较大的编号，且使各取代基的位号之和最小。例如：

CH₃（甲基环戊烷）　　　1,2-二甲基环己烷　　　1-甲基-3-异丙基环己烷

甲基环戊烷　　　　1,2-二甲基环己烷　　　1-甲基-3-异丙基环己烷

由于环的存在，限制了环上碳原子间 σ 键的自由旋转，因此环烷烃有立体异构。环烷烃的顺反异构体命名：当两个相同原子或基团处于环平面同侧时称为顺式；处于异侧时称为反式。例如：

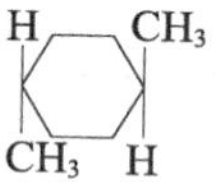

反-1,4-二甲基环己烷 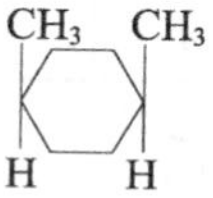　　　　　顺-1,4-二甲基环己烷

2. 不饱和脂肪烃的命名

环烯烃和环炔烃的命名以含有双三键的环为母体，环上碳原子编号在满足官能团碳原子位置最小的前提下，给取代基以尽可能低的编号。例如：

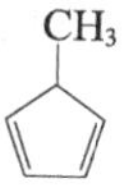

5-甲基-1,3-环戊二烯 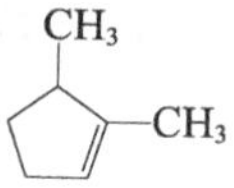　　　2,3-二甲基环戊烯 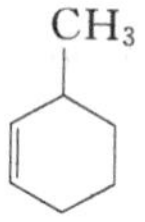　　　3-甲基环己烯

（三）环烷烃结构特征

在环烷烃分子中，只有环丙烷和环丁烷不稳定，其他都比较稳定。由于环烷烃分子中的碳原子是以 sp³ 杂化方式与相邻碳原子成键，彼此链接成环，因此，环己烷是最稳定的环烷烃。

环丙烷中的三个碳原子由于受几何形状限制，碳碳间只能以弯曲方式相互重叠，重叠程度比正常的σ键小，因此弯曲键（俗称香蕉键）容易断裂。实验测得，环丙烷分子中成环的碳原子间的键角为 105.5°，偏离正常键角 109°28′，如图 2-1 所示。

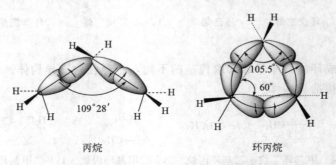

丙烷   环丙烷

图 2-1   丙烷和环丙烷分子内的碳碳键角的比较

这就使分子内产生一种力图恢复到正常键角的张力，称角张力。随着成环碳原子数增多，成环碳原子间键角逐渐接近 109.5°，如环己烷，角张力趋于零，分子很稳定。因此，成碳原子数目决定环的稳定性，环丙烷、环丁烷易开环加成，性质似烯烃，而环戊烷和环己烷通常不易开环。

（四）脂环烃的物理性质

脂环烃的熔点和沸点都比相应的烷烃高一些，相对密度也略高于相应的烷烃，但仍比水轻。常见环烷烃的物理常数见表 2-3。

表 2-3   常见环烷烃的物理常数

名称	熔点/℃	沸点/℃	相对密度	名称	熔点/℃	沸点/℃	相对密度
环丙烷	−127.6	−32.9	0.72(−79℃)	环己烷	6.5	80.8	0.779
环丁烷	−80.0	12	0.703(0℃)	甲基环己烷	−126.5	100.8	0.769
环戊烷	−93.0	49.3	0.745	环庚烷	−12.0	118	0.81
甲基环戊烷	−142.4	72	0.779	环辛烷	11.5	148	0.836

（五）脂环烃的化学性质

脂环烃的化学性质与相应的脂肪烃也类似，但由于具有环状结构，且环有大有小，故还有一些环状结构的特性。环烷烃的燃烧热随着环的大小而不同。环越小，燃烧热越大，说明环张力越大，表明分子的能量越高，稳定性越差，越容易开环加成。环烷烃的稳定性为三元环＜四元环＜五元、六元环。

1. 环烷烃的化学性质

（1）取代反应   在高温或光的作用下，环烷烃与烷烃相似，可以与卤素发生取代反应。例如：

$$\text{（环戊烷）} + Cl_2 \xrightarrow{\text{光}} \text{（氯代环戊烷）} - Cl + HCl$$

（2）开环加成反应 环烷烃中的小环化合物，特别是三元环化合物，虽然没有碳-碳双键，但与烯烃相似，容易开环进行加成反应。

① 催化加氢 在催化剂的作用下，小环烷烃与氢气加成，生成相应的烷烃。随着成环碳原子数目的增加，开环加成反应越来越难。

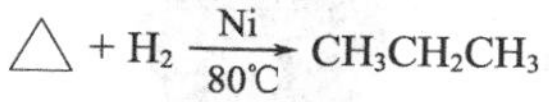

$$\triangle + H_2 \xrightarrow[80℃]{Ni} CH_3CH_2CH_3$$

② 加卤素 小环烷烃及其烷基衍生物也容易与卤素进行开环加成反应。例如：

$$\triangle + Br_2 \xrightarrow[室温]{CCl_4} BrCH_2CH_2CH_2Br$$

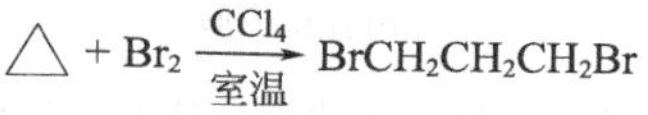

因此，一般不宜用溴褪色的方法来区别环烷烃和烯烃。五元环以上的环烷烃与溴加成很难，随着反应温度的升高而发生自由基取代反应。

③ 加卤化氢 三元环的环丙烷及其烷基衍生物也容易与卤化氢进行开环加成反应。例如：

$$\triangle + HBr \xrightarrow[室温]{CCl_4} CH_3CH_2CH_2Br$$

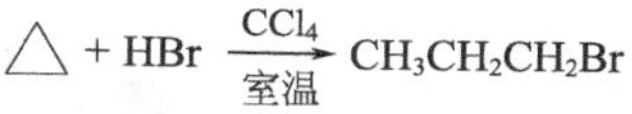

环丙烷的烷基衍生物与卤化氢加成时，环的断裂处发生在连有氢原子最多和连有氢原子最少的两个相邻成环碳原子之间，而且加成反应遵守马氏规则。四元环在常温下很难与卤化氢进行加成反应。例如：

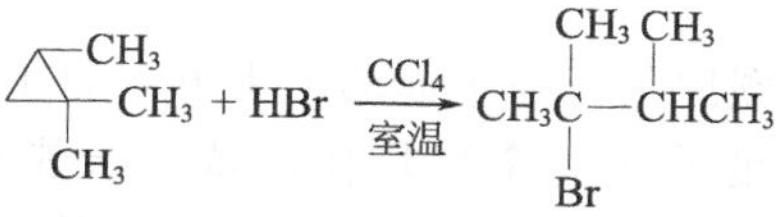

（3）氧化反应 在常温下，一般氧化剂（如高锰酸钾水溶液或臭氧等）不能氧化环烷烃，所以可用高锰酸钾水溶液来鉴别烯烃和环烷烃。如果用强氧化剂，在加热的情况下，环烷烃可以被氧化，条件不同，产物也各异。

2. 环烯烃的化学性质

环烯烃的化学性质与烯烃相似，能发生加成和氧化反应。例如：

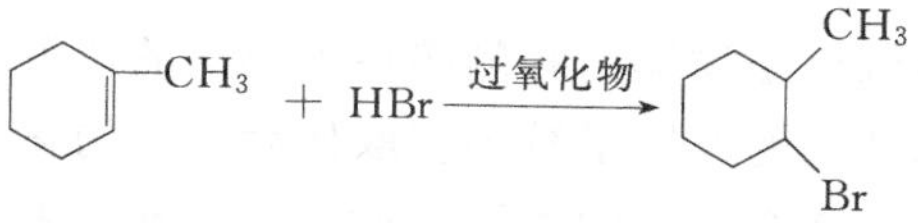

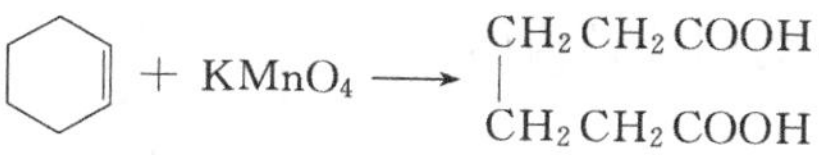

二、芳香烃

芳香烃是指芳香族碳氢化合物，简称芳烃。这类物质大多带有苯环结构，分为单环芳烃和稠环芳烃。

（一）单环芳烃

1. 单环芳烃的结构

苯是结构最简单、最具代表性的单环芳烃。苯的分子组成为 C_6H_6，苯分子内 6 个碳原子和 6 个氢原子都在一个平面内，6 个碳原子构成平面正六边形，碳-碳键长均为 0.140nm，键角都是 120°，如图 2-2 所示。

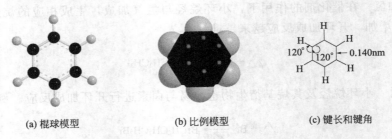

(a) 棍球模型   (b) 比例模型   (c) 键长和键角

图 2-2 苯分子的结构及其键长和键角

苯环中的碳-碳键长介于正常碳-碳单键（键长 0.154nm）和碳-碳双键（键长 0.134nm）之间。主要是由于苯分子内 6 个碳原子均以 sp^2 杂化方式与相邻碳原子或氢原子成键，每个碳原子上各有一个未参与杂化的 p 轨道，其对称轴相互平行，均垂直于碳原子和氢原子所在平面，彼此之间以"肩并肩"方式侧面重叠形成闭合离域的 π_6^6 大 π 键，如图 2-3 所示。

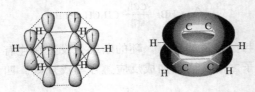

图 2-3 苯分子中的大 π 键、π 电子示意图

苯环 π 电子云对称分布在碳原子所在平面的上下方，分子内原子之间相互影响，使大 π 键的电子高度离域，电子云密度分布完全平均化，苯分子能量降低，因此苯环相当稳定。苯环的特殊稳定性，决定了芳烃具有难加成、难氧化、易取代的特性，被称为芳烃的芳香性。

苯的结构式表示方法如下：

2. 单环芳烃的同分异构

单环芳烃的同分异构有侧链结构异构和侧链在苯环上的位置异构两种情况。

（1）侧链结构异构 苯环上的氢原子被烃基取代后生成的化合物称为烃基苯，连在苯环上的烃基又称为侧链。侧链为 3 个以上的碳原子时，因为碳链排列方式不同而产生异构体。例如，正丙基苯和异丙基苯互为同分异构体。

$CH_2CH_2CH_3$ $\overset{\displaystyle CH_3}{\underset{}{CH-CH_3}}$

正丙基苯   异丙基苯

（2）侧链在苯环上的位置异构 当苯环上连有两个或两个以上的侧链时，侧链在环上的相对位置不同也会产生异构体。例如，当苯环上有两个甲基时有 3 种异构体。

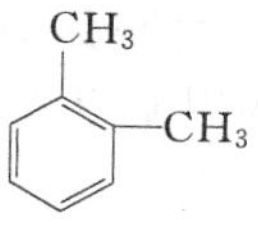

邻二甲苯 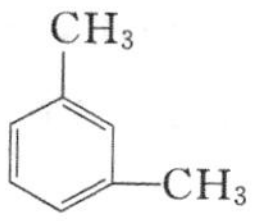　　　　　间二甲苯 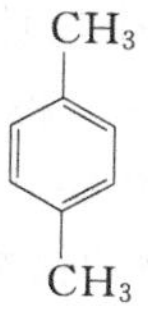　　　　　对二甲苯

3. 单环芳烃的命名

烷基苯的命名是把苯环做母体，烷基做取代基，称为某烷基苯，"基"字可以省略。当苯环上连有两个或两个以上取代基时，可用阿拉伯数字表示它们之间的相对位置。苯环上只连接两个取代基时，也可以用"邻"、"间"、"对"，或 o-、m-、p- 表示它们的相对位置。例如：

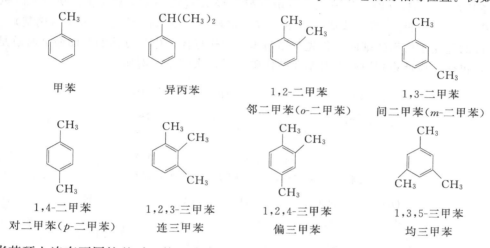

甲苯　　　　　　　异丙苯　　　　　　1,2-二甲苯　　　　　1,3-二甲苯
　　　　　　　　　　　　　　　　邻二甲苯(o-二甲苯)　　间二甲苯(m-二甲苯)

1,4-二甲苯　　　　1,2,3-三甲苯　　　1,2,4-三甲苯　　　　1,3,5-三甲苯
对二甲苯(p-二甲苯)　连三甲苯　　　　偏三甲苯　　　　　均三甲苯

当苯环上连有不同烷基时，按"次序规则"较优基团后列出。例如：

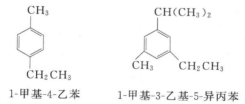

1-甲基-4-乙苯　　　　1-甲基-3-乙基-5-异丙苯

当苯环上的取代基为不饱和烃基或取代基比较复杂时，一般是以侧链为母体，苯环作为取代基来命名。例如：

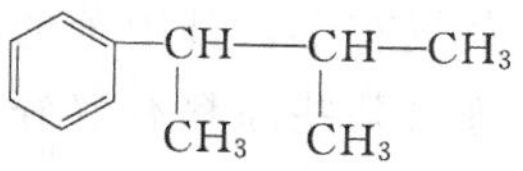

2-甲基-3-苯基丁烷 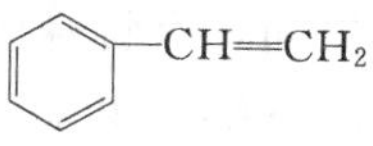　　　　　苯乙烯 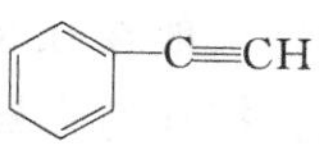　　　　　　　苯乙炔

当侧链为两个及两个以上不饱和烃基时，仍然以苯环作为母体来命名。例如：

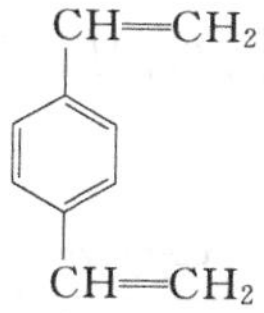

对二乙烯基苯

芳烃分子中去掉一个氢原子而形成的基团，称为芳基，简写为 Ar—。苯去掉一个氢原子而形成的基团 C_6H_5—，称为苯基，简写为 Ph—。甲苯的甲基上去掉一个氢原子而形成的基团 $C_6H_5CH_2$—，称为苯甲基或苄基。

4. 单环芳烃衍生物的命名

苯环上的一个或几个氢原子被其他原子或基团取代后生成的化合物，称为苯的衍生物。

当苯环上连有碳、氢以外的原子或取代基时，需要按照"取代基优先次序（或称官能团优先次序）"来确定母体。常见取代基优先次序为：—COOH（羧酸、羧基）、—SO₃H（磺酸、磺基）、—COOR（酯、烃氧羰基）、—COX（酰卤、卤甲酰基）、—CONH₂（酰胺、氨基甲酰基）、—CN（腈、氰基）、—CHO（醛、甲酰基）、—CO（R）（酮、酮羰基）、—OH（醇、羟基）、—NH₂（胺、氨基）、—OR（醚、烃氧基）、—C≡C（炔、炔基）、—C=C（烯、烯基）、—C₆H₅（苯、苯基）、—R（烷、烷基）、—X（卤素）、—NO₂（硝基）。

前面的优先于后面的基团，优先基团与苯一起作母体。作为母体的基团命名时总是编号为 1 位，再按"最低系列原则"对苯环其他碳原子依次编号。例如：

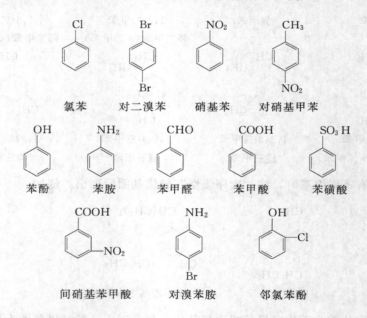

5. 单环芳烃的物理性质

苯及其同系物多数是无色液体，比水轻，不溶于水，可溶于汽油、乙醇和乙醚等有机溶剂中，相对密度一般在 0.86～0.9 之间，有特殊的气味，蒸气有毒，其中苯的毒性较大，长期吸入苯蒸气，损坏造血器官及神经系统。甲苯、二甲苯等对某些涂料有较好的溶解性，可用作涂料工业的稀释剂。

6. 单环芳烃的化学性质

（1）取代反应

① 卤代反应　在铁粉或三卤化铁催化剂作用下，苯环上的氢原子被卤素取代，生成卤代苯。例如：

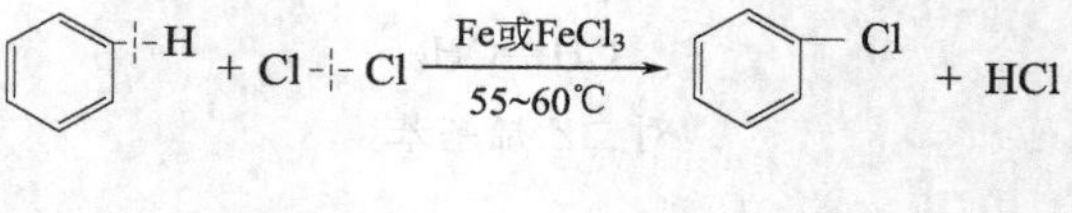

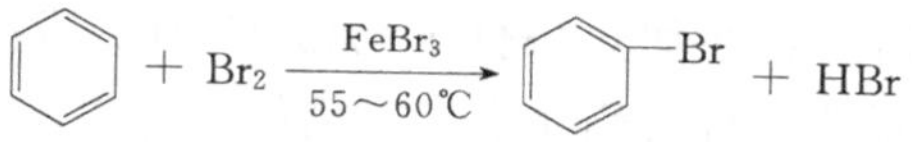

温度升高，一卤苯可以继续发生卤代反应，主要产物是邻位和对位二卤代苯。

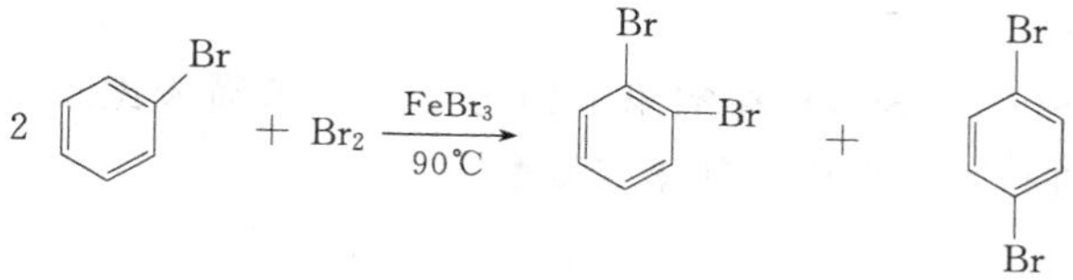

邻二溴苯(13%)　对二溴苯(85%)

烷基苯比苯更容易进行卤代反应，主要生成邻位和对位产物。这是工业上生产一氯甲苯的方法之一。

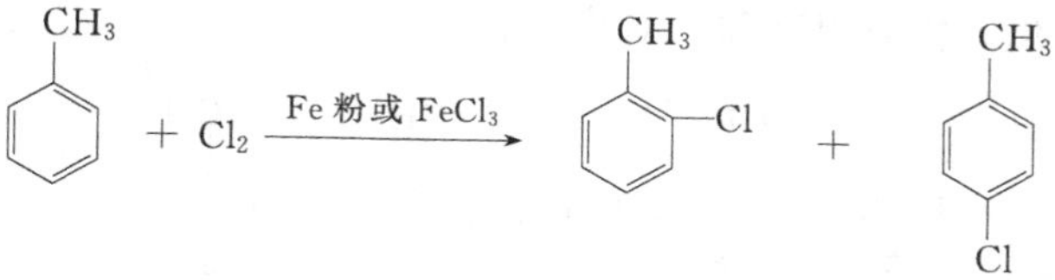

邻氯甲苯(58%)　对氯甲苯(42%)

芳烃苯环侧链上连有 α-H 时，在热或光的作用下，α-H 原子被卤素取代。

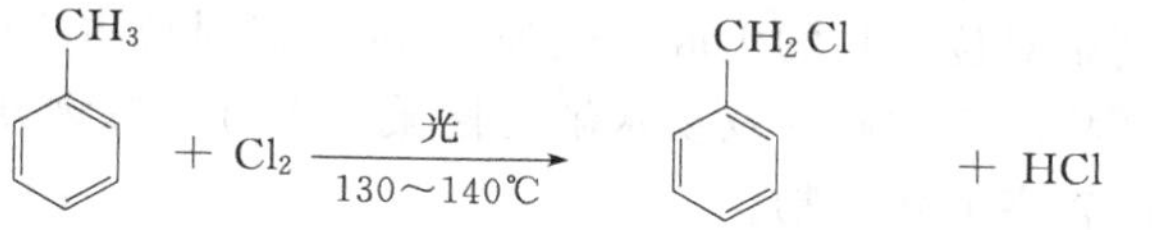

苯氯甲烷(氯化苄)

反应可继续进行，生成苯二氯甲烷、苯三氯甲烷。通过控制氯气用量及反应条件，可使任一产物为主要产物。这是工业上生产苯氯甲烷的方法之一。

② 硝化反应　芳环上氢原子被硝基取代的反应，称为硝化反应。常用硝化试剂是浓硝酸和浓硫酸混合物，俗称"混酸"。这是实验室和工业上制备硝基苯的方法之一。

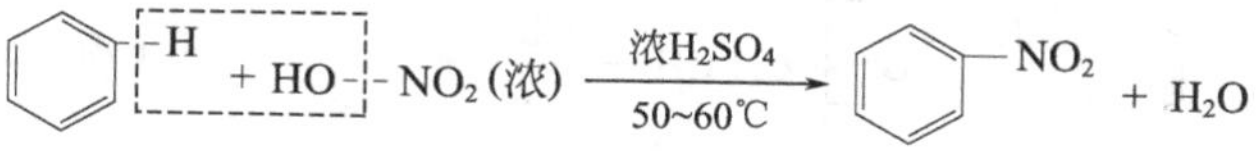

硝基苯不容易继续硝化，在更高温度及用发烟 HNO_3 和浓 H_2SO_4 的混合物作硝化剂时，才能生成间二硝基苯。

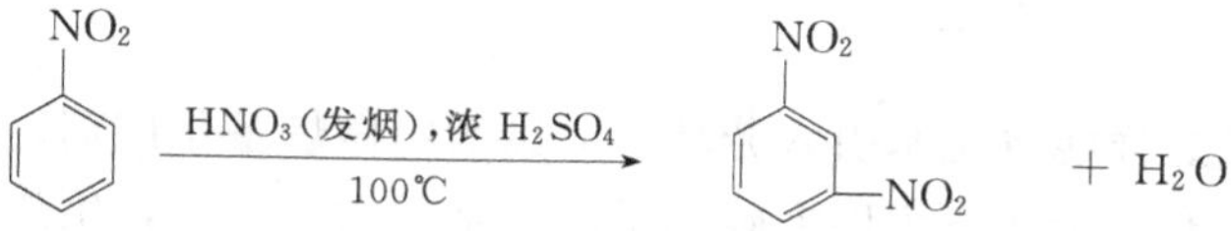

间二硝基苯(93.2%)

烷基苯比苯容易硝化，主要产物为邻硝基甲苯、对硝基甲苯。

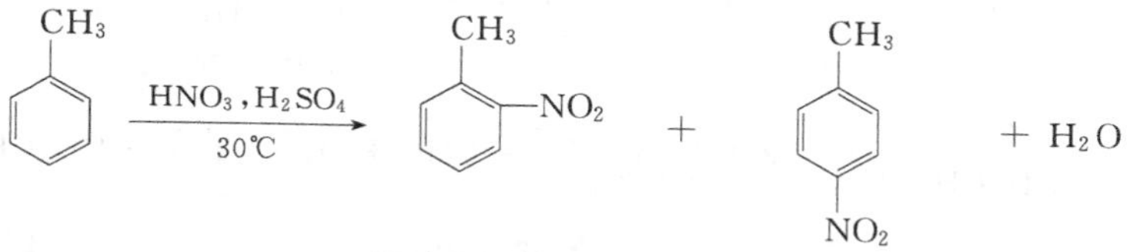

邻硝基甲苯(58%)　对硝基甲苯(38%)

③ **磺化反应**　苯及其同系物在加热条件下与浓 H_2SO_4 发生反应，苯环上的氢原子被 —SO_3H 取代生成苯磺酸的反应，称为磺化反应。例如：

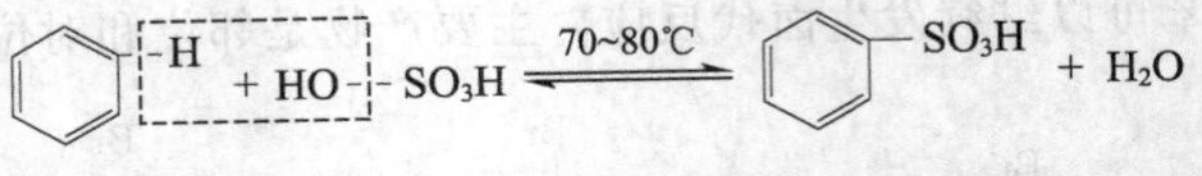

苯与发烟硫酸（$H_2SO_4 \cdot nSO_3$）在室温下即可反应。苯磺酸比苯难于磺化，需采用发烟硫酸并在较高温度下进行，主要生成间苯二磺酸。

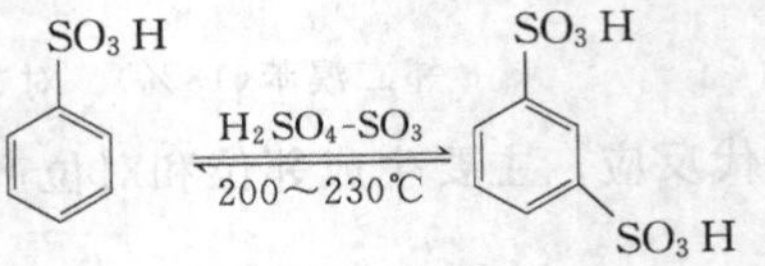

烷基苯比苯易于磺化，主要得到邻、对位产物。如：

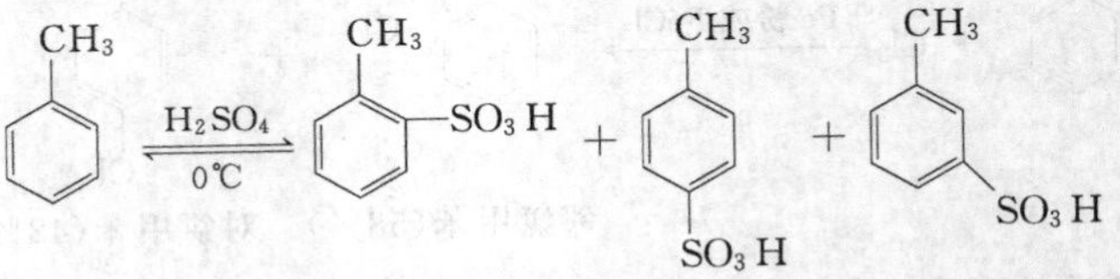

提高温度比较有利于对位产物的生成。例如，100℃时对位占 79%，0℃时对位占 53%。因此，可应用苯磺酸产物溶于浓硫酸及易水解的性质，进行有机物分离，或在有机合成中先占位后水解，制备纯度较高的化合物。

④ **烷基化和酰基化反应**　在催化剂无水氯化铝等作用下，芳环上氢原子被烷基或酰基取代的反应称为傅-克反应。芳环上的氢原子被烷基或酰基取代，分别称为烷基化反应和酰基化反应。

a. 烷基化反应

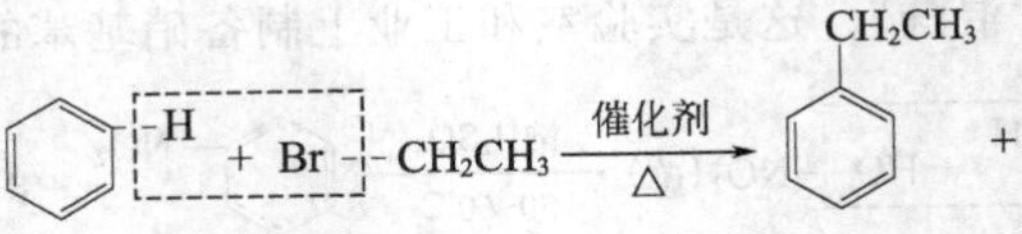

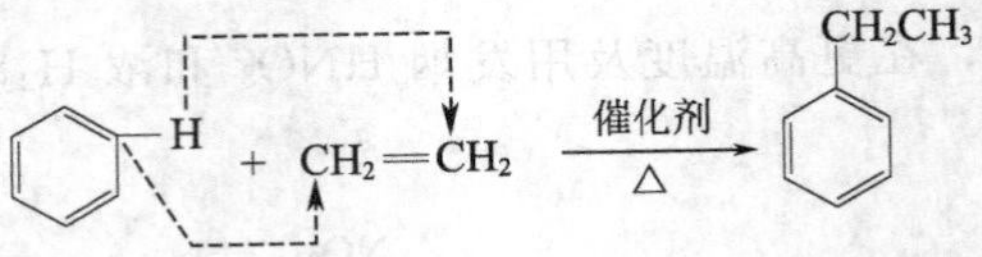

像溴乙烷和乙烯这样能将烷基引入芳环上的试剂叫做烷基化试剂。

若引入的烷基含有三个或三个以上碳原子时，常常发生重排，生成重排产物。例如：

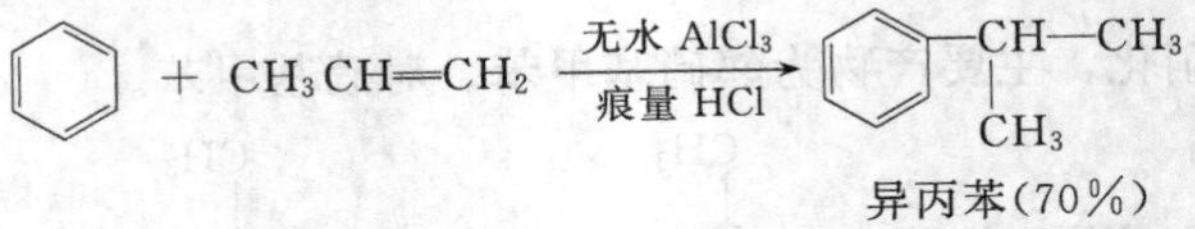

异丙苯（70%）

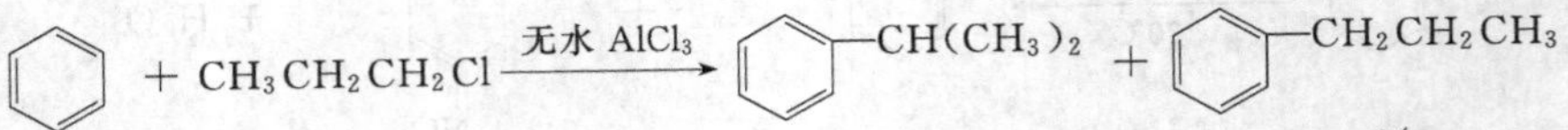

70%　　　　　30%

若苯环上连有—NO$_2$、—SO$_3$H、—COR 等强吸电子基基团时，一般不发生傅-克反应，由于苯与氯化铝都能溶解于硝基苯中，因此硝基苯常作傅-克反应的溶剂。由于卤原子直接与 C═C 键或苯环相连的卤代烃活性小，（如氯乙烯、氯苯），不能作为烷基化试剂。

烷基化反应时，常常伴随多烷基化反应发生，若以一烷基苯为主要产物，需要苯过量。烷基化反应在工业生产上有重要意义。

b. 酰基化反应

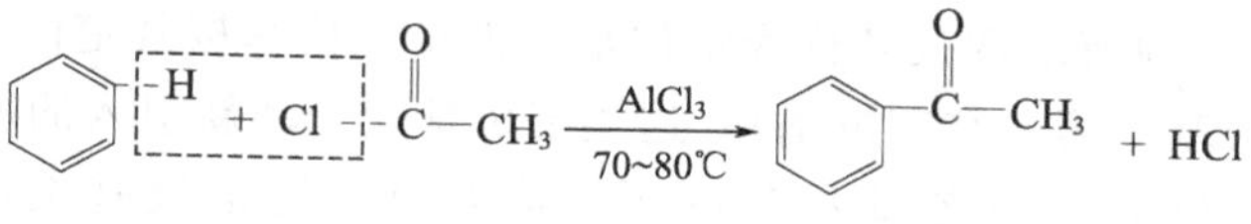

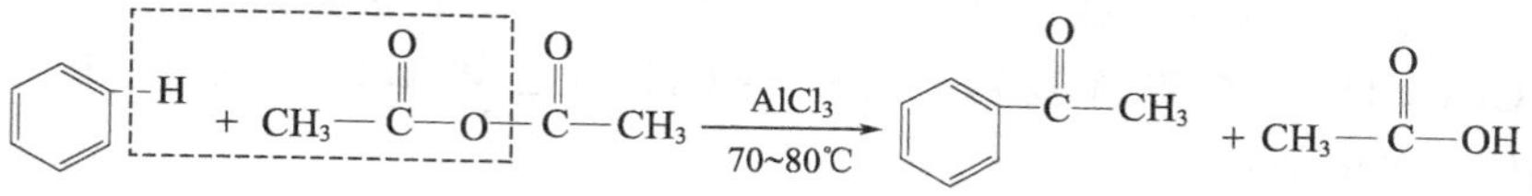

乙酰氯　　　　　　　　　　　　　苯乙酮

乙酸酐　　　　　　　　　　　　　　　　乙酸

像乙酰氯、乙酸酐这样能在芳环上引入酰基的试剂叫做酰基化试剂。

酰基化反应既不发生异构化，也不发生重排，羰基可以进一步还原成亚甲基，得到正构烷基苯。利用该性质，可制备长侧链的烷基苯。例如，实验室及工业，通过酰基化反应和克莱门森还原制备正丙苯。

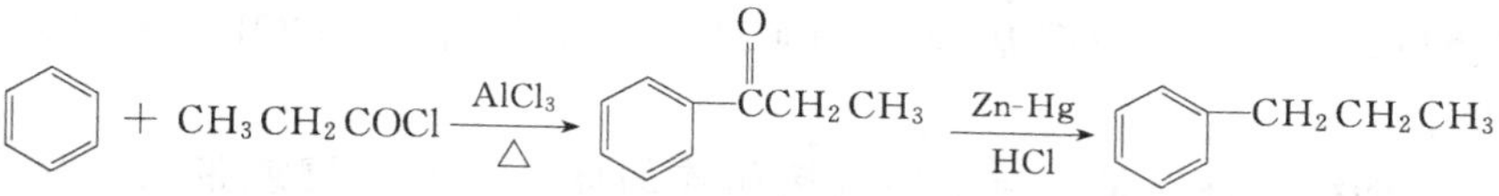

（2）加成反应　苯环性质非常稳定，很难进行加成反应，但在一定的条件下，能与 H$_2$ 和 Cl$_2$ 发生加成反应。例如，在催化剂存在下，苯环加氢生成环己烷，这是工业生产环己烷的方法。

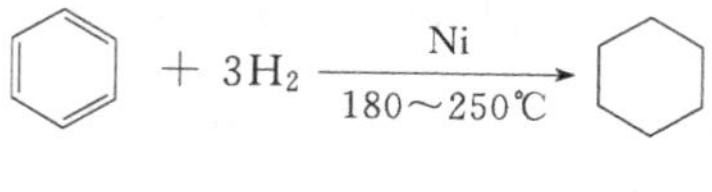

（3）氧化反应

① 苯环氧化　苯环稳定，不易被氧化，但在高温和催化剂作用下，可氧化生成顺丁烯二酸酐。顺丁烯二酸酐是重要的有机化工中间体，可用于制作塑料工业中的增塑剂；造纸业中的纸张处理剂；合成树脂产业中的不饱和聚酯树脂；涂料业中的醇酸型涂料；农药生产中的马拉硫磷的合成；医药产业中磺胺药品的生产等。

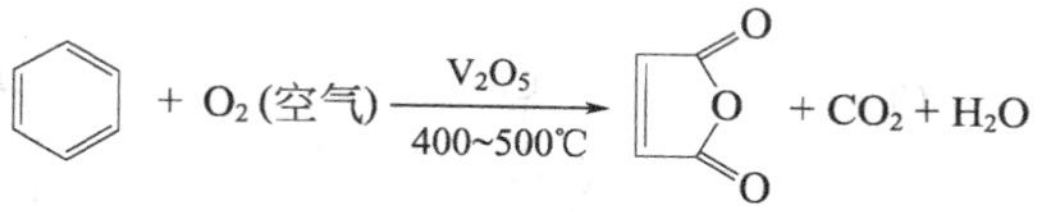

② 侧链氧化　在酸性 KMnO$_4$、K$_2$Cr$_2$O$_7$ 等氧化剂的作用下，含有 α-H 的侧链均被氧化成羧基，可用来鉴别烷基苯和制备芳酸。

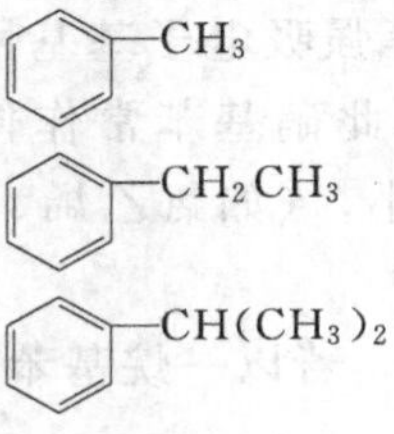

7. 苯环上亲电取代反应的定位规律及应用

(1) 一元取代苯的定位规律 一元取代苯进行取代反应时，原有取代基对新取代基的进入有定位效应，所以将原有的取代基称为定位基。常见取代基按其定位效应分为两类。

① 邻、对位定位基（第一类定位基） 这类定位基使苯环新引入的取代基主要进入其邻位和对位，邻位和对位取代物之和大于60%。常见第一类定位基按由强到弱的顺序为：$—O^-$（负氧离子基），$—N(CH_3)_2$（二甲氨基），$—NHCH_3$（甲氨基），$—NH_2$（氨基），$—OH$（羟基），$—OR$（烷氧基），$—NHCOCH_3$（乙酰氨基），$—CH_3$（甲基），$—R$（烷基），$—OCOCH_3$（乙酰氧基），$—CH{=}CH_2$（乙烯基），$—X$（$—F$，$—Cl$，$—Br$，$—I$），$—CH_2Cl$（氯甲基）。

邻、对位定位基的结构特点是：与苯环直接相连的原子不含双键（$—CH{=}CH_2$除外），且具有孤对电子（烷基例外），是供电子基；第一类定位基一般都使苯环活化（卤素原子、氯甲基等除外），其活化苯环由强到弱的顺序与定位强弱顺序相同。

② 间位定位基（第二类定位基） 这类定位基能使新进入的取代基主要进入它的间位，间位产物大于40%。常见第二类定位基按由强到弱顺序为：$—N^+H_3$（铵基），$—N^+(CH_3)_3$（三甲铵基），$—NO_2$（硝基），$—CCl_3$（三氯甲基），$—CN$（氰基），$—SO_3H$（磺酸基），$—CHO$（醛基），$—COCH_3$（乙酰基），$—COOH$（羧基），$—CONH_2$（氨基甲酰基）。

间位定位基的结构特点是：与苯环直接相连的原子含有重键或带正电荷（$—CCl_3$除外）；第二类定位基使苯环钝化，即当苯环上连有这类取代基时，难以发生取代反应。其钝化苯环由强到弱的顺序与定位强弱顺序相同。

(2) 二元取代苯的定位规律

① 当取代基为同类时，第三个取代基进入位置由定位能力强的决定。例如：

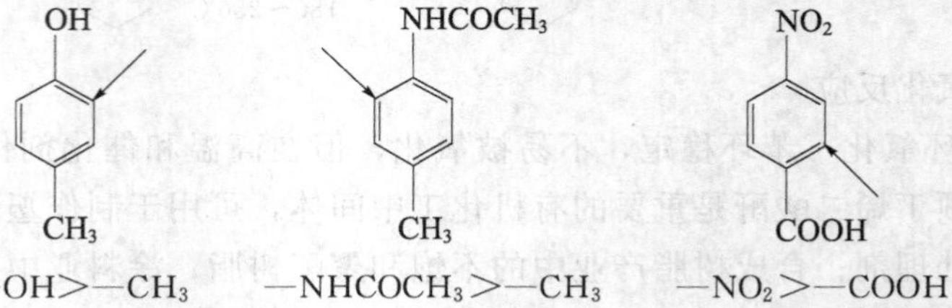

定位基强弱：　　　$—OH{>}—CH_3$　　　$—NHCOCH_3{>}—CH_3$　　　$—NO_2{>}—COOH$

② 当取代基为异类时，第三个取代基进入位置由邻对位定位基决定。例如：

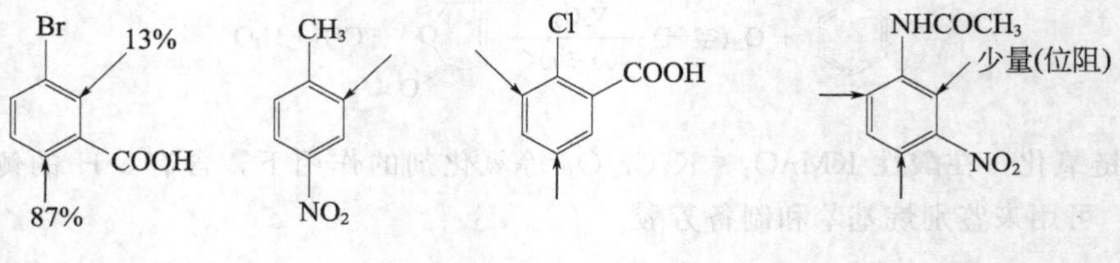

（3）苯环上亲电反应特点　苯环上的取代反应属于离子型反应。由于苯环上电子云密度较大，与苯环发生取代反应的试剂都是亲电试剂，因此苯环上的取代反应是亲电取代反应。

亲电取代反应是分三步进行的。首先是试剂在催化剂的作用下离解成亲电性的正离子（E^+表示），然后是亲电试剂 E^+ 进攻苯环生成活性中间体（又叫 σ 络合物），这一步反应比较慢。

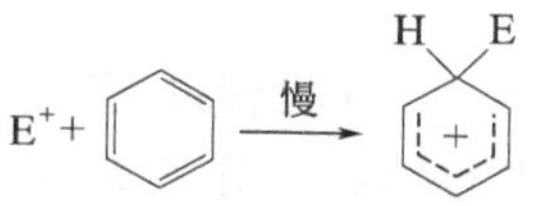

生成的活性中间体迅速脱去 H^+，转变成取代产物，这一步反应比较快。

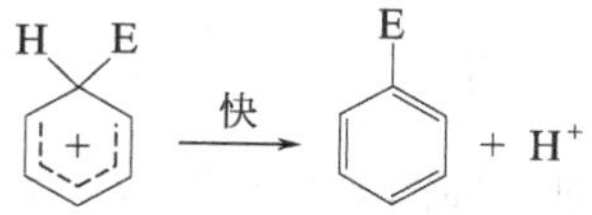

当苯环上有烷基、氨基等供电子基团时，能使环上电子云密度增加，更有利于亲电试剂进攻，反应容易进行。由于供电基对 π 电子云的极化作用，使苯环上出现极性交替现象，供电基的邻位和对位上带有部分负电荷，电子云密度较大；而其间位上则带有部分正电荷，电子云密度较小。因此再取代时，反应主要发生在供电基的邻位和对位。

当苯环上连有硝基、羧基等吸电子基团时，能使环上电子云密度降低，不利于亲电试剂的进攻，反应较难进行。同样是由于出现极性交替现象，使吸电子基团的邻位和对位带有部分正电荷，电子云密度较低；而间位则带有部分负电荷，相对来说电子云密度较高。因此再取代时，反应主要发生在间位。

（4）定位规律的应用

① 预测反应的主要产物　例如，Ph—OCH₃ 分子中的—OCH₃ 是邻、对位定位基，所以其硝化时，主要生成邻、对位产物；Ph—NO₂ 分子中的—NO₂ 是间位定位基，所以其发生硝化反应时，主要生成间位产物；而对甲基苯磺酸分子中的—CH₃ 是邻、对位定位基，发生硝化反应时，它要求硝基进入其邻位和对位。但对位已经被—SO₃H 占据，所以只能进入其邻位。—SO₃H 是间位定位基，发生硝化反应时，它要求硝基进入其间位，而它的间位恰好是—CH₃ 的邻位，也就是说，这两个定位基的定位作用一致，这时硝基可顺利进入两个定位基共同指向的位置。

② 指导设计有机合成路线　利用定位定律，可以指导设计合理的合成路线。

例如，可设计由苯合成邻硝基氯苯、对硝基氯苯和间硝基氯苯的路线。由于氯是邻、对位定位基，硝基是间位定位基，因此合成邻硝基氯苯和对硝基氯苯必须先氯化、后硝化，才能得到邻、对位产物。然后借助分馏的方法将两种异构体分离。合成路线如下：

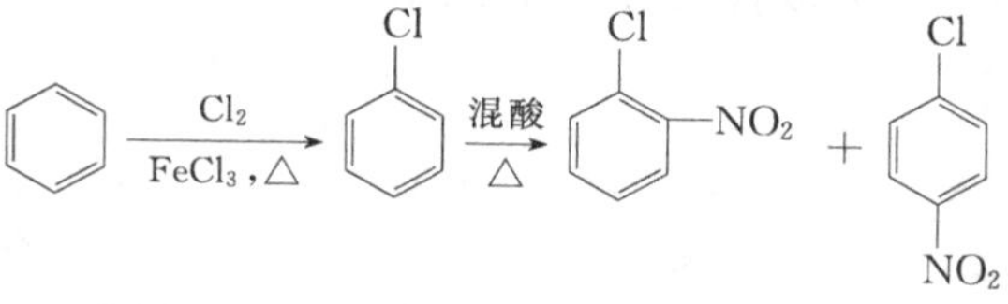

而由苯合成间硝基氯苯，由于硝基是间位定位基，因此只有先硝化、再氯化，才能得到间硝

基氯苯。合成路线如下：

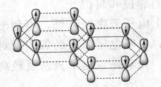

（二）稠环芳烃

1. 简单稠环芳烃的结构特征

分子中含有两个或两个以上的苯环，彼此通过共用相邻的碳原子稠合而成的碳氢化合物，称为稠环芳烃。最简单的稠环芳烃是萘，分子式为 $C_{10}H_8$。萘环碳原子编号如下：

其中的 1、4、5、8 位是等同的，称为 α 位；2、3、6、7 位也是等同的，称为 β 位。

萘分子的 10 个碳原子和 8 个氢原子均处于在同一平面内。碳原子采取 sp^2 杂化，与相邻的碳或氢原子形成 σ 键，10 个 p 轨道以"肩并肩"方式彼此侧面重叠，电子高度离域，形成环状离域的 π_{10}^{10} 大 π 键，如图 2-4 所示。

图 2-4　萘分子中 π 键电子云的形成示意图

图 2-5　萘分子中碳碳键长

共轭 π 键的存在，决定了萘的芳香性。但由于 π 电子云并非平均地分布在两个碳环上，使萘分子中碳-碳键长既不同于碳-碳单键，也不同于碳-碳双键，更不像苯环那样等长，如图 2-5 所示。因此，萘的芳香性及稳定性均不如苯。主要表现在比苯更容易发生取代反应、加成反应和氧化反应，且 α 位比 β 位活泼，反应一般发生在 α 位。

除萘以外，比较重要的稠环芳烃还有蒽和菲。

蒽　　　　　　菲

2. 简单稠环芳烃的命名

以萘及其衍生物为例。一元取代萘有两种不同的异构体 α-取代萘和 β-取代萘。例如：

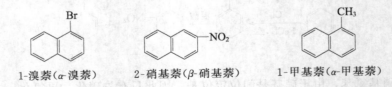

1-溴萘（α-溴萘）　　2-硝基萘（β-硝基萘）　　1-甲基萘（α-甲基萘）

与单环芳烃衍生物的命名相似，除—R、—X、—NO$_2$外，萘与其他取代基直接相连，取代基均作母体；若连有多个取代基，按"取代基优先次序"确定母体。

3. 萘的物理性质

萘是白色光亮片状晶体，不溶于水，易溶于热的乙醇、乙醚、氯仿、二硫化碳及苯等有机溶剂，熔点为80.2℃，沸点为218℃，易升华，有特殊气味。

4. 萘的化学性质

（1）取代反应　萘比苯易于发生卤代、硝化和磺化反应，一般发生在 α 位。

（2）加氢反应　用金属钠和乙醇可使萘部分还原成1,4-二氢萘和四氢化萘，催化加氢可生成十氢化萘，是性能良好的高沸点溶剂。

（3）氧化反应　萘易被氧化，且随反应条件不同，氧化产物也不同。例如，在乙酸溶液中，用三氧化铬作氧化剂，被氧化为1,4-萘醌。

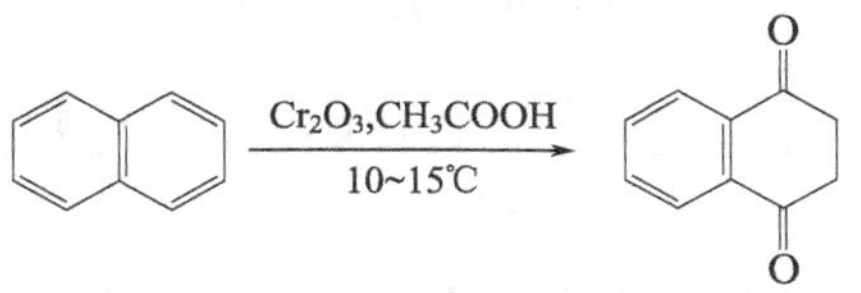

工业上，在强烈条件下可氧化成邻苯二甲酸酐。

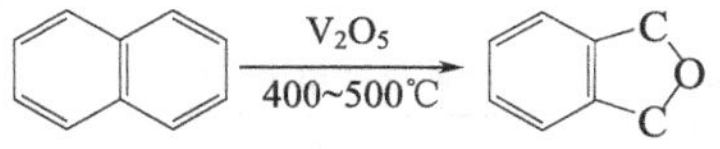

（三）重要的芳烃

1. 苯

苯是具有特殊芳香气味的无色可燃性液体。沸点为80.1℃，不溶于水，易溶于有机溶剂，其蒸气有毒。苯中毒时以造血器官及神经系统受损害为明显。急性中毒常伴有头痛、头晕、无力、嗜睡、肌肉抽搐或肌体痉挛等症状，很快就可昏迷死亡。因此使用时要格外小心。主要来源于煤焦油和石油的芳构化。

苯是重要的有机溶剂，可溶解涂料、橡胶和胶水等。也是基本有机化工原料，可通过取代、加成和氧化反应制得多种重要的化工产品或中间体。

2. 甲苯

甲苯是无色液体。沸点为110.6℃，气味与苯相似，不溶于水，可溶于有机溶剂。甲苯有毒，其毒性与苯相似。其中对神经系统的毒害作用比苯重，对造血系统的毒害作用比苯轻。主要来源于煤焦油和石油的铂重整。

甲苯是重要的有机溶剂，也是基本有机化工原料，主要用于合成苯甲醛、苯甲酸、苯酚、苄基氯以及炸药、染料、香料、医药和糖精等。

3. 二甲苯

二甲苯有三种异构体，即邻二甲苯、间二甲苯和对二甲苯。它们都存在于煤焦油中，大量的二甲苯是由石油产品重整得到的。

邻二甲苯是无色液体。具有芳香气味，沸点为144.5℃，不溶于水，易溶于有机溶剂。其本身就是良好的有机溶剂，主要用于制备邻苯二甲酸、苯酐以及二苯甲酮等。

间二甲苯也是无色、具有芳香气味的液体。沸点为139.1℃，不溶于水，可溶于乙醇、乙醚、丙酮和苯等有机溶剂。主要用于制取间苯二甲酸及其衍生物，是合成树脂、染料、医药和香料的原料。

对二甲苯在低温时，是片状或棱柱状晶体。具有芳香气味，熔点为 13.3℃，沸点为 138.5℃，不溶于水，可溶于有机溶剂，是重要的有机合成原料，主要用于生产聚酯纤维和树脂，也是生产涂料、染料、医药和农药的原料。

4. 苯乙烯

苯乙烯是具有辛辣气味的可燃性无色液体。沸点为 145℃，微溶于水，可溶于乙醇、乙醚、丙酮等有机溶剂。本身也是良好的溶剂，能溶解许多有机化合物，其蒸气有毒。

苯乙烯具有芳烃和烯烃的双重性质。由于含有活泼的碳-碳双键，能发生加成、聚合等多种反应，在室温下能发生自聚，因此贮存时需要加入防止聚合的阻聚剂，如对苯二酚等。

苯乙烯可以通过苯烷基化合成乙苯，然后脱氢制得。

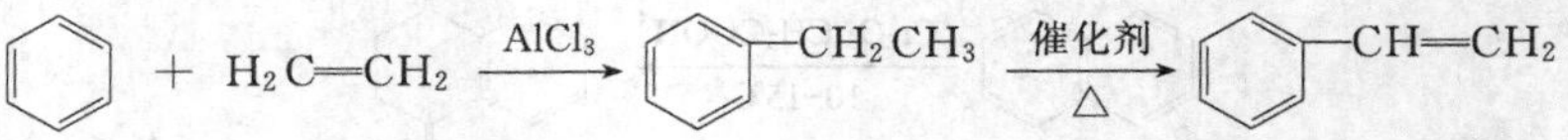

$$\bigcirc + H_2C{=}CH_2 \xrightarrow{AlCl_3} \bigcirc-CH_2CH_3 \xrightarrow[\triangle]{\text{催化剂}} \bigcirc-CH{=}CH_2$$

在引发剂存在下，苯乙烯能发生聚合反应生成聚苯乙烯：

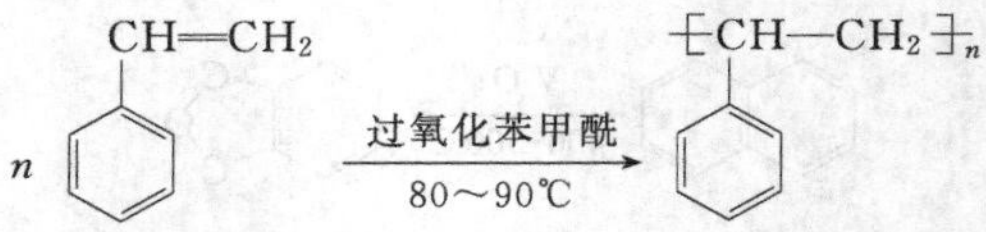

$$n\ \underset{\bigcirc}{CH{=}CH_2} \xrightarrow[80\sim90℃]{\text{过氧化苯甲酰}} \underset{\bigcirc}{{+}CH{-}CH_2{+}_n}$$
聚苯乙烯

聚苯乙烯是一种具有良好的透光性、绝缘性和化学稳定性的塑料。主要用于制造无线电、电视和雷达等的绝缘材料，也用于制硬质泡沫塑料、薄膜、日用品和耐酸容器等。其缺点是强度低、耐热性较差。

苯乙烯还可与其他不饱和化合物共聚，合成许多重要的高分子材料。例如与 1,3-丁二烯共聚可制备丁苯橡胶；与二乙苯共聚可制备离子交换树脂等。此外，苯乙烯还用于制聚酯玻璃钢和涂料、合成染料中间体、农药乳化剂、医药以及选矿剂苯乙烯膦酸等。

5. 萘、蒽

萘是白色晶体。熔点为 80℃，不溶于水，易溶于热的乙醇或乙醚，具有特殊气味。萘容易升华，这就是卫生球久置后会变小或消失的缘故。

萘存在于煤焦油的萘油馏分中。将煤焦油的萘油冷却到 40～50℃，粗萘即结晶出来。再经过碱洗、酸洗、减压蒸馏或升华处理就可得到纯萘。

萘用于制作日常生活中的防蛀剂（俗称卫生球或樟脑），用于制造苯酐、萘酚、萘胺等，也是生产合成树脂、增塑剂、表面活性剂、农药、染料的中间体。萘的化学性质与苯相似，但比苯活泼，也可发生取代、加成和氧化等一系列反应，生成许多有用的稠环芳烃衍生物。

蒽存在于煤焦油中，可由精馏法制得。蒽是带有浅蓝色荧光的针状晶体。熔点为217℃，不溶于水，微溶于醇、醚，能溶于苯、氯仿和二硫化碳。容易发生氧化反应，生成蒽醌，蒽醌是制造染料、茜素、还原染料的中间体。蒽也是合成塑料、绝缘材料的原料，还可用于合成涂料。

三、杂环化合物

杂环化合物分为两类，如环氧乙烷、顺丁烯二酸酐等，在一定条件下容易开环成链状化合物，属于非芳香杂环化合物。而结构与芳香烃相似，环比较稳定，称为芳香族杂环化合物。例如：

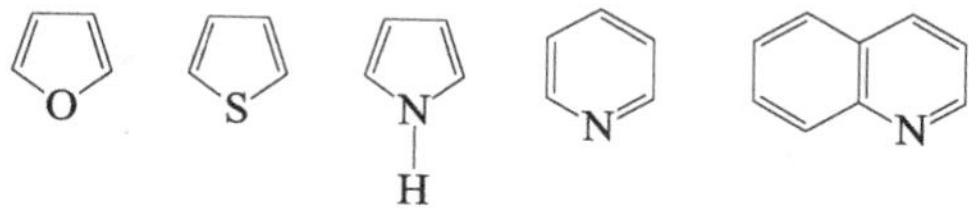

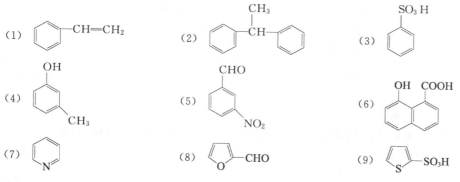

呋喃　　噻吩　　吡咯　　吡啶　　　喹啉

杂环化合物的命名与芳香烃类似，但给杂原子最小的编号。

呋喃等富电子五元芳杂环的活性比苯高，能发生卤化、硝化、磺化和傅-克反应等取代反应，常得到多元取代物，在较温和的条件下才能得到一元取代物，且多发生在 α 位。对氧化剂都很敏感，在空气中就能被氧化。能发生加成反应，生成四氢化物。

吡啶等六元芳杂环的活性与苯相似，在较剧烈条件下才被卤代，一元取代物多发生在 β 位。对氧化剂稳定，不易被氧化。比苯容易加氢，生成六氢化物。

自我评价

一、填空题

1. 写出下列化合物的结构式：

(1) 1,1-二乙基环丁烷_____；　　　　(2) 异丙苯_____；

(3) 乙烯基环戊烷_____；　　　　　　(4) 对硝基甲苯_____；

(5) 1,2-二甲基环戊烯_____；　　　　(6) β-萘甲酸_____；

(7) 1-乙基-3-异丙苯_____；　　　　　(8) 8-硝基-1-萘磺酸_____；

(9) 吡咯_____。

2. 命名下列化合物：

(1) [苯-CH=CH₂ 结构式]

(2) [苯-CH(CH₃)-苯 结构式]

(3) [苯-SO₃H 结构式]

(4) [苯，OH 和 CH₃ 结构式]

(5) [苯，CHO 和 NO₂ 结构式]

(6) [萘，OH COOH 结构式]

(7) [吡啶 结构式]

(8) [呋喃-CHO 结构式]

(9) [噻吩-SO₃H 结构式]

3. 完成下列反应式：

(1) 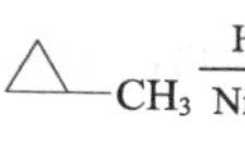 [环己烷] $\xrightarrow[\text{高温}]{\text{Cl}_2}$ (　　　　　)

(2) [环丙烷]—CH₃ $\xrightarrow[\text{Ni} \triangle]{\text{H}_2}$ (　　　　　)

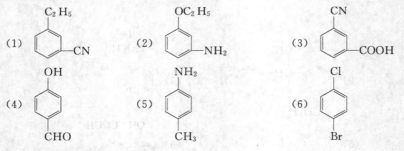

(3) 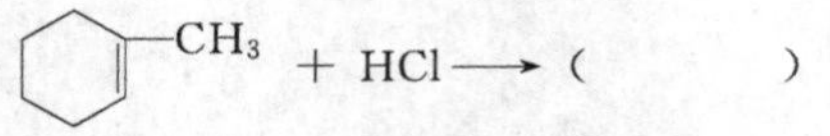 环己烯-CH₃ + HCl ⟶ ( )

(4) 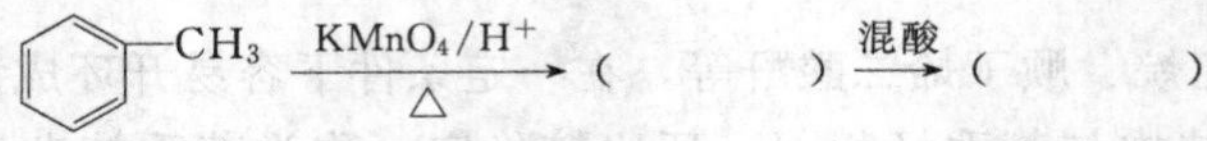 苯-CH₃ $\xrightarrow[\triangle]{KMnO_4/H^+}$ ( ) $\xrightarrow{混酸}$ ( )

(5)  苯-CH=CH₂ $\xrightarrow[\triangle]{KMnO_4/H^+}$ +( )+( )+( )

(6) 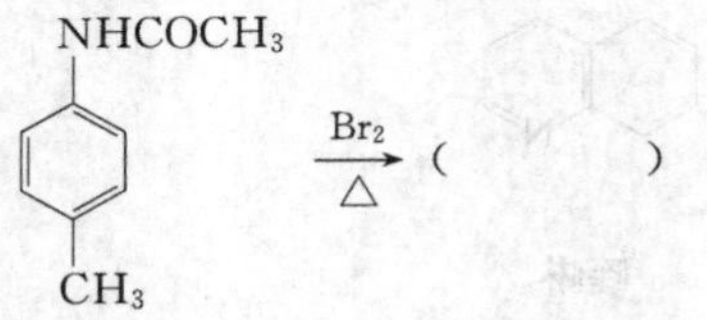 [NHCOCH₃ / CH₃ 苯环] $\xrightarrow[\triangle]{Br_2}$ ( )

(7) 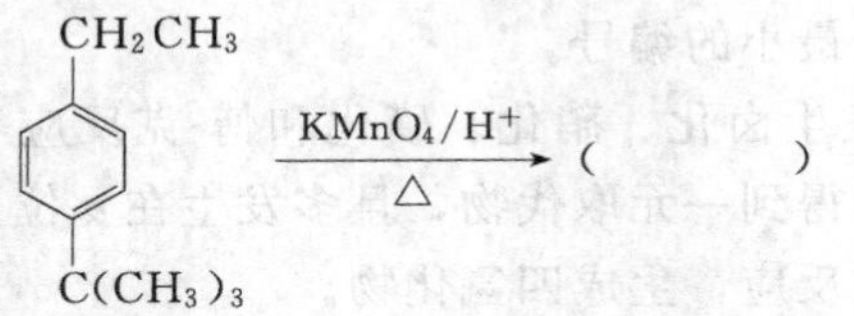 [CH₂CH₃ / C(CH₃)₃ 苯环] $\xrightarrow[\triangle]{KMnO_4/H^+}$ ( )

(8) 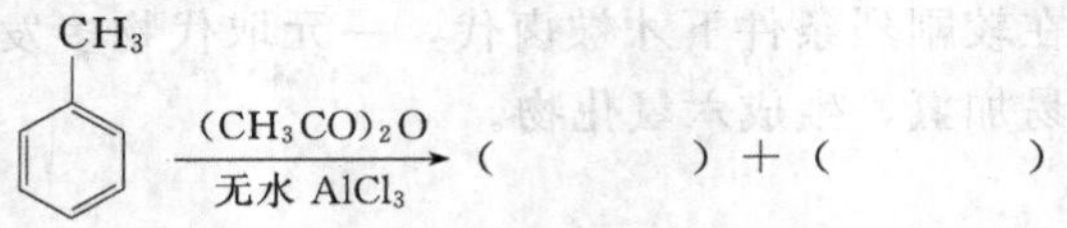 [CH₃ 苯环] $\xrightarrow[无水\ AlCl_3]{(CH_3CO)_2O}$ ( )+( )

(9) 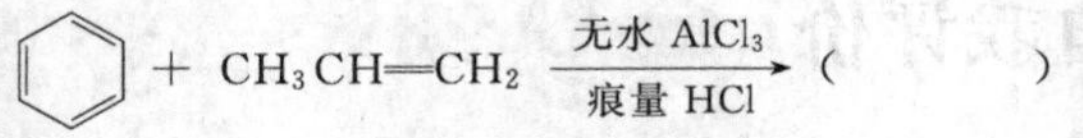 环己烯 + CH₃CH=CH₂ $\xrightarrow[痕量\ HCl]{无水\ AlCl_3}$ ( )

二、综合题

1. 以甲苯为原料，合成下列化合物。

    (1) 邻溴苯甲酸；   (2) 3-硝基 4-溴苯甲酸；   (3) 4-甲基-3-硝基苯磺酸。

2. 以苯为原料，合成下列化合物

    (1) 2,4-二硝基氯苯；   (2) 对硝基苯甲酸；   (3) 对硝基正丙苯；   (4) 邻氯乙苯（纯）。

3. 用箭头表示新取代基团主要进入苯环的位置。

(1) [C₂H₅ / CN 苯环]   (2) [OC₂H₅ / NH₂ 苯环]   (3) [CN / COOH 苯环]

(4) [OH / CHO 苯环]   (5) [NH₂ / CH₃ 苯环]   (6) [Cl / Br 苯环]

4. 用化学方法鉴别下列各组物质

    (1) 异丁烯、甲基环己烷和甲基环丙烷；   (2) 环戊烷、甲基环丁烷和 1,2-二甲基环丙烷；

    (3) 甲苯、环己烷和环己烯。

三、问答题

1. A、B、C 三种化合物的分子式都是 C_4H_6，高温气相催化氢化，都生成正丁烷。与过量的高锰酸钾反应时，A 生成 CH_3CH_2COOH，B 生成 $HOOCCOOH$，而 C 生成 $HOOCCH_2CH_2COOH$。写出 A、B、C 的结构式。

2. 某芳烃分子式为 C_9H_{12}，用重铬酸钾氧化后，可得一种二元酸。将原来的芳烃进行硝化，所得一元硝基化合物有两种，写出该芳烃的结构式。

任务四　卤代烃的结构与应用

【任务描述】

已知以下 11 种卤代烃：苄基溴、异丁基氯、溴苯、丙烯基氯、4-氯-2-溴甲苯、四氟乙烯、三氯甲烷、3-氯丁炔、四氯化碳、苄基溴化镁、氯乙烯。完成以下任务：

1. 将以上化合物进行分类；
2. 写出以上化合物的结构式和同分异构体；
3. 利用反应式说明其性质，并查找以上化合物的用途。

【任务分析】

通过对相关知识的学习，掌握卤代烃的分类、同分异构及命名方法，归纳同类有机物的特点，对脂肪族卤代烷、卤代芳烃和卤代脂环烃的结构进行对比分析，注意不同结构卤代烯烃和卤代芳烃反应活性的差异，找出不同，进而掌握其性质。

【相关知识】

一、卤代烃的结构特征、分类和命名

卤代烃是指烃分子中的一个或多个氢原子被卤原子取代后生成的化合物，简称卤烃。通式为 R—X 或 Ar—X。

1. 卤代烃的结构特征

在饱和卤代烃分子中，碳-卤键决定化合物的性质。由于碳卤原子间电负性的差异，导致不同碳-卤键极性大小次序为 C—Cl＞C—Br＞C—I，卤代烷的化学活性顺序是 R—I＞R—Br＞R—Cl。

2. 卤代烃的分类

（1）按烃基结构分类　按与卤原子相连的烃基结构分为饱和卤代烃、不饱和卤代烃（卤代烯烃、卤代炔烃）及卤代芳香烃。

（2）按碳原子种类分类　按与卤原子直接相连的碳原子种类分为伯卤代烃（如 CH_3CH_2Cl）、仲卤代烃[如 $(CH_3)_2CHBr$]和叔卤代烃[如 $(CH_3)_3CCl$]。

（3）按卤原子数分　按所含卤原子数分为一卤代烃和多卤代烃。一卤代烃可用 R—X 或 Ar—X 表示。

3. 卤代烃的命名

（1）习惯命名法　习惯命名法是根据与卤原子直接相连的烃基名称命名，称某基卤。例如：

$CH_3CH_2CH_2Br$	$CH_3—\overset{\textstyle |}{\underset{\textstyle CH_3}{CH}}—CH_2Cl$	$\underset{}{\bigcirc}\!\!-CH_2Br$	$CH_2{=}CH—CH_2—Cl$
正丙基溴	异丁基氯	苄基溴	烯丙基氯

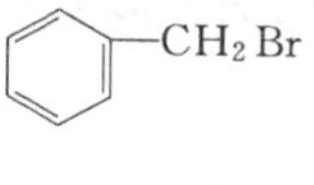

此种方法只适用于结构简单的卤代烃命名，对于结构复杂的卤代烃要用系统命名法。

（2）系统命名法

① 脂肪族卤代烃（饱和卤代烃、不饱和卤代烃） 卤原子作为取代基，烃为母体，命名方法与脂肪烃相同。例如：

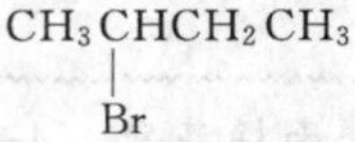

$$CH_3CHCH_2CH_3$$
$$|$$
$$Br$$

2-溴丁烷

$$CH_3CH_2CHCH_2CHCH_2CH_3$$
$$| \qquad |$$
$$CH_3 \quad Cl$$

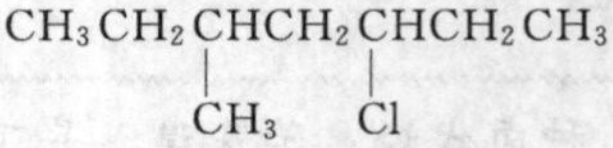

3-甲基-5-氯庚烷

$$CH_2{=}CHCl$$

氯乙烯

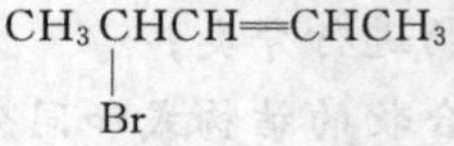

$$CH_3CHCH{=}CHCH_3$$
$$|$$
$$Br$$

4-溴-2-戊烯

② 卤代芳烃 卤原子直接连在芳环上时，以芳烃为母体，卤原子为取代基；卤原子连在侧链上，则以脂肪烃为母体，芳基和卤素当做取代基命名。

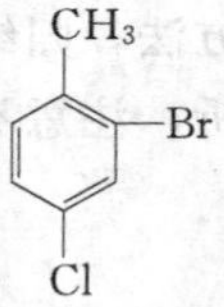

4-氯-2-溴甲苯 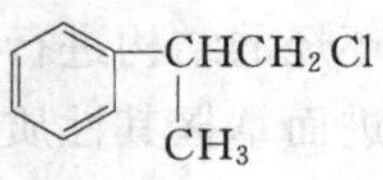　　2-苯基-1-氯丙烷 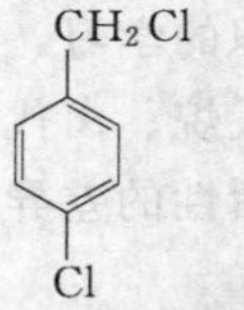　　对氯苯氯甲烷（对氯苄基氯）

③ 卤代脂环烃 命名方法与卤代芳烃相似，但卤原子直接连在环烷环上时，碳原子按次序规则编号。

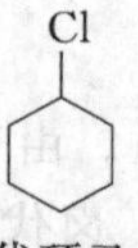

氯代环己烷 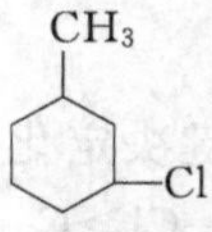　　1-甲基-3-氯环己烷

二、卤代烃的物理性质

在常温、常压下，除氟代烷外，其他卤代烷只有氯甲烷、氯乙烷和溴甲烷是气体，其余是无色液体或固体。一卤代烷有刺激性气味，其蒸气有毒。

在卤原子相同的卤代烷中，沸点随着碳原子数的增加而升高。在烃基相同的卤代烷中，沸点的规律是：$RI > RBr > RCl$。异构体中，支链越多，沸点越低。

大多数卤代烷的相对密度都大于1（只有一氟代烷和一氯代烷小于1），反应时为防止卤代烷沉淀，需要进行搅拌。此外，在卤代烷的同系列中，由于卤素在分子中所占比例逐渐减小，其相对密度随着碳原子序数的增加反而降低。

卤代烷不溶于水，易溶于醇、醚等大多数有机溶剂，常用氯仿、四氯化碳从水层中提取有机物。在萃取时要注意水层在上而大多数卤代烷在下的特点。

纯的一卤代烷无色，但碘代烷易分解产生游离碘，故长期放置的碘代烷常带有红色或棕色。

三、卤代烷的化学性质

1. 取代反应

（1）水解 卤代烷与强碱的水溶液共热，卤原子被羟基取代。

$$CH_3CH_2CH_2CH_2Br + NaOH \xrightarrow[\text{回流}]{H_2O} CH_3CH_2CH_2CH_2OH + NaBr$$
$$\text{正丁醇}$$

通常，卤代烷由醇制得，一般不用此法制醇。

（2）醇解 伯卤烷与醇钠在相应的醇中被烷氧基取代生成醚，卤原子被烷氧基取代生成醚。

$$CH_3CH_2CH_2CH_2Br + CH_3CH_2ONa \xrightarrow[\text{回流}]{CH_3CH_2OH} CH_3CH_2CH_2CH_2OCH_2CH_3 + NaBr$$
$$\text{乙基正丁基醚}$$

该反应称为威廉森（Williamson）合成，是制备醚，特别是制备 R—O—R′ 型醚最常用的一种方法。通常由伯卤代烷制备，否则因发生消除反应而降低产率。

（3）氰解 伯卤烷与氰化钠（或氰化钾）的醇溶液共热，卤原子被氰基取代生成腈。

$$CH_3CH_2CH_2CH_2Br + NaCN \xrightarrow[\text{回流}]{CH_3CH_2OH} CH_3CH_2CH_2CH_2CN + NaBr$$
$$\text{正丁腈}$$

这是有机合成中增长碳链的一种方法。—CN 水解生成—COOH，还原生成—CH_2NH_2，所以也是从伯卤代烷制备羧酸（RCOOH）和胺（RCH_2NH_2）的一种方法。但氰化钠有剧毒，故应用受到限制。

（4）氨解 伯卤烷与过量的氨反应生成伯胺，卤原子被氨基取代。

$$CH_3CH_2CH_2CH_2Br + 2NH_3 \longrightarrow CH_3CH_2CH_2CH_2NH_2 + NH_4Br$$
$$\text{正丁胺}$$

（5）与硝酸银作用 卤烷与硝酸银的醇溶液共热时生成硝酸酯和卤化银沉淀。

$$R—X + AgNO_3 \xrightarrow{CH_3CH_2OH} RONO_2 + AgX\downarrow$$

烷基相同时，活性顺序是 R—I＞R—Br＞R—Cl；卤原子相同时，其活性顺序是叔卤代烷＞仲卤代烷＞伯卤代烷。室温下，叔卤代烷立刻生成卤化银沉淀；仲卤烷反应片刻后出现沉淀；伯卤代烷加热后才有沉淀生成。该反应在有机分析中，常用来定性及定量分析卤代烷。

2. 消除反应

从分子中脱去简单分子（如水、卤化氢、氨），生成不饱和烃的反应称消除反应。

$$CH_3CH_2CH_2CH_2Br \xrightarrow[\triangle]{NaOH/CH_3CH_2OH} CH_3CH_2CH{=}CH_2$$

卤代烷消除卤化氢时，主要是从含氢较少的 β-碳原子上消除氢原子，生成双键碳连接较多烃基的烯烃，这就是札依采夫（Saytzeff）规则。例如：

$$CH_3CH_2\underset{\underset{Br}{|}}{C}HCH_3 \xrightarrow[\triangle]{KOH/CH_3CH_2OH} \underset{\text{2-丁烯(81\%)}}{CH_2CH{=}CHCH_3} + \underset{\text{1-丁烯(19\%)}}{CH_3CH_2CH{=}CH_2}$$

碱浓度越大，消除反应越明显。卤代烷消除反应活性顺序是：叔卤代烷＞仲卤代烷＞伯卤代烷。

消除反应与取代反应是竞争反应。若叔卤代烷分别与 NaOH、RONa 等反应，主要发生消除反应，而不是取代反应。

3. 与金属镁反应——格氏试剂的生成

在绝对（无水、无醇）乙醚中，卤代烷与金属镁屑作用，生成的烷基卤代镁，称为格利雅（Grignard）试剂，简称格氏试剂。

$$CH_3CH_2Br + Mg \xrightarrow[\text{回流}]{\text{绝对乙醚}} CH_3CH_2MgBr$$
$$\text{乙基溴化镁}$$

制备格氏试剂时，一般伯卤代烷产率最高，仲卤代烷次之，叔卤代烷最差。烃基相同的各种卤代烷的反应活性次序为：R—I＞R—Br＞R—Cl。实际使用中，常使用反应活性适中的溴代烷。格氏试剂易与空气或水发生反应，制得格氏试剂无需分离，可直接使用。

在烷基卤化镁分子中，由于碳的电负性（2.5）比镁的电负性（1.2）大得多，C^{δ^-}—Mg^{δ^+} 键是很强的极性键，性质非常活泼，能与多种含活泼氢的化合物（如水、醇、氨）作用生成相应的烷烃。

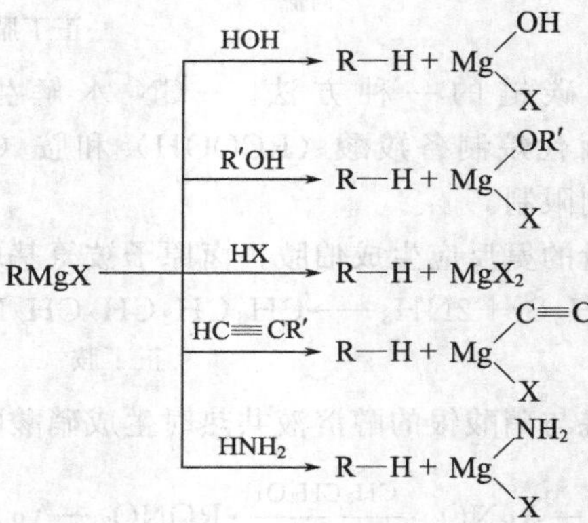

由于格氏试剂遇到含活泼氢的化合物立即分解，所以制备时在隔绝空气的条件下，使用无水、无醇的绝对乙醚做溶剂，卤代烃的烃基上也不能连有各种带活泼氢的基因（如—OH、—NH₂、—NHR、—COOH 等）及羰基，否则，生成的格氏试剂还会与未反应的原料及产物继续反应。

四、卤代烯烃和卤代芳烃

1. 卤代烯烃和卤代芳烃的分类

根据卤原子和双键（或芳环）的相对位置，可把一卤烯烃和一卤代芳烃分为下列三类。

（1）乙烯型卤代烃 卤原子与双键（或芳环）上的碳原子直接相连，即分子中含有 C＝C—X 或 Ph—X 结构称为乙烯型卤代烃。例如：

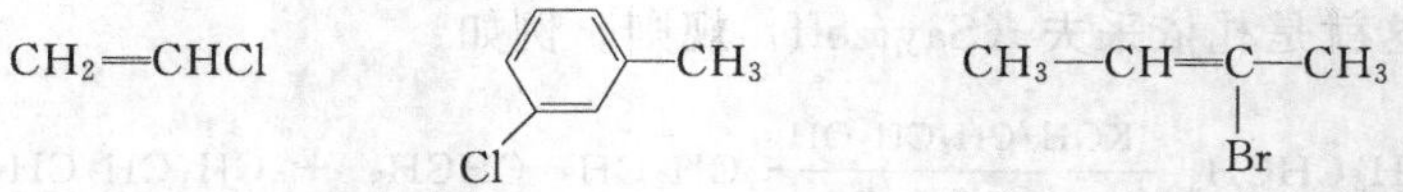

$$CH_2{=}CHCl$$

氯乙烯　　　　　　3-氯甲苯　　　　　2-溴-2-丁烯

（2）烯丙型卤代烃 卤原子与双键（或芳环）相隔一个碳原子，即分子中有 C＝C—C—X 或 Ph—C—X 结构称为烯丙型卤代烃。例如：

$$CH_2=CH-CHCl \qquad H_3C-CH=CH-\underset{\underset{Br}{|}}{CH}-CH_3$$

苄基溴（CH_2Br 连苯环）

3-氯丙烯　　　　　　　　　4-溴-2-戊烯　　　　　　　　苄基溴

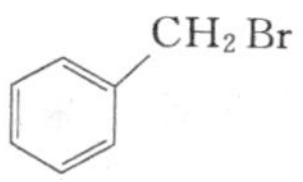

（3）孤立型卤代烯烃　卤原子与双键（或芳环）上的碳相隔两个或两个以上的碳原子，即分子中含 $C=C-(C)_n-X$ 结构（式中 $n \geqslant 2$）称为孤立型卤代烯烃。例如：

$$CH_2=CH-CH_2CH_2Cl \qquad \bigcirc\!\!-CH_2-CH_2Cl$$

4-氯-1-丁烯　　　　　　　　　β-氯乙苯

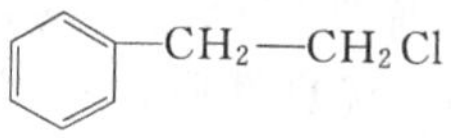

2. 不同结构卤代烯烃和卤代芳烃反应活性的差异

卤原子是卤代烃的官能团。在各类卤代烃中，卤原子的反应活性差别很大，烯丙型＞孤立型＞乙烯型。烯丙型卤代烃（苄基卤）、叔卤代烷最活泼，在室温下，它们分别与硝酸银的乙醇溶液作用时，能迅速生成卤化银沉淀；孤立型卤代烯烃与仲卤代烷、伯卤代烷反应活性相似，在室温下一般不生成卤化银沉淀，但加热后可生成沉淀；而乙烯型卤代烃（卤苯）最不活泼，与硝酸银醇溶液作用时，即使加热也不能生成卤代银沉淀。如碘代烷在室温下与硝酸银溶液作用，生成碘代银沉淀，可利用这个性质来鉴别各种类型的卤代烃。另外，卤代烃与硝酸银醇溶液的反应速率与卤原子的性质也有关系：RI＞RBr＞RCl。

五、重要的卤代烃

1. 三氯甲烷

三氯甲烷（$CHCl_3$）又称氯仿，是一种无色味甜的液体。沸点为 61.2℃，相对密度为 1.482，不溶于水，易溶于醇、醚等有机溶剂。它也能溶解脂肪、蜡、有机玻璃和橡胶等多种有机物，是一种不燃性的优良溶剂。三氯甲烷具有麻醉性，纯者可作麻醉剂。但它对肝脏有毒，且有其他副作用，现已很少使用。

工业上，三氯甲烷可从甲烷氯化碳得到，也可以从四氯化碳还原制得。

氯仿分子中，由于三个氯原子强的吸电子效应，使它的 C—H 键变得活泼，容易在光的作用下被空气中的氧所氧化，生成剧毒的光气（$COCl_2$）。因此，氯仿要密封保存在棕色光气瓶中，并加入 1% 的乙醇以破坏可能产生的光气。

氯仿主要用作有机合成的原料。

2. 四氯化碳

四氯化碳是无色液体。沸点较低（77℃），密度（20℃）较大，为 $1.594g/cm^3$，遇热易挥发，蒸气比空气重，不能燃烧，不导电。因此，当四氯化碳受热蒸发时，其蒸气可把燃烧物覆盖，隔绝空气而灭火，是常用的灭火剂。四氯化碳高温时会水解成光气。工业上，四氯化碳（CCl_4）可由甲烷热氯化或二硫化碳氯化制取。

四氯化碳主要用作溶剂、灭火剂、有机物氯化剂、香料浸出剂、纤维脱脂剂、谷物薰蒸消毒剂、药物萃取物等，并用于制造氟里昂和织物干洗剂，医药上用作杀钩虫剂。此外，四氯化碳有毒（会损坏肝脏），灭火时，要注意通风，以免中毒。

3. 氯乙烯

氯乙烯是无色气体。沸点为 -13.4℃，难溶于水，易溶于乙醇、乙醚和丙酮，氯乙烯有毒，当空气中浓度达 5% 时，即可使人中毒。近年来还发现氯乙烯是一种致癌物，使用时要注意防护。

氯乙烯在工业上采用乙烯氯化裂解法制得。

$$CH_2\!=\!CH_2 + Cl_2 \xrightarrow[40\sim110℃,\ 0.15\sim0.30MPa]{FeCl_3} ClH_2C\!-\!CH_2Cl$$

$$CH_2Cl\!-\!CH_2Cl \xrightarrow[500\sim550℃,\ 0.6\sim1.5MPa]{} CH_2\!=\!CHCl + HCl$$

氯乙烯在过氧化物（如过氧化苯甲酰）引发剂存在下，能聚合生成白色粉状的聚氯乙烯，简称PVC。聚氯乙烯性质稳定，具有耐酸、耐碱、耐化学腐蚀，不易燃烧，不受空气氧化，不溶于一般溶剂等优良性质，常用来制造塑料制品、合成纤维、薄膜管材等，在工业及日常生活中有广泛的应用。

$$CH_2\!=\!CHCl \xrightarrow{过氧化苯甲酰} \unicode{0x2010}\!\!\unicode{0x3010}CH_2CHCl\unicode{0x3011}\!\!\unicode{0x2010}_n$$

4. 四氟乙烯

四氟乙烯（$CF_2\!=\!CF_2$）是无色液体。沸点为$-76.3℃$，不溶于水，溶于有机溶剂。

工业上，用氯仿和氟化氢作用，先制得二氟一氯甲烷（$CHClF_2$），然后经高温裂解生成四氟乙烯。

$$CHCl_3 + 2HF \xrightarrow[20\sim30℃]{SbCl_3} CHClF_2 + 2HCl$$

$$2CHClF_2 \xrightarrow[600\sim800℃]{Ni\text{-}Cr 管} CF_2\!=\!CF_2 + 2HCl$$

四氟乙烯在过硫酸铵的引发下，可聚合成聚四氟乙烯。聚四氟乙烯有优良的耐热、耐寒性能，可在$-100\sim300℃$的范围内使用，化学稳定性超过一切塑料，与浓H_2SO_4、浓碱、氟和"王水"等都不起作用，而且机械强度高，在塑料中有"塑料王"之称。

$$CF_2\!=\!CF_2 \xrightarrow{过硫酸铵} \unicode{0x2010}\!\!\unicode{0x3010}CF_2CF_2\unicode{0x3011}\!\!\unicode{0x2010}_n$$

自我评价

一、填空题

1. 用系统命名法命名下列有机化合物。

(1) $CHBr_3$

(2) $CHClF_2$

(3) $CH_3\!-\!\underset{\underset{Cl}{|}}{CH}\!-\!\underset{\overset{|}{CH_3}}{CH}\!-\!CH_2\!-\!CH_3$

(4) $CH_3\!-\!\underset{\underset{Br}{|}}{\overset{\overset{Cl}{|}}{C}}\!-\!\underset{\overset{|}{CH_3}}{CH}\!-\!CH_2\!-\!CH_3$

(5) $\underset{\overset{|}{Br}}{CH_2}\!-\!\underset{\overset{|}{Br}}{CH_2}$

(6) （萘，1-位取代 Br）

(7) $Cl\!-\!\langle\ \rangle\!-\!CH_2CH_2Cl$

(8) （苯环，邻位 Cl，$-CH\!=\!CH_2$）

2. 根据下列名称写出相应的构造式。

(1) 3-甲基-2-氯戊烷　(2) 异丙基碘　(3) 烯丙基溴　(4) 苄基氯　(5) 2,4-二硝基氯苯

3. 完成下列反应方程式。

(1) H_3C—⬡—CH_2—CH_2—Cl $\xrightarrow{\text{NaCN}}$ [　　　　　]

(2) H_3C—CH=CH_2 $\xrightarrow[\text{过氧化物}]{\text{HBr}}$ [　　] $\xrightarrow{CH_3CH_2ONa}$ [　　　　　]

(3) CH_3—CH_2—$\overset{\displaystyle |}{\underset{\displaystyle Br}{CH}}$—$CH(CH_3)_2$ $\xrightarrow[\text{乙醇}]{\text{KOH}}$ [　　　　]

(4) H_3C—⬡—Br $\xrightarrow[\text{绝对乙醇}]{\text{Mg}}$ [　　　]

(5) CH_3—$\overset{\displaystyle C}{\underset{\displaystyle |}{\underset{\displaystyle CH_3}{}}}$=$CH_2$ + HBr $\xrightarrow{\text{NaCN}}$

二、综合题

1. 按下列各组化合物在 KOH 的醇溶液中脱去卤化氢的难易排列成序。

A: CH_3—$\overset{\displaystyle CH_3}{\underset{\displaystyle Br}{\overset{\displaystyle |}{\underset{\displaystyle |}{C}}}}$—$CH_2CH_3$　　　B: CH_3—$\overset{\displaystyle |}{\underset{\displaystyle CH_3}{CH}}$—$\overset{\displaystyle |}{\underset{\displaystyle Br}{CH}}$—$CH_3$　　　C: CH_3—$\overset{\displaystyle CH_3}{\overset{\displaystyle |}{CH}}$—$CH$—$CH_2Br$

2. 用化学方法鉴别下列各组有机化合物。

(1) 1-溴丙烷、1-溴丙烯、3-溴丙烯。

(2) 对溴甲苯、苄基溴、β-溴乙苯。

3. 由丙烯合成烯丙醇（CH_2=CH—CH_2OH）。

4. 有 A、B 两种溴代烃，它们分别与 NaOH-乙醇溶液反应，A 生成 1-丁烯，B 生成异丁烯，试写出 A、B 两种溴代烃可能的结构式。

5. 某溴代烃 A 与 KOH-醇溶液作用脱去一分子溴化氢生成 B，B 经 $KMnO_4$ 酸性溶液氧化得到丙酮和 CO_2，B 与溴化氢作用得到 C，C 是 A 的异构体，试推测 A、B、C 的结构，并写出各步反应方程式。

任务五　含氧（硫）化合物的结构与应用

【任务描述】

　　已知以下 25 种有机物：乙二醇、苯酚、二甲砜、乙醚、乙醛、苯甲醛、对甲苯酚、甲酸、乙酸酐、甲醛、丙三醇、乙酸、乙醇、环己酮、乙二酸、丙酮、二巯基丙醇、环氧乙烷、己二酸、乙酰氯、对苯二酚、乙酸乙酯、苯甲酸、α-甲基丙烯酸甲酯、二甲亚砜。完成以下任务：

　　1. 写出以上化合物的结构式和同分异构体；

　　2. 将以上化合物进行分类，并写出各类通式；

　　3. 利用反应式说明其性质，并查找其用途。

【任务分析】

　　通过对相关知识的学习，掌握醇、酚、醚、醛、酮、羧酸和羧酸衍生物、含硫有机物的分类、通式、同分异构及命名方法，对比归纳羟基类（醇、酚、醚）、羰基类（醛、酮）、羧基类（羧酸和羧酸衍生物）化合物的异同点，以硫原子和硫酸分子的结构分析为基础，学习含硫化合物，重点掌握重要的性质和用途。

【相关知识】

一、醇

醇可以看做是水分子的氢原子被烃基取代的衍生物。羟基（—OH）是醇分子的官能团。饱和一元醇用 R—OH 表示，通式为 $C_nH_{2n+1}OH$。

1. 醇的分类、异构和命名

（1）醇的分类

① 按烃基结构 分为脂肪醇、脂环醇、芳香醇；根据烃基的饱和程度又分为饱和醇、不饱和醇。

$$脂肪酸 \begin{cases} 饱和醇：CH_3CH_2OH, CH_3CHCH_2CH_3 \\ \qquad\qquad 乙醇 \qquad\qquad\ | \\ \qquad\qquad\qquad\qquad\qquad OH \\ \qquad\qquad\qquad\qquad\qquad 仲丁醇 \\ 不饱和醇：CH_2{=}CH{-}CH_2OH \\ \qquad\qquad\qquad\quad 烯丙醇 \end{cases}$$

脂环醇：⬡—OH，⬠—OH

芳香醇：⬡—CH₂OH（苄醇），⬡—CH—CH₃，1-苯基乙醇
$\qquad\qquad\qquad\qquad\qquad\qquad\qquad\qquad\qquad\quad |$
$\qquad\qquad\qquad\qquad\qquad\qquad\qquad\qquad\qquad OH$

② 按羟基数 分为一元醇和多元醇（二元以上醇的统称）。

$$\begin{cases} 一元醇(含一个羟基)：CH_3CH_2CH_2OH, CH_3{-}CH{-}CH_3, ⬡{-}OH \\ \qquad\qquad\qquad\qquad\qquad\qquad\qquad\qquad\quad\ | \\ \qquad\qquad\qquad\qquad\qquad\qquad\qquad\qquad\quad OH \\ \qquad\qquad\qquad\qquad\quad 正丙醇 \qquad\quad 异丙醇 \qquad 环己醇 \\ 多元醇(两个或两个以上)：CH_2{-}CH_2 \qquad CH_2{-}CH{-}CH_2 \\ \qquad\qquad\qquad\qquad\qquad\qquad | \quad\ | \qquad\qquad | \quad\ | \quad\ | \\ \qquad\qquad\qquad\qquad\qquad\ OH \ OH \qquad\ OH OH OH \\ \qquad\qquad\qquad\qquad\qquad\ 乙二醇 \qquad\qquad\ 丙三醇 \end{cases}$$

③ 按羟基所连碳原子类型 分为伯、仲、叔醇。

$$\begin{cases} 伯醇(1°醇)：CH_3CH_2OH, CH_3CH{-}CH_2OH \\ \qquad\qquad\qquad\qquad\qquad\qquad\qquad\quad\ | \\ \qquad\qquad\qquad\qquad\qquad\qquad\qquad CH_3 \\ \qquad\qquad\qquad\quad 乙醇 \qquad\qquad 异丁醇 \\ 仲醇(2°醇)：CH_3{-}CH{-}CH_2{-}CH_3 \qquad CH_3{-}CH{-}CH_2{-}CH{-}CH_3 \\ \qquad\qquad\qquad\qquad\quad | \qquad\qquad\qquad\qquad\qquad\quad | \qquad\qquad\ | \\ \qquad\qquad\qquad\qquad\ OH \qquad\qquad\qquad\qquad\ CH_3 \qquad\ OH \\ \qquad\qquad\qquad\quad 仲丁醇 \qquad\qquad\qquad\qquad 4-甲基-2-戊醇 \\ \qquad\qquad\qquad\qquad\quad CH_3 \\ \qquad\qquad\qquad\qquad\quad\ | \\ 叔醇(3°醇)：CH_3{-}C{-}OH \\ \qquad\qquad\qquad\qquad\quad\ | \\ \qquad\qquad\qquad\qquad\ CH_3 \\ \qquad\qquad\qquad\ 叔丁醇 \end{cases}$$

（2）醇的异构 分为碳链异构和官能团的相对位置异构。

$CH_3—CH_2—OH$ 乙醇　　$CH_3—O—CH_3$ 甲醚

（3）醇的命名

① 通俗命名

CH_3OH 木精　　C_2H_5OH 酒精

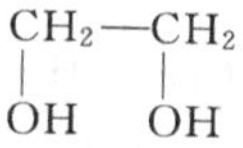
甘醇

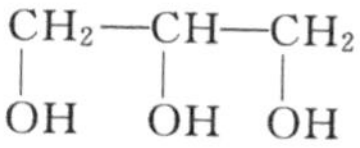
甘油

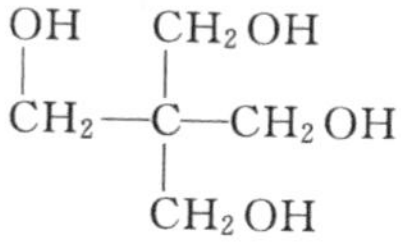
季戊四醇

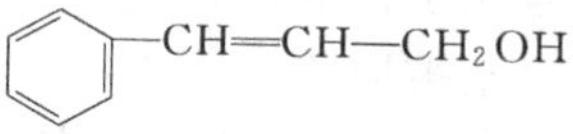
肉桂醇

② 习惯命名法 在烃基名称后加“醇”字。

$CH_3CH_2CH_2CH_2OH$ 正丁醇

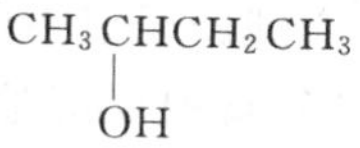
仲丁醇

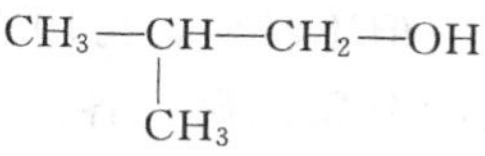
异丁醇

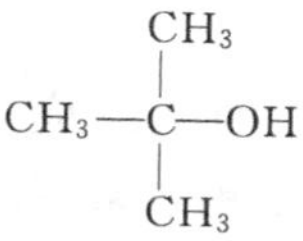
叔丁醇

③ 系统命名法 饱和醇的命名，选择含羟基碳的最长碳链为主链，将支链作为取代基，从离羟基最近的一端开始编号，按主链碳原子数，称为“某”醇，醇名前冠以取代基的位次、名称和羟基的位次。

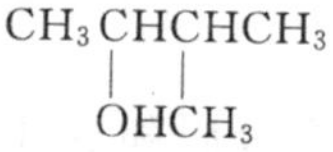
3-甲基-2-丁醇

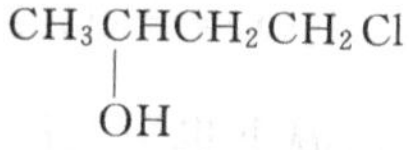
4-氯-2-丁醇

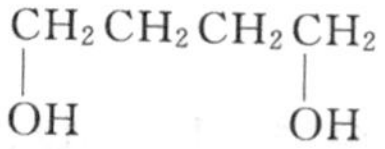
1,4-丁二醇

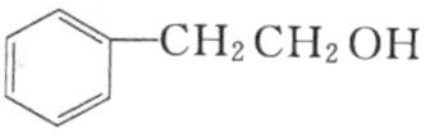
2-苯基乙醇

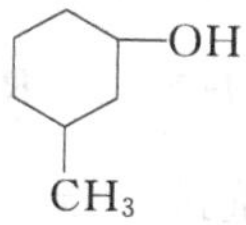
3-甲基环己醇

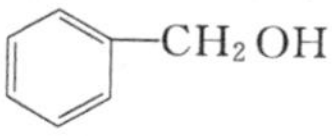
苯甲醇

不饱和醇的命名，选择同时含有羟基和不饱和键的最长碳链为主链，从靠近羟基的一端开始编号，不饱和键位置写在母体名称前。

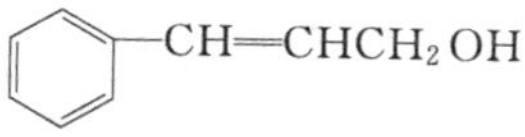
3-苯基-2-丙烯-1-醇

$CH_3CH{=}CHCH_2CH_2OH$ 3-戊烯-1-醇

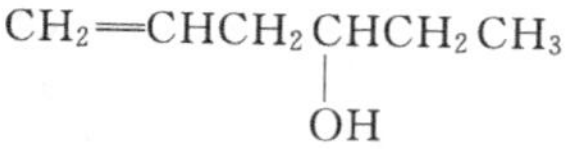
5-己烯-3-醇

2. 醇的物理性质

低级直链饱和一元醇为无色透明有酒精气味的液体，含 5～11 个碳原子的醇是具有刺激性气味的油状液体，含 12 个以上碳原子的醇是无臭无味的蜡状固体。

醇分子中含有极性较大的羟基，分子间又有氢键缔合，因此醇的沸点比分子量相近的烷烃高得多，且羟基越多，形成的氢键越多，分子间作用力越大，沸点也越高。

醇分子与水分子可以形成氢键，三个碳及以下的低级醇能与水混溶。随烃基增大，醇羟基与水形成氢键的能力减小，醇的溶解度相应减小，高级醇甚至不溶于水，但能溶于石油醚等烃类溶剂。脂肪族饱和一元醇相对密度小于1，芳香族醇及多元醇的相对密度大于1。

3. 醇的化学性质及应用

醇羟基中氧原子的电负性较大，故 C—O 键和 O—H 键均具有较强的极性。醇羟基和醇分子本身的极性对醇的物理性质和化学性质有较大的影响。

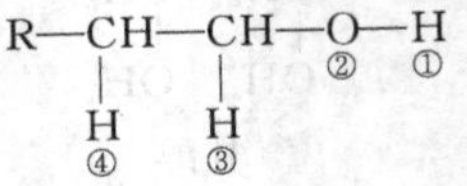

$$R\underset{\underset{④}{H}}{\overset{\overset{}{|}}{C}}H\underset{\underset{③}{H}}{\overset{\overset{}{|}}{C}}H\overset{②}{—}O\overset{①}{—}H$$

① 氢氧键断裂，氢原子被取代；

② 碳氧键断裂，羟基被取代；

③、④ 受羟基影响，α-H、β-H 有一定活泼性。

(1) 与活泼金属反应　醇可以与活泼金属钾、钠、镁、铝等反应，生成氢气。例如：

$$CH_3CH_2OH + Na \longrightarrow CH_3CH_2ONa + H_2 \uparrow$$
$$\text{乙醇钠}$$

此类反应现象明显，但不激烈，可用于鉴别 6 个碳原子以下的低级醇，也可在实验室中用于销毁某些反应残余的金属钠屑。各类低级醇与金属钠反应速率为甲醇＞伯醇＞仲醇＞叔醇。

醇钠为强碱，很活泼，在有机合成中常被用作碱性催化剂、缩合剂和提供烷氧基。工业上，利用醇钠水解的可逆性，用固体的 NaOH 与醇作用，加入苯（约 8%）共沸蒸馏，不断除去水而制得醇钠，避免使用昂贵的金属钠，生产更安全。

$$RONa + H_2O \Longrightarrow ROH + NaOH$$

其他活泼金属（K、Mg、Al）在高温下也可与醇作用生成醇金属和氢气。

(2) 与氢卤酸反应　醇与卤化氢反应，生成卤代烃和水。

$$ROH + HX \Longrightarrow RX + H_2O$$

某些低级醇与氢卤酸反应容易发生重排，若选用三卤化磷（PX_3）或亚硫酰氯（SOCl_2）与醇作用，可得到相应的卤代烃，且无重排现象。实际操作中，常用赤磷与溴或碘代替三卤化磷。

$$CH_3CH_2OH + PI_3 \longrightarrow 3CH_3CH_2I + H_3PO_3$$

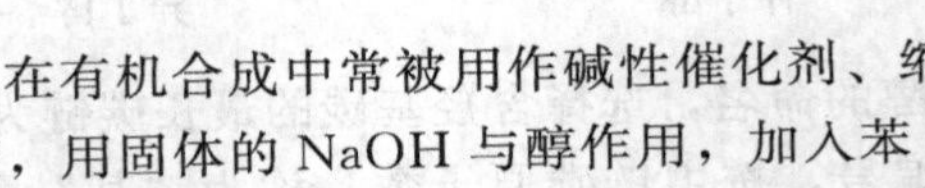

醇与亚硫酰氯作用生成卤代烷的产量较高，而且副产物 SO_2 和 HCl 均为气体，易于分离。

此类反应的反应速率与氢卤酸类型有关，氢卤酸反应活性为 HI＞HBr＞HCl，还与醇的结构有关，烯丙型醇和苄醇＞叔醇＞仲醇＞伯醇，且制备不同卤代烃所需条件不同。

制备 R—I 时，用氢碘酸的恒沸溶液即可。制备 R—Br 时，用氢溴酸恒沸溶液，需在硫酸存在下制得，溴化氢还可利用溴化钠和硫酸作用产生。制备 R—Cl 时，除叔醇以外，一般需用浓盐酸的无水 $ZnCl_2$ 溶液。浓盐酸与无水氯化锌组成的试剂称为卢卡斯（Lucas）试剂。

伯醇、仲醇和叔醇均能与 HCl 反应，生成不溶于水的的氯代烷，出现浑浊现象，例如与等量的卢卡斯试剂（$HCl+ZnCl_2$）反应，先产生浑浊现象的是叔醇，然后是仲醇，伯醇需要加热才能反应。所以卢卡斯试剂可以鉴别伯、仲、叔醇，但由于 6 个碳以上的醇本身就不溶于水，所以卢卡斯试剂适用于 C_6 以下一元醇的鉴别。

$$CH_3-\underset{\underset{OH}{|}}{\overset{\overset{CH_3}{|}}{C}}-CH_3 + HCl \xrightarrow[20℃,1min]{无水\ ZnCl_2} CH_3-\underset{\underset{Cl}{|}}{\overset{\overset{CH_3}{|}}{C}}-CH_3 + H_2O$$

$$CH_3\underset{\underset{OH}{|}}{CH}CH_2CH_3 + HCl \xrightarrow[20℃,10min]{无水\ ZnCl_2} CH_3\underset{\underset{Cl}{|}}{CH}CH_2CH_3 + H_2O$$

$$CH_3CH_2CH_2CH_2OH + HCl \xrightarrow[\triangle]{无水\ ZnCl_2} CH_3CH_2CH_2CH_2Cl + H_2O$$

（3）酯的生成　醇与羧酸作用，发生分子间脱水生成酯，反应可逆。

$$CH_3COOH + C_2H_5OH \underset{140℃}{\overset{H_2SO_4}{\rightleftharpoons}} CH_3COOC_2H_5 + H_2O$$
$$乙酸乙酯（67\%）$$

醇也可与无机含氧酸（硫酸，硝酸，磷酸等）作用，生成无机酸酯。例如，乙醇与硫酸作用可以得到硫酸氢乙酯和硫酸二乙酯。

$$2C_2H_5OH + H_2SO_4 \rightleftharpoons 2C_2H_5OSO_2OH \xrightarrow{减压蒸馏} (C_2H_5O)_2SO_2$$

硫酸二乙酯是无色油状液体，有毒，不溶于水，溶于乙醇和乙醚。可用作乙基化剂，高级醇的酸性硫酸酯的钠盐，如十二烷基硫酸钠（$C_{12}H_{25}OSO_2ONa$）是一种合成洗涤剂。

醇与浓硝酸作用脱水生成硝酸酯。最重要的硝酸酯之一是甘油三硝酸酯。工业上是将甘油于 30℃ 以下加入浓硝酸和浓硫酸的混合物中而制得。

$$\begin{matrix} CH_2-OH \\ | \\ CH_2-OH \\ | \\ CH_2-OH \end{matrix} + HNO_3 \xrightarrow[10～20℃]{H_2SO_4} \begin{matrix} CH_2-ONO_2 \\ | \\ CH_2-ONO_2 \\ | \\ CH_2-ONO_2 \end{matrix} + H_2O$$
$$甘油三硝酸酯$$

甘油三硝酸酯俗称硝化甘油，是淡黄色黏稠液体，撞击或加热能爆炸，可作为烈性炸药，还应用于血管舒张，作治疗心绞痛和胆绞痛药。

（4）脱水反应　醇在浓强酸或脱水剂的作用下，高温时分子内脱水生成烯，低温时分子间脱水生成醚。

$$\underset{\underset{H}{|}}{CH_2}-\underset{\underset{OH}{|}}{CH_2} \xrightarrow[或\ Al_2O_3,360℃]{浓\ H_2SO_4,170℃} CH_2=CH_2 + H_2O$$

$$CH_3CH_2OH + HOCH_2CH_3 \xrightarrow[140℃]{浓 H_2SO_4} CH_3CH_2OCH_2CH_3 + H_2O$$

醇分子内脱水是分子中引入 C=C 双键的方法之一。醇脱水方式不仅与反应条件有关，还与醇的结构有关，只有伯醇能与浓硫酸共热生成醚，仲醇易发生分子内脱水，叔醇只能发生分子内脱水，仲醇、叔醇发生分子内脱水时符合札依采夫（Saytzeff）规则。醇进行分子内脱水生成烯烃活性的次序是：叔醇＞仲醇＞伯醇。

$$CH_3CH_2CH_2CHCH_3 \xrightarrow[90\sim95℃]{62\% \ H_2SO_4} CH_3CH_2CH=CHCH_3$$
$$\underset{OH}{|} \qquad\qquad\qquad 2\text{-戊烯}（90\%）$$

$$CH_3-\underset{\underset{OH}{|}}{\overset{\overset{CH_3}{|}}{C}}-CH_3 \xrightarrow[85\sim90℃]{20\% \ H_2SO_4} CH_3-\overset{\overset{CH_3}{|}}{C}=CH_2$$
$$\qquad\qquad\qquad\qquad 2\text{-甲基丙烯}（84\%）$$

（5）氧化和脱氢

① 氧化反应　受羟基影响，α-H 比较活泼，易被氧化。伯醇氧化生成醛，继续氧化则生成酸；仲醇氧化生成酮，酮不易继续氧化，所以一般用此法来制备酮；叔醇分子中没有 α-H，不易被氧化。常用氧化试剂有 $K_2Cr_2O_7$、$KMnO_4$ 等。

$$CH_3CH_2CHOH \xrightarrow[\triangle]{KMnO_4,H_2SO_4} CH_3CH_2CHO \xrightarrow[\triangle]{KMnO_4,H_2SO_4} CH_3CH_2COOH$$
$$\qquad\qquad\qquad\qquad\qquad 丙醛 \qquad\qquad\qquad\qquad\qquad 丙酸$$

$$CH_3(CH_2)_5CHCH_3 \xrightarrow[\triangle]{Na_2C_2O_7,H_2SO_4} CH_3(CH_2)_5CCH_3$$
$$\underset{OH}{|} \qquad\qquad\qquad\qquad\qquad \underset{O}{\|}$$
$$\qquad\qquad\qquad\qquad\qquad\qquad 2\text{-辛酮}（95\%）$$

② 脱氢反应　在金属铜或银催化下，伯醇和仲醇高温脱氢分别生成醛与酮。叔醇分子没有 α-H，不发生脱氢反应。

$$CH_3CH_2OH \xrightarrow[270\sim300℃]{Cu} CH_3CHO$$

$$CH_3CHCH_3 \xrightarrow[400\sim480℃]{Cu} CH_3-\underset{\underset{O}{\|}}{C}-CH_3$$
$$\underset{OH}{|}$$

4. 重要的醇

（1）乙二醇　乙二醇是多元醇中最简单、工业上最重要的二元醇。目前，工业上普遍采用环氧乙烷水合法制备。

$$CH_2=CH_2 + \frac{1}{2}O_2 \xrightarrow[250\sim280℃;1MPa]{Ag} \underset{O}{\overset{CH_2-CH_2}{\diagdown\diagup}}$$

$$\underset{O}{\overset{CH_2-CH_2}{\diagdown\diagup}} \xrightarrow[180\sim200℃,2MPa]{H_2O/H^+} \underset{OH \quad OH}{CH_2-CH_2}$$

乙二醇是无色味甜的黏稠性液体，俗称"甜醇"（甘醇）。它能与水无限混溶，并能降低水的凝固点（60%的乙二醇凝固点为-49℃），所以乙二醇用做汽车水箱的防冻液及飞机发动机的制冷剂。乙二醇主要用于制造树脂、增塑剂、合成纤维、化妆品和炸药等，也可做溶剂。

（2）丙三醇　丙三醇俗称甘油，是最简单和最重要的三元醇。它是以酯的形式存在于自然界中，工业上最早是利用油脂（脂肪或油）水解而得。近年来，主要以丙烯为原料利用合成法制备。

甘油是具有甜味的无色黏稠液体。沸点为290℃，有吸湿性，能吸收空气中的水分，与水无限混溶。主要用于制备三硝酸甘油酯、炸药和醇酸树脂，还用于制取医药软膏和化妆品，用作保持烟草湿度、制动液体（液压制动）、胶片软化剂、打字色带和印刷油墨的吸水性添加剂，与水混合作为冷冻剂。

二、酚

水分子中的一个氢原子被芳香基取代且羟基与苯环直接相连的化合物称为酚，其简式为Ar—OH，羟基是酚的官能团。

1. 酚的分类和命名

（1）酚的分类　按照酚分子中含羟基的数目，酚可分为一元酚和多元酚（含两个以上羟基的酚）。

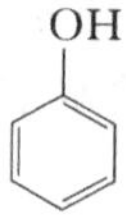

苯酚（一元酚） 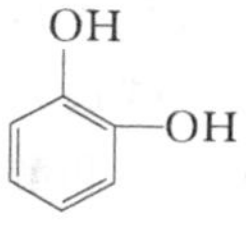　邻苯二酚（二元酚） 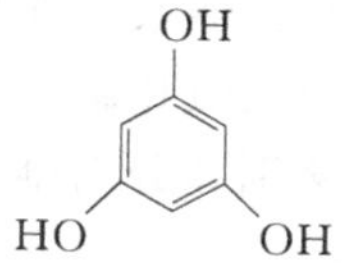　1,3,5-苯三酚（均苯三酚）（三元酚）

（2）酚的命名　酚的命名是在芳环名称之后加上"酚"字，若芳环上还有其他取代基，一般在前面再冠以取代基的位次和名称。当苯环上有某些取代基时，由于这些取代基在命名时经常作为母体，此时羟基则作为取代基（参照单环芳烃及萘的衍生物命名）。例如：

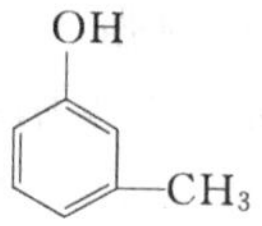

间甲苯酚 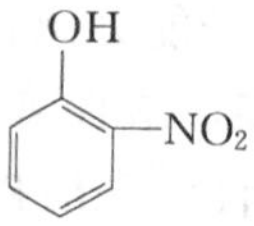　　　　邻硝基苯酚 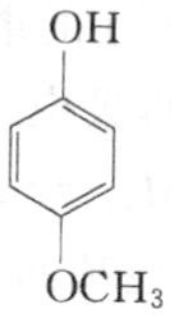　　　　对甲氧基苯酚

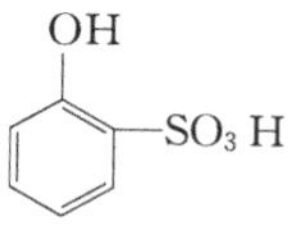

邻羟基苯磺酸 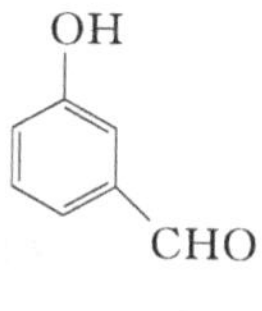　　间羟基苯甲醛 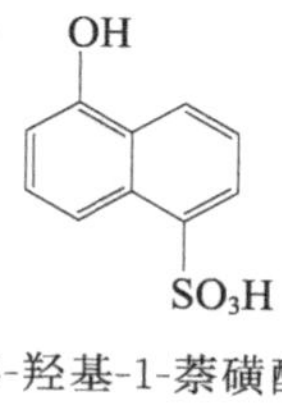　　5-羟基-1-萘磺酸

2. 酚的物理性质

常温下，除少数烷基酚是高沸点液体外，大多数酚都为无色晶体。许多酚本无色，但因在空气中易被氧化而呈现粉红色或红色。由于分子间能形成氢键，因此酚有较高的沸点，其熔点也比相应的烃高。由于芳基在分子中占有较大的比例，故一元酚微溶或不溶于水，易溶于乙醇、醚等有机溶剂。多元酚因分子中的羟基增多而在水中的溶解度增大。

3. 酚的化学性质

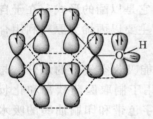

图 2-6　苯酚的 p-π

共轭体系示意图

酚和醇分子中具有相同的官能团羟基，因此它们在 C—O 键及 O—H 键上能发生类似的反应。但酚羟基与苯环直接相连，酚羟基氧原子上未参与杂化 p 轨道上的一对电子与芳烃大 π 键形成 p-π 共轭体系（图 2-6），使得酚羟基和醇羟基性质有着明显不同；反之，苯环也受到羟基的影响，使其邻对位活泼，比相应的芳烃易发生亲电取代反应。总之，由于受到苯环的影响，酚的酸性比醇强，酚的化学反应发生在羟基和芳环上。

（1）酚羟基的反应

① 弱酸性　酚羟基上的氢比醇羟基中的氢较易离解，故酚（如苯酚 p$K_a^\ominus$=10）的酸性比醇（如乙醇 p$K_a^\ominus$=15.9）强。例如，苯酚能与氢氧化钠的水溶液作用，生成可溶于水的苯酚钠。

$$\text{（结构式）—OH} + NaOH \longrightarrow \text{（结构式）—ONa} + H_2O$$

苯酚（俗称石炭酸）是弱酸（比碳酸 p$K_a^\ominus$=6.38 弱），不能使指示剂改变颜色。苯酚不能与碳酸氢钠作用生成二氧化碳。相反，将二氧化碳通入苯酚钠的水溶液中，苯酚即游离出来。利用这一性质可鉴别和分离难溶或不溶于水的酚和醇。

$$\text{（结构式）—ONa} + CO_2 + H_2O \longrightarrow \text{（结构式）—OH} + NaHCO_3$$

苯环上的取代基的种类、数目、位置对酚的酸性有直接的影响。当酚的芳环上连有供电子基团（如烷基、烷氧基等）时，由于增加了酚羟基氧原子的电子密度，使氢原子不易离解，其酸性比苯酚弱，取代基的供电子能力愈强，酸性愈弱；反之，当酚的芳环上连有吸电子基团（如硝基、卤原子等）时，由于降低了酚羟基氧原子的电子云密度，使氢原子易于离解，其酸性比苯酚强，所连的取代基吸电子能力愈强，其酸性愈强。

苯酚邻对位上所连的吸电子基团愈多，酸性愈强。例如，2,4-硝基苯酚（pK_a=4.09）和 2,4,6-三硝基苯酚（pK_a=0.71）的酸性与强酸接近。

② 醚的生成　因酚羟基的碳氧键结合比较牢固，酚不能进行分子间脱水成醚，可应用威廉穆森合成法用酚钠与卤代烷或硫酸酯等烷基化剂反应可制得醚，但卤代芳烃难于反应。例如：

$$\text{（结构式）—ONa} \xrightarrow{CH_3I} \text{（结构式）—OCH}_3 + NaI$$

苯甲醚

$$\text{（结构式，对位OH、Cl）} + (CH_3CH_2O)_2SO_2 \xrightarrow{KOH,\text{微沸}} \text{（结构式，对位OCH}_2CH_3\text{、Cl）}$$

对氯苯乙醚（85%）

酚钠与卤代芳烃作用，由于芳环上卤原子不活泼，需在催化剂及高温条件下反应制备。

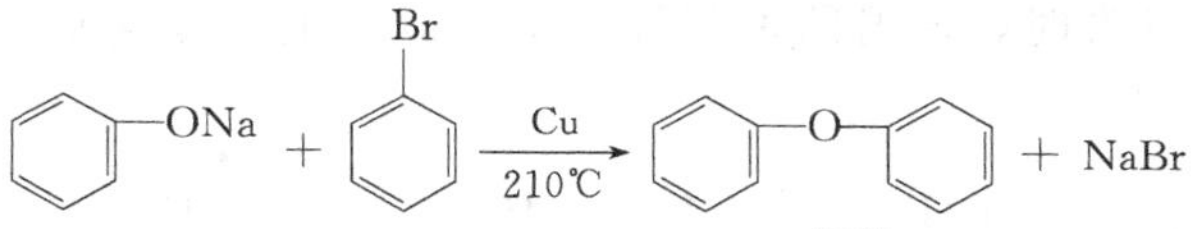

二苯醚

③ **酯的生成**　酚较难与酸发生酯化反应，一般采用与酰氯或酸酐反应。

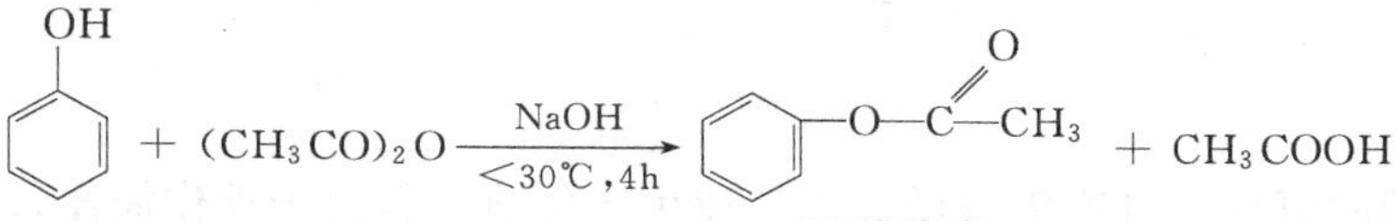

乙酸苯酯

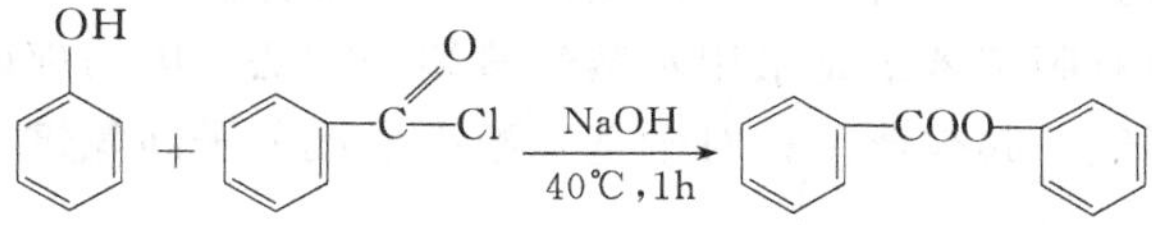

苯甲酸苯酯

此反应可用于制备医药常用的一种解热镇痛药"阿司匹林"。

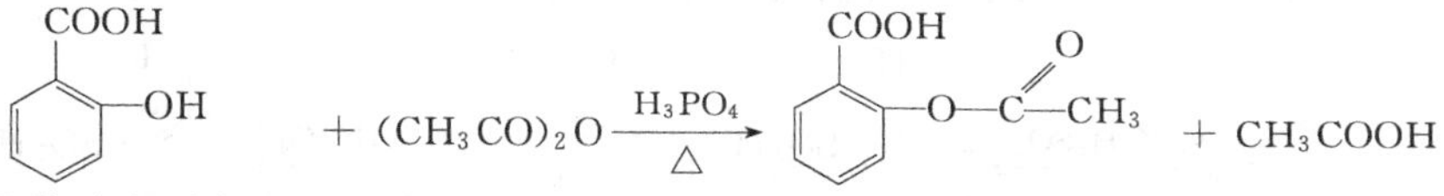

邻羟基苯甲酸(水杨酸)　　　　　　　　　　乙酰水杨酸(阿司匹林)

(2) 芳环上的反应

① **催化加氢**　在催化剂（如雷尼镍、铜等）的作用下，苯酚可加氢生成环己醇。

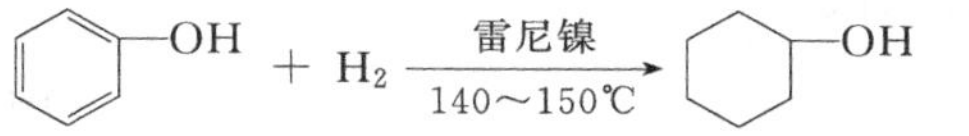

这是工业生产环己醇的方法之一。环己醇是无色吸湿性晶体或液体，有樟脑气味。熔点为 $23\sim25℃$，沸点为 $161℃$，$d_4^{20}=0.962$。微溶于水，溶于乙醇、乙醚和苯等有机溶剂。可用作溶剂，是生产己内酰胺、己二酸的重要原料。

② **取代反应**　羟基是一个较强的邻对位定位基，因此酚很容易进行卤化、硝化、磺化和傅-克反应。

a. **卤代反应**　苯酚与溴水在室温下，立即生成 2,4,6-三溴苯酚白色沉淀。

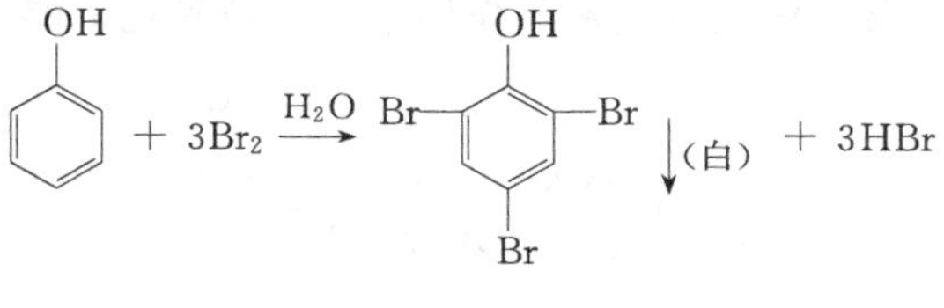

此反应定量、灵敏，常用于苯酚的定量、定性分析。

若在低温非极性溶剂（如 CS_2、CCl_4、$CHCl_3$ 等）中反应，主要得到对溴苯酚。

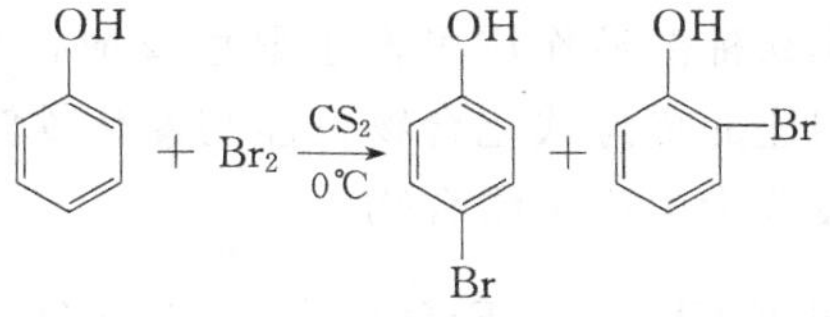

　　　　　67%　　　33%

b. 硝化反应　在常温时，苯酚即可与稀硝酸反应，生成邻硝基苯酚和对硝基苯酚的混合物，并以邻位为主。

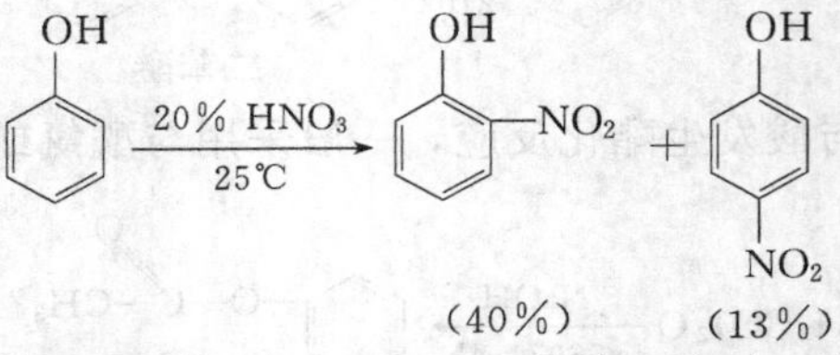

$$\qquad(40\%)\qquad\qquad(13\%)$$

苯酚易被硝酸氧化，且产率较低，无工业生产价值。但由于操作简便，邻位和对位异构体容易分离，因而是实验室中制备少量邻硝基苯酚常用的方法。

实验室中分离邻和对硝基苯酚是采用水蒸气蒸馏的方法。因为邻硝基苯酚能形成分子内氢键，易挥发而随水蒸气一起被蒸出；对硝基苯酚因形成分子间氢键，不易挥发而仍留在反应器中。

c. 磺化反应　浓硫酸易使苯酚磺化，室温下生成几乎等量的邻位和对位取代产物。在较高温度，主要生成对位产物。继续磺化，可得二取代产物 4-羟基-1,3-苯二磺酸。

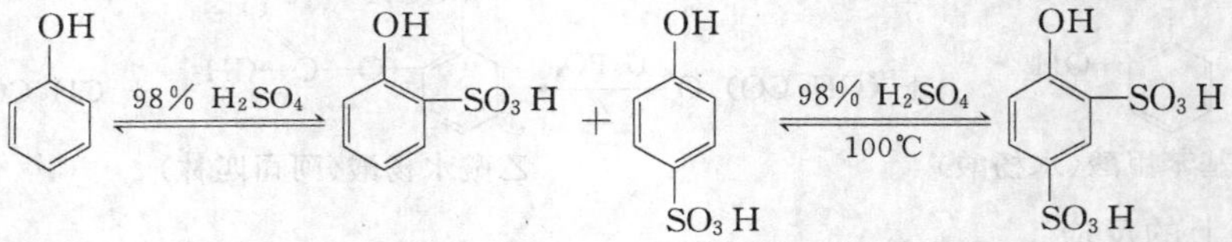

d. 烷基化反应　在 H_2SO_4、H_3PO_4、BF_3 等催化下，酚与卤代烷、烯烃或醇共热，可顺利地在苯环上引进烷基。例如：

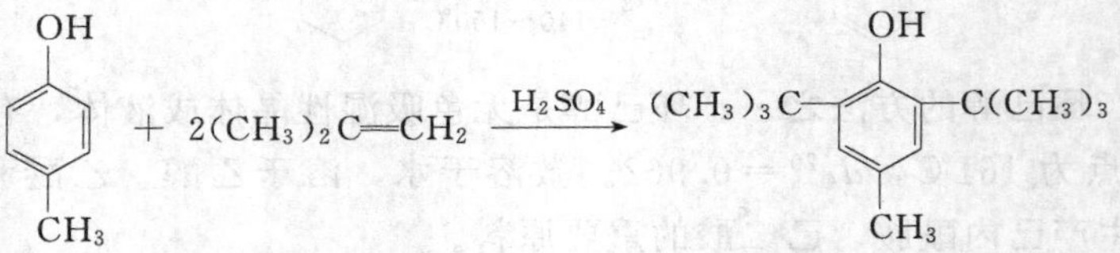

4-甲基-2,6-二叔丁基苯酚（俗称"二六四"）为白色晶体，熔点为 70℃，可用于橡胶或塑料的防老剂，也用作汽油、变压器油等的抗氧化剂。

（3）氧化反应　酚易被氧化，酚在空气中较长时间放置颜色变深，即是被空气氧化的结果，其氧化产物很复杂。某些酚在氧化剂的作用下，可被氧化成醌。例如：

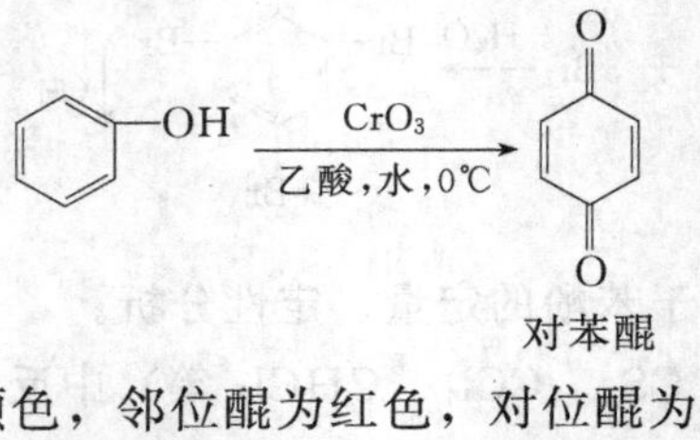

对苯醌

具有醌型结构的物质都有颜色，邻位醌为红色，对位醌为黄色。

（4）显色反应　酚与氯化铁稀溶液作用可发生显色反应，见表 2-4。可利用该反应鉴别酚（含有羟基与双键碳原子相连的烯醇式化合物也能与氯化铁溶液发生显色反应）。

酚与三氯化铁的反应一般认为生成了络合物。

$$6ArOH + FeCl_3 \longrightarrow [Fe(OAr)_6]^{3-} + 6H^+ + 3Cl^-$$

表 2-4　酚与三氯化铁的显色反应

化合物	显色	化合物	显色
苯酚	紫	邻苯二酚	绿
邻甲苯酚	红	对苯二酚	暗绿结晶
间甲苯酚	紫	间苯二酚	蓝-紫
对甲苯酚	紫	1,2,3-苯三酚	紫-棕红
邻硝基苯酚	红-棕	α-萘酚	紫
对硝基苯酚	棕	β-萘酚	黄-绿

4. 重要的酚

（1）苯酚　苯酚俗称石炭酸，为无色棱形结晶，有特殊气味。由于易氧化，应装于棕色瓶中避光保存。苯酚能凝固蛋白质，对皮肤有腐蚀性，并有杀菌作用。医药临床上，是使用最早的外科消毒剂，因为有毒，现已不用，但仍用苯酚系数衡量消毒剂的杀菌能力。如某一消毒剂 X 的苯酚系数是 3，就表示在同一时间内 X 的浓度为苯酚浓度的 1/3 时，就有与苯酚同等的杀菌能力。此外，苯酚也是重要的工业原料，可用于制造塑料、染料、药物及照相显影剂。

（2）甲苯酚　甲苯酚有邻、间、对三种异构体，它们的沸点相近，不易分离，在实际中常混合使用。甲苯酚有苯酚气味，毒性与苯酚相同，但杀菌能力比苯酚强，医药上用含 47%～53% 的肥皂水消毒，这种消毒液俗称"莱苏尔"，由于它来源于煤焦油，也称作"煤酚皂溶液"。

（3）苯二酚及其衍生物　苯二酚有邻位、间位和对位三种异构体，邻苯二酚又称儿茶酚，间苯二酚又称雷锁辛，对苯二酚称氢醌。在生物体内，它们都以衍生物的形式存在。苯二酚不仅是重要的化工原料，也是重要的医药原料。邻苯二酚可用于合成肾上腺素、黄连素。但其自身有毒，能引起持续性高血压、贫血和白细胞减少，与皮肤接触可导致湿疹、皮炎。间苯二酚具有抗细菌、抗真菌和角质促成作用，在医药上可用于治疗皮肤病。

三、醚

醚可看成醇或酚羟基中的氢原子被烃基取代后的生成物，醚也可看做是水分子中的两个氢原子被烃基取代后的产物。醚键（—O—）是醚类化合物的官能团，醚的通式为：R—O—R′、R—O—Ar 或 Ar—O—Ar′。

1. 醚的分类和命名

（1）醚的分类　按烃基结构不同，醚分为脂肪醚（饱和醚和不饱和醚）和芳香醚两大类。两个烃基相同的，称为简单醚（简称单醚）；不同的，称为混合醚（简称混醚）。

饱和醚：如 $CH_3CH_2OCH_2CH_3$（单醚），$CH_3OC_2H_5$（混醚）

不饱和醚：如 $CH_3OCH=CH_2$（混醚），$CH_2=CH—O—CH=CH_2$（单醚）

芳醚：如 ⬡—OCH_3（混醚），⬡—O—⬡（单醚）

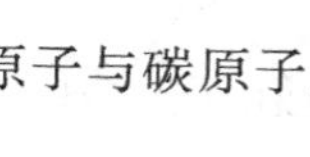

此外，醚分子中氧原子与碳原子连接成环的称环醚。例如：

（2）醚的命名 广泛使用习惯命名法命名，它是按氧原子连接的两个烃基的名称命名。单醚中烃基为烷基时，往往把"二"和"基"省去，不饱和醚及芳醚一般保留"二"字。混醚中，把较小的烃基名称放在前面，但芳烃基名称要放在烷烃基前面。例如：

$$CH_3-O-CH_3 \qquad CH_2=CH-O-CH=CH_2$$

（二）甲醚   二乙烯基醚   二苯醚

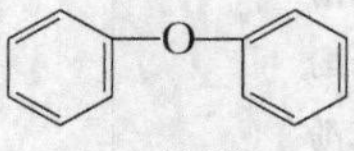

$$CH_3CH_2OCH_3$$

甲（基）乙（基）醚   苯甲醚 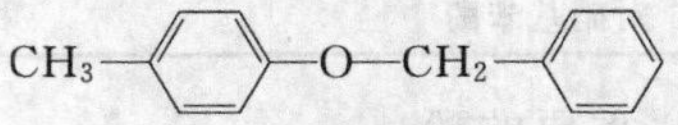   对甲苯基苄基醚

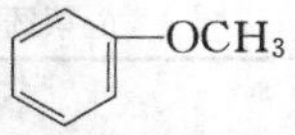

结构复杂的醚要用系统命名法命名，即把与氧原子相连的较大烃基作为母体，剩下的烷氧基（—OR）看做取代基，参照各类有机化合物去命名。例如：

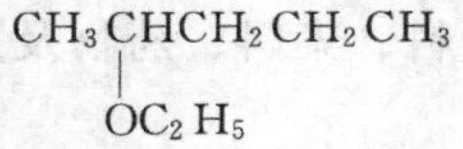

$$CH_3CHCH_2CH_2CH_3 \qquad CH_3-CH-CH-CH_2CHCH_3 \qquad CH_2=C-CH-CH_2-CH_3$$
$$OC_2H_5 \qquad\qquad CH_3 \ OCH_3 \ CH_3 \qquad\qquad CH_3 \ OCH_3$$

2-乙氧基戊烷 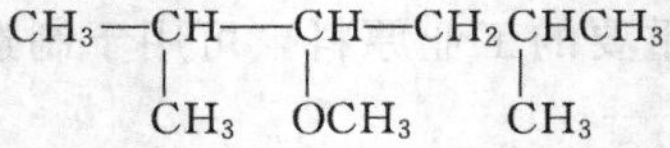   2,5-二甲基-3-甲氧基己烷 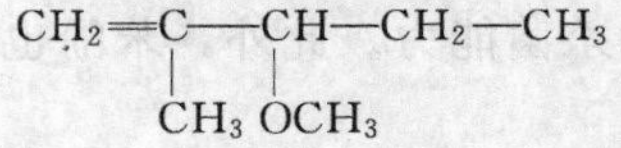   2-甲基-甲氧基-1-戊烯

另外，环醚命名为环氧某烷。例如：

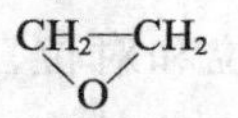

环氧乙烷 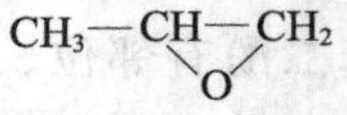   1,2-环氧丙烷

2. 醚的物理性质

在常温下甲醚和甲乙醚是气体，其余大多数为无色有香味的液体。易溶于有机溶剂，也能溶解很多有机物，故本身是良好的溶剂。醚分子能与水分子形成氢键，在水中的溶解度与分子量相近的醇相近，如甲醚能与水混溶，乙醚与正丁醇在水中溶解度都约为 8g/100g H_2O。醚分子间不能以氢键缔合，故沸点低于相同碳原子数的醇，如乙醚的沸点为 34.5℃，而正丁醇的沸点是 117.3℃。

值得注意的是，多数醚易挥发，易燃。尤其是常用的乙醚极易挥发和着火，且其蒸气与空气能形成爆炸混合物，爆炸极限为 1.85%～36.5%（体积分数），在使用时要注意安全。

3. 醚的化学性质

醚键中氧原子是以 sp^3 杂化状态分别与两个烃基的碳原子形成两个 σ 键，氧原子上有两对孤对电子且电负性远大于碳（是醚发生化学反应的关键）。脂肪醚键角 $\angle COC$ 约为 111°，如图 2-7 所示。

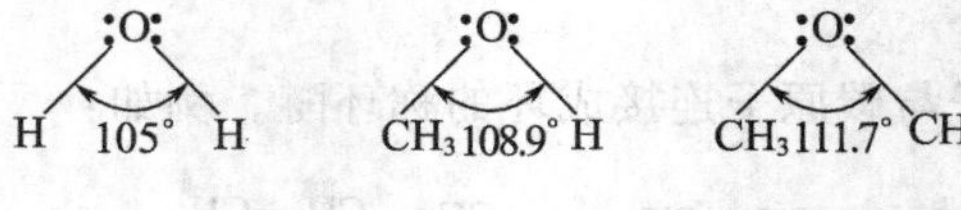

图 2-7 水、甲醇与二甲醚键角的比较

最简单的芳醚是苯甲醚。芳醚中由于存在着氧原子与芳环的 p-π 共轭作用，因此，芳醚的化学性质与脂肪醚有所不同。

(1) 锌盐的生成 除某些环醚外，醚对碱、氧化剂、还原剂等大多数试剂都十分稳定，对稀酸也比较稳定。但醚能溶于强酸（如浓硫酸或氢卤酸）中，生成锌盐。例如：

$$R\!-\!\overset{\cdot\cdot}{\underset{\cdot\cdot}{O}}\!-\!R + HCl \rightleftharpoons [R\!-\!\overset{\cdot\cdot}{\underset{|}{O}}\!-\!R]^+\!\cdot Cl^-$$
$$\phantom{R\!-\!\overset{\cdot\cdot}{\underset{\cdot\cdot}{O}}\!-\!R + HCl \rightleftharpoons [R\!-}\underset{H}{|}$$

$$R\!-\!\overset{\cdot\cdot}{\underset{\cdot\cdot}{O}}\!-\!R + H_2SO_4 \rightleftharpoons [R\!-\!\overset{}{\underset{|}{O}}\!-\!R]^+\!\cdot HSO_4^-$$
$$\phantom{R\!-\!\overset{\cdot\cdot}{\underset{\cdot\cdot}{O}}\!-\!R + H_2SO_4 \rightleftharpoons [R\!-}\underset{H}{|}$$

锌盐可溶于冷的浓酸中，但锌盐很不稳定，遇水即分解成原来的醚，因此可利用此性质鉴别和分离醚。

$$[R\!-\!\overset{\cdot\cdot}{\underset{\underset{H}{|}}{O}}\!-\!R]^+\!\cdot Cl^- + H_2O \longrightarrow ROR + H_3^+O + Cl^-$$

(2) 醚键的断裂 醚与浓的氢卤酸共热，醚键断裂。氢碘酸的反应活性 HI＞HBr＞HCl。

$$CH_3CH_2OCH_2CH_3 + HI(浓) \overset{\triangle}{\longrightarrow} CH_3CH_2OH + CH_3CH_2I$$

混醚与氢碘酸反应时，一般是较小的烷基生成碘烷，较大的烷基生成醇；生成的醇与过量的氢碘酸作用生成碘代烷。

$$CH_3CH_2OCH_3 + HI(浓) \overset{\triangle}{\longrightarrow} CH_3CH_2OH + CH_3I$$

$$CH_3CH_2OH + HI(浓) \overset{\triangle}{\longrightarrow} CH_3CH_2I + H_2O$$

酚醚与氢碘酸反应生成酚和碘代烷，酚不能继续与氢碘酸反应。反应定量完成，可通过测定碘代烷的含量，进而推算烷氧基的含量。

二芳基醚不与氢卤酸反应。氢溴酸和盐酸的活性较差，需采用浓酸及较高温度，故氢碘酸是最有效和最常用的试剂。

(3) 过氧化物的生成 乙醚等低级醚与空气长期接触，会慢慢生成过氧化物。过氧化物不稳定，受热易爆炸，因此在蒸馏醚时，切忌不可蒸干，以免发生危险。

贮存过久的醚，在蒸馏前，应检验是否有过氧化物存在。可用湿润的淀粉-碘化钾试纸检验，若试纸变蓝，则证明有过氧化物存在。

$$I^- \xrightarrow{\text{过氧化物}} I_2 \xrightarrow{\text{淀粉}} 蓝色$$

蒸馏前，加入 $FeSO_4$ 或 Na_2SO_3 等还原剂可分解破坏过氧化物。贮存时，醚中加入少许金属钠也可避免过氧化物的生成。

4. 重要的醚

(1) 乙醚 乙醚是最重要最常见的醚，它可以通过乙醇经分子间脱水制备（见醇的化学性质）。制得的乙醚中混有少量乙醇和水，可用无水氯化钙处理后，再用金属钠处理除去。

乙醚为无色透明液体，沸点低（34.5℃），易挥发，蒸气具有麻醉性。乙醚易燃、易爆，爆炸极限（体积分数）为 1.85%～36.5%。乙醚蒸气比空气重 2.5 倍，实验时，反应中逸出的乙醚要排出室外（或引入下水道）。在制备和使用乙醚时，都要远离火源，严防事故发生。

乙醚比水轻，微溶于水，易容于有机溶剂，乙醚也能溶于许多有机物，如油脂、树脂、硝化纤维等，是常用的有机溶剂，纯乙醚在医药上作麻醉剂。

(2) 环氧乙烷 环氧乙烷一直是乙烯工业衍生物中仅次于聚乙烯的第二位重要的化工产品，其重要地位的确定是取决于其分子中环氧结构的化学活性，它易与许多化合物，包括水、醇、氨、胺、酚、卤化氢、酸及硫醇等进行开环加成反应，得到的反应产物几乎都是工业上重要的化工产品，被大量用于多种中间体和精细化工产品的生产，成为各国一系列相关工业发展中不可缺少的一种重要的有机化工原料。

环氧乙烷是最简单且最重要的环醚。工业上以乙烯为原料，可用氯乙醇法和直接氧化法制备。以银作催化剂，乙烯被空气氧化生成环氧乙烷。

$$CH_2\!\!=\!\!CH_2 + \frac{1}{2}O_2 \,(空气) \xrightarrow[250℃]{Ag} CH_2\!-\!CH_2$$
$$\diagdown\!O\!\diagup$$

常温下，环氧乙烷是无色有毒气体。沸点为 11℃，易液化，常贮存于钢瓶中。环氧乙烷能与水任意比例混溶，也能溶于乙醇、乙醚等有机溶剂。环氧乙烷易燃、易爆，爆炸极限（体积分数）为 3%～80%，工业上用它作原料时，常用氮气预先清洗反应釜及管阀，以排除空气，做到安全操作。

四、醛和酮

醛和酮分子中都含有羰基，羰基是它们的官能团，因此醛和酮统称羰基化合物。羰基碳的两端至少有一端与氢原子相连者称为醛，醛基是醛的官能团。羰基的两端都与烃基相连者，称为酮，酮分子中的羰基（又称酮基）是酮的官能团。分子式相同的醛和酮互为异构体（如丙醛和丙酮），属于官能团异构。

$$\overset{O}{\underset{羰基}{-C-}} \qquad \overset{O}{\underset{醛基}{-C-H}} \qquad \overset{O}{\underset{酮基}{(Ar)R-C-R(Ar)}}$$

1. 醛、酮的分类和命名

(1) 醛和酮的分类

① 按烃基结构 分为脂肪族醛（酮）、脂环族醛（酮）、芳香族醛（酮）。其中，前两种又包含饱和醛（酮）和不饱和醛（酮）。若酮分子中的两个烃基相同，称为单酮；不同的，称为混酮。

② 按羰基数 分为一元醛（酮）和多元醛（酮）。

(2) 醛和酮的命名

① 习惯命名法　醛的习惯命名与醇相似，只是将"醇"字改为"醛"字；酮是按照羰基所连两个烃基来命名的，混酮按"次序规则"，较优烃基后写出，芳酮要先写芳基，后面加上"甲酮"两个字。但烃基的"基"字和甲酮的"甲"字可省略。

$CH_3CH_2CH_2CHO$

正丁醛

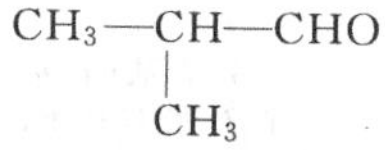

$CH_3-CH-CHO$ | CH_3

异丁醛

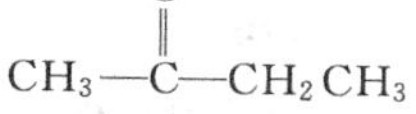

$CH_3-\overset{O}{\underset{\|}{C}}-CH_2CH_3$

甲基乙基酮（甲乙酮）

$CH_3CH_2-\overset{O}{\underset{\|}{C}}-CH_2CH_3$

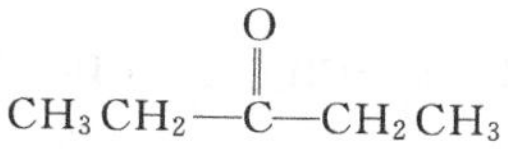

二乙基酮（二乙酮）

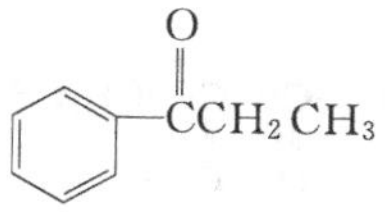

苯基乙基酮

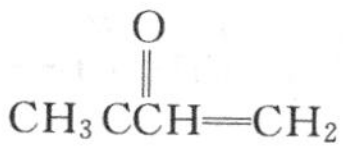

$CH_3\overset{O}{\underset{\|}{C}}CH=CH_2$

甲基乙烯基酮（甲乙烯酮）

② 系统命名法　与醇相似，脂肪族一元醛酮的命名是选择含有羰基的最长链（等长时，选取代基最多作为主链，从靠近羰基最近的一端开始用阿拉伯数字编号，支链作为取代基）。需要注意的是，由于醛基总是在碳链一端，因此不需注明位次；酮基则需要注明位次（只有少数例外）。例如：

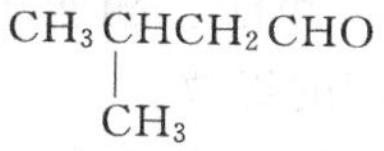

CH_3CHCH_2CHO | CH_3

3-甲基丁醛

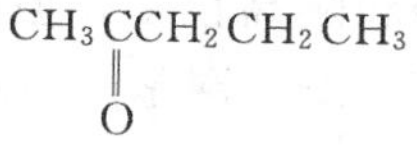

$CH_3\overset{}{\underset{\underset{O}{\|}}{C}}CH_2CH_2CH_3$

2-戊酮

$CH_3\overset{}{\underset{\underset{O}{\|}}{C}}CH_2CH_3$

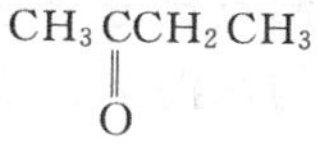

丁酮

不饱和醛、酮的命名，是选含羰基与不饱和键的最长碳链（等长时含取代基最多）为主链，编号时，使羰基位次最小（对于醛来说醛基碳为 1 号，对于酮来说，如羰基位次相同，则使不饱和键位次最小）。例如：

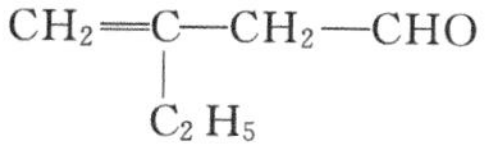

$CH_2=C-CH_2-CHO$ | C_2H_5

3-乙基-3-丁烯醛

$CH_3\overset{}{\underset{\underset{O}{\|}}{C}}CH_2\underset{CH_3}{C}=CH_2$

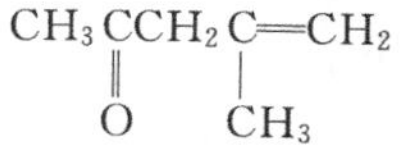

4-甲基-4-戊烯-2-酮

芳香族醛和酮的命名，是将芳环作为取代基，当芳环上连有其他某些取代基时，则从与羰基相连的碳原子开始编号，并使其他某些取代基位次最小。例如：

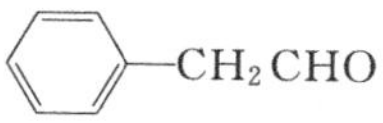

苯乙醛（—CH_2CHO）

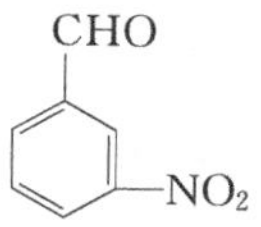

间硝基苯甲酸（CHO，—NO_2）

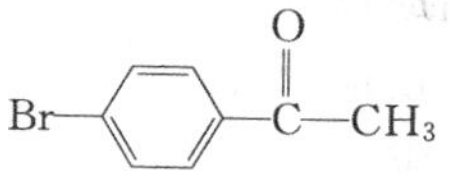

对溴苯乙酮（Br—，$\overset{O}{\underset{\|}{C}}-CH_3$）

多元醛和酮的命名，是将所有的羰基都选到主链里，编号时，使多个羰基的位次之和最小。例如：

$OHCCH_2CH_2CHO$

丁二醛

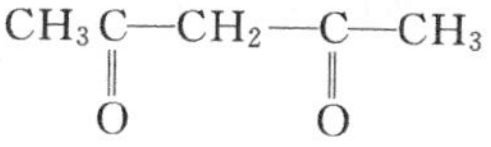

$CH_3\overset{}{\underset{\underset{O}{\|}}{C}}-CH_2-\overset{}{\underset{\underset{O}{\|}}{C}}-CH_3$

2,4=戊二酮

有机化合物中取代基位次的表示方法，除以前谈到的用阿拉伯数字 1、2、3…表示外，常用另一种方法是用希腊字母 α、β、γ、δ…ω 表示（ω 表示距离官能团最远的链端）。两者的区别是，用 1、2、3…表示时，是从连接官能团的碳链一端开始。用 α、β、γ、δ…ω 表示时，则是从与官能团直接相连的碳原子开始。ω 表示距离官能团，例如：

$$\overset{5}{CH_3}\overset{4}{CH}\underset{\underset{CH_3}{|}\ \gamma}{}\overset{3}{CH_2}\overset{2}{CH_2}\overset{1}{CHO}$$

4-甲基戊醛
（γ-甲基戊醛）

$$\overset{3}{CH}=\overset{2}{CH}\overset{1}{CHO}$$

3-苯基丙烯醛
（β-苯基丙烯醛）

$$ClCH_2-\underset{O}{\overset{\|}{C}}-CH_2Cl$$

1,3-二氯丙酮
（α,α'-二氯丙酮）

用希腊字母标明位次在不饱和醛、酮中应用较多。例如：

$$\overset{\gamma}{CH_3}-\overset{\beta}{CH}=\overset{\alpha}{CH}-CHO$$

α、β-丁烯醛

$$CH_3-\underset{O}{\overset{\|}{C}}-\underset{O}{\overset{\|}{C}}-CH_2CH_3$$

α-戊二酮

$$CH_3-\underset{O}{\overset{\|}{C}}-CH_2-\underset{O}{\overset{\|}{C}}-CH_3$$

β-戊二酮

2. 醛和酮的物理性质

室温下，除甲醛是气体外，C_{12} 以下的各种醛和酮都是无色液体，高级醛、酮和芳香酮为固体。低级醛具有刺激性气味，中级醛（如 $C_8 \sim C_{13}$）有水果香味。酮类和一些芳香醛一般都带有芳香味。因而某些醛、酮常用于香料工业。

醛、酮的沸点比分子量相近的烃和醚高很多，但比醇低。低级醛、酮能溶于水，甲醛、乙醛、丙酮能与水混溶。这是由于醛、酮的羰基能与水形成氢键的缘故。

醛、酮在水中的溶解度，随着碳原子数的增加而递减。醛和酮易溶于乙醇、乙醚等有机溶剂，丙酮本身就是常用的优良溶剂。

3. 醛和酮的化学性质

在羰基中，碳以 sp^2 杂化方式与氧原子形成碳氧双键。羰基是极性基团，在进攻试剂的影响下，碳氧双键中的 π 键可以断裂，发生加成反应。受羰基影响，α-H 也有一定活性。羰基易发生反应的部位如下。

$$R-\underset{\underset{③}{\overset{|}{H}}}{CH}-\overset{①\ O}{\underset{②\ H(R')}{C\ \diagdown}}$$

① 羰基的加成反应；

② 醛的氧化反应；

③ α-H 的反应。

醛、酮在结构上的相异处，使它们的化学性质也有一定程度的差异。总体来说，醛比酮活泼，有些醛能进行的反应，酮却不能进行。

（1）羰基的加成反应

① 加氢氰酸　在微碱性条件下，醛和脂肪族甲基酮生成 α-羟基腈，又称腈（氰）醇。例如：

$$CH_3-\underset{O}{\overset{\|}{C}}-H + HCN \xrightarrow{OH^-} CH_3-\underset{OH}{\overset{|}{CH}}-CN$$

2-羟基丙腈

$$CH_3-\overset{\displaystyle O}{\underset{\displaystyle \parallel}{C}}-CH_3 + HCN \xrightarrow{OH^-} CH_3-\overset{\displaystyle CH_3}{\underset{\displaystyle OH}{\overset{\displaystyle |}{\underset{\displaystyle |}{C}}}}-CN$$

2-甲基-2-羟基丙腈

产物比原来的醛、酮增加了一个碳原子，是有机合成增长碳链的方法之一。例如：

$$CH_3-\overset{\displaystyle CH_3}{\underset{\displaystyle OH}{\overset{\displaystyle |}{\underset{\displaystyle |}{C}}}}-CN \xrightarrow[\text{水解}]{\text{稀 HCl}} CH_3-\overset{\displaystyle CH_3}{\underset{\displaystyle OH}{\overset{\displaystyle |}{\underset{\displaystyle |}{C}}}}-COOH$$

许多氰醇是有机合成的重要中间体，例如有机玻璃的单体——α-甲基丙烯酸甲酯，就是以丙酮氰醇作为中间体的。

$$CH_3-\overset{\displaystyle CH_3}{\underset{\displaystyle OH}{\overset{\displaystyle |}{\underset{\displaystyle |}{C}}}}-CN \xrightarrow[\text{CH}_3\text{OH},\triangle]{\text{H}_2\text{SO}_4} CH_2=\overset{\displaystyle CH_3}{\underset{\displaystyle}{\overset{\displaystyle |}{C}}}COOCH_3 \xrightarrow{\text{聚合}} \overset{\displaystyle CH_3}{\underset{\displaystyle CCOOCH_3}{\left[CH_2-\overset{\displaystyle |}{\underset{\displaystyle |}{C}}\right]_n}}$$

α-甲基丙烯酸甲酯　　　　　　有机玻璃

在有机合成中，可用于制备氰醇的是醛和空间位阻较小的脂肪酮、脂环酮。而 ArCOR 类型的芳酮产率较低，ArCOAr 类型的芳酮则不发生反应。

② 加亚硫酸氢钠　醛、脂肪族甲基酮和 C$_8$ 以下的环酮能与饱和亚硫酸氢钠溶液（40%）发生加成反应，生成 α-羟基磺酸钠白色晶体从溶液中析出。

$$\overset{\displaystyle R}{\underset{\displaystyle (H)H_3C}{\overset{\displaystyle \diagup}{\underset{\displaystyle \diagdown}{C}}}}=O + NaHSO_3 \rightleftharpoons \overset{\displaystyle R\quad OH}{\underset{\displaystyle (H)H_3C\quad SO_3Na}{\overset{\displaystyle |}{\underset{\displaystyle |}{C}}}}\downarrow$$

白色晶体

该性质用来鉴定醛、脂肪族甲基酮和 C$_8$ 以下的环酮。其他酮的空间位阻较大，难于发生上述反应。

在加成产物或其溶液中加入酸或碱，加热，则产物分解，重新生成原来的醛和酮。该反应可用于分离上述醛和酮。

$$\overset{\displaystyle R\quad OH}{\underset{\displaystyle (H)R'\quad SO_3Na}{\overset{\displaystyle |}{\underset{\displaystyle |}{C}}}} \rightleftharpoons \overset{\displaystyle R}{\underset{\displaystyle (H)R'}{\overset{\displaystyle \diagup}{\underset{\displaystyle \diagdown}{C}}}}=O + NaHSO_3 \begin{cases} \xrightarrow{\frac{1}{2}Na_2CO_3} Na_2SO_3 + \frac{1}{2}CO_2\uparrow + \frac{1}{2}H_2O \\[2mm] \xrightarrow{HCl} NaCl + SO_2\uparrow + H_2O \end{cases}$$

此外，工业上还常用 α-羟基磺酸钠与氰化钠反应制备氰醇，以避免醛、酮和剧毒的氢氰酸直接反应，是合成氰醇的重要方法。例如：

$$\overset{\displaystyle (H)R\quad OH}{\underset{\displaystyle (CH_3)H\quad SO_3Na}{\overset{\displaystyle |}{\underset{\displaystyle |}{C}}}} + NaCN \longrightarrow \overset{\displaystyle (H)R\quad OH}{\underset{\displaystyle (CH_3)H\quad CN}{\overset{\displaystyle |}{\underset{\displaystyle |}{C}}}} + Na_2SO_3$$

③ 与醇加成　在干燥的氯化氢作用下，醛和醇发生加成反应，生成半缩醛，半缩醛不稳定，在酸的催化作用下，继续与醇作用，失去一分子水，生成缩醛。

$$RCHO \underset{\text{干 HCl}}{\overset{CH_3CH_2OH}{\rightleftharpoons}} \underset{\overset{|}{OH}}{RCHOCH_2CH_3} \underset{\text{干 HCl}}{\overset{CH_3CH_2OH}{\rightleftharpoons}} \underset{\overset{|}{OCH_2CH_3}}{RCHOCH_2CH_3}$$

半缩醛　　　　　　　　缩醛

缩醛为同碳二醚，对碱、氧化剂和还原剂都比较稳定，但在酸性溶液中易水解为原来的醛。

$$\underset{\overset{|}{H}}{\overset{(H)R}{\underset{|}{C}}}\overset{OR'}{\underset{OR'}{}} \xrightarrow{H_2O,H^+} \underset{H}{\overset{(H)R}{}}C=O + 2R'OH$$

在有机合成中，常用生成缩醛的措施来"保护"较活泼的醛基，使醛基不被破坏，待反应结束后，再用稀酸水解为原来的醛。例如，要从丙烯醛合成丙醛，就必须先经缩醛化，把醛基保护起来后在进行加氢。

$$CH_2{=}CH{-}CHO \underset{\text{干 HCl}}{\overset{2ROH}{\longrightarrow}} \underset{\overset{|}{OR}}{\overset{\overset{OR}{|}}{CH_2{=}CH{-}CH}} \xrightarrow[\triangle]{H_2,Ni} \underset{\overset{|}{OR}}{\overset{\overset{OR}{|}}{CH_3CH_2CH}} \xrightarrow[\triangle]{\text{稀酸}} CH_3CH_2C\overset{O}{\underset{H}{\diagup\!\!\!\diagdown}} + 2ROH$$

若丙烯醛直接催化加氢，双键及醛基都会加氢而生成丙醇。

某些酮与醇也可发生类似的反应，生成半缩酮及缩酮，但较缓慢，有的酮也难反应。

在工业上，缩醛（酮）反应具有重要意义。例如，聚乙烯醇是一种溶于水的不稳定的高分子化合物，不能作为纤维使用，但加入一定量的甲醛使其部分形成缩醛，则生成性能优良、不溶于水的合成纤维，商品名维纶，也叫维尼纶。

$$\underset{\overset{|}{OH}}{\left[CH_2-CH-CH_2-CH\right]_n}\underset{\overset{|}{OH}}{} \xrightarrow[H^+]{HCHO} \left[CH_2-CH-CH_2-CH\right]_n \underset{CH_2}{\overset{O\qquad O}{\diagdown\!\diagup}}$$

④ 与格氏试剂的加成　醛、酮均能与格氏试剂发生加成反应，产物水解后则得到醇。

$$\overset{|}{\underset{|}{C}}{=}O + R{-}MgX \xrightarrow{\text{绝对乙醚}} \underset{\overset{|}{OMgX}}{\overset{\overset{|}{}}{-C-R}} \xrightarrow[H^+]{H_2O} \underset{\overset{|}{OH}}{\overset{\overset{|}{}}{-C-R}}$$

醛或酮　　　　　　　　　　　　　　　　　醇

这也是一种增碳反应，增加碳原子数随格氏试剂中烃基碳原子数而定。格氏试剂与甲醛反应，产物水解后可以制得伯醇；其他醛得仲醇；与酮反应，产物水解后，制得叔醇。例如：

$$CH_3CHO + CH_3MgBr \xrightarrow{\text{绝对乙醚}} \underset{\overset{|}{OMgBr}}{CH_3\overset{|}{C}HCH_3} \xrightarrow[H^+]{H_2O} \underset{\overset{|}{OH}}{CH_3\overset{|}{C}HCH_3}$$

$$CH_3\overset{O}{\underset{\|}{C}}CH_3 + CH_3MgBr \xrightarrow{\text{绝对乙醚}} \underset{\overset{|}{OMgBr}}{CH_3\overset{\overset{CH_3}{|}}{C}CH_3} \xrightarrow[H^+]{H_2O} \underset{\overset{|}{OH}}{CH_3\overset{\overset{CH_3}{|}}{C}CH_3}$$

⑤ 与氨的衍生物加成 氨的衍生物是指氨分子（$H_2N—H$）中的氢原子被其他基团取代后的产物。醛酮与氨的衍生物，如羟氨（$NH_2—OH$）、肼（$H_2N—NH_2$）、苯肼（$\langle\bigcirc\rangle—NH—NH_2$）等反应，先生成羰基的加成产物。再在碳氮原子间失去一分子水，得到含有碳氮双键（$C=N$）的化合物。例如：

$$CH_3—\overset{H}{\underset{H}{C}}=O + H—\overset{}{N}—OH \longrightarrow CH_3\overset{OH}{\underset{}{C}}H—\overset{H}{N}—OH \xrightarrow[\triangle]{-H_2O} CH_3CH=N—OH$$
$$\text{乙醛肟}$$

在有机化学中，由相同或不同的两个或多个有机物分子相互结合，生成一种较复杂的有机化合物，同时有水、醇、NH_3 小分子生成的反应，称缩合反应。

醛、酮与氨衍生物加成缩合反应的产物可概括如下。

$$
\begin{array}{ccc}
& H_2\overset{}{N}—OH & \overset{}{C}=N—OH \\
& & \text{肟} \\
& H_2N—NH_2 & \overset{}{C}=N—NH_2 \\
& & \text{腙} \\
\overset{}{C}=O + & H_2\overset{}{N}—NH—\langle\bigcirc\rangle & \longrightarrow \overset{}{C}=N—NH—\langle\bigcirc\rangle \\
& & \text{苯腙} \\
& H_2\overset{}{N}—NH—\langle\bigcirc\rangle(NO_2)_2 & \overset{}{C}=N—NH—\langle\bigcirc\rangle(NO_2)_2 \\
& & \text{2,4-二硝基苯腙}
\end{array}
$$

缩合产物都是具有一定熔点的晶体，故可用于醛、酮鉴别。最常用的是 2,4-二硝基苯肼，在室温下将醛或酮加到 2,4-二硝基苯肼溶液中，立即生成 2,4-二硝基苯腙黄色结晶，根据沉淀的熔点，可确定反应物是何种醛及酮。

肟、苯腙和 2,4-二硝基苯腙在稀酸水溶液中，水解生成原来的醛和酮，可利用此反应分离和精制醛及酮。

（2）氧化和还原反应

① 氧化反应 醛、酮都能被强氧化剂（如 $KMnO_4$，$K_2Cr_2O_7 + H_2SO_4$，HNO_3 等）氧化。醛比较容易被氧化，生成碳原子数相同的羧酸；酮则比较困难，在强烈条件下氧化，发生碳-碳键断裂生成碳原子较少的羧酸混合物，但脂环酮的氧化则可得到单一的二元羧酸。例如：

$$CH_3\overset{O}{\overset{\|}{C}}H + O_2 \xrightarrow[60\sim80℃]{(CH_3COO)_2Mn} CH_3COOH$$

乙醛经空气氧化即可生成乙酸，这是工业上生产乙酸的一种方法。

$$CH_3(CH_2)_5CHO \xrightarrow[20℃,75\%]{KMnO_4,H_2SO_4} CH_3(CH_2)_5COOH$$

$$RCH_2\overset{①}{-}\overset{O}{\overset{\|}{C}}\overset{②}{-}CH_2—R' \xrightarrow{\text{氧化}} \begin{cases} ① \quad RCOOH + R'CH_2COOH \\ \\ ② \quad R'COOH + RCH_2COOH \end{cases}$$

$$\text{（环己酮）} \xrightarrow[30\sim40℃]{65\%\ HNO_3} \begin{array}{l} CH_2-CH_2-COOH \\ | \\ CH_2-CH_2-COOH \end{array} \quad \text{（己二酸）}$$

醛能与托伦（B. Tollen）试剂反应，醛由于含有醛基比酮更易氧化，即使很弱的氧化剂也能将酮氧化成羧酸。例如醛与弱的氧化剂托伦试剂——硝酸银的氨溶液作用，醛被氧化成羧酸，Ag^+ 被还原成 Ag，可用通式表示如下。

$$RCHO+2[Ag(NH_3)_2]^+ +2OH^- \xrightarrow{\triangle} RCOONH_4+2Ag\downarrow+H_2O+3NH_3$$

脂肪醛和芳香醛都能与托伦试剂作用，与酮不发生反应，故常用来鉴别醛，由于生成了金属银，故又叫银镜反应，工业上用此反应在玻璃等上镀银，如暖瓶内镀银。

醛能与斐林（Fehling）试剂反应。斐林试剂是由硫酸铜溶液和酒石酸钾钠溶液混合而成。醛能被斐林试剂氧化成羧酸，斐林试剂中的 Cu^{2+} 被还原成金属铜或砖红色的 Cu_2O。甲醛与斐林试剂的反应被称为铜镜反应。例如：

$$HCHO+2Cu(OH)_2+NaOH \xrightarrow{\triangle} HCOONa+Cu+3H_2O$$

$$RCHO+2Cu(OH)_2+NaOH \xrightarrow{\triangle} RCOONa+Cu_2O\downarrow+3H_2O$$

醛是否被斐林试剂氧化，与醛的浓度和加热时间有关，芳香醛一般不发生此反应，但是当醛的浓度增加，且加热时间较长（如 30min），则芳香醛等也发生反应。因此，斐林试剂也可鉴别醛，但结果可靠性差。酮不能被斐林试剂氧化。

托伦试剂与斐林试剂只能氧化醛基，对分子中的不饱和键以及 β 位或更远的羟基不起作用，因此是良好的选择性氧化剂。例如：

$$CH_2=CH-CH_2-CHO \xrightarrow[\triangle]{KMnO_4/H^+} CO_2+HOOC-CH_2COOH$$

$$CH_3CH=CHCHO \xrightarrow{\text{托伦试剂或斐林试剂}} CH_3CH=CHCOOH$$

$$HOCH_2CH_2CHO \xrightarrow{\text{托伦试剂或斐林试剂}} HOCH_2CH_2COOH$$

② 还原反应　醛、酮在催化剂的作用下可以还原成醇。例如：

$$\begin{array}{c} R \\ | \\ C=O \\ | \\ (H)R' \end{array} \xrightarrow[Ni]{H_2} \begin{array}{c} R \\ | \\ CH-OH \\ | \\ (H)R' \end{array}$$

$$CH_3CH=CHCHO+2H_2 \xrightarrow{Ni} CH_3CH_2CH_2CH_2OH$$

若使用氢化铝锂（$LiAlH_4$）、氢硼化钠（$NaBH_4$）及异丙醇铝等选择性催化剂，可以只还原羰基，而保留不饱和键。例如：

$$CH_3CH=CHCHO \xrightarrow[②\ H_2O/H^+]{①\ NaBH_4} CH_3CH=CHCH_2OH$$
$$\text{2-丁烯醇}$$

上述催化剂中 $LiAlH_4$ 的还原能力最强，甚至能还原—COOH、—COOR、—$CONH_2$ 等基团。

用锌汞齐（Zn-Hg）和浓盐酸作还原剂，可将醛、酮的羰基直接还原成亚甲基（—CH$_2$—），此种方法为克来门森（Clemensen）还原法。如：

$$CH_3-\overset{\overset{\displaystyle O}{\|}}{C}-CH_2-CH_3 \xrightarrow[\text{HCl}]{\text{Zn-Hg}} CH_3CH_2CH_2CH_3$$

$$\text{C}_6\text{H}_5-\overset{\overset{\displaystyle O}{\|}}{C}-CH_3 \xrightarrow[\text{HCl}]{\text{Zn-Hg}} \text{C}_6\text{H}_5-CH_2CH_3$$

将醛或酮与无水肼在高沸点溶剂（如一缩乙二醇 HOCH$_2$CH$_2$OCH$_2$CH$_2$OH）中与碱共热，羰基先与肼生成腙，腙在碱性加热条件下失去氮，使羰基还原成亚甲基。此为乌尔夫-凯惜纳-黄鸣龙（Wolff-Kishner-Huangminglong）反应。对酸不稳定而对碱稳定的羰基化合物可以用此法还原。例如：

$$CH_3O-\text{C}_6\text{H}_4-\overset{\overset{\displaystyle O}{\|}}{C}-CH_2CH_3 \xrightarrow[(\text{HOCH}_2\text{CH}_2)_2\text{O}, \triangle]{\text{NH}_2\text{NH}_2, \text{NaOH}} CH_3O-\text{C}_6\text{H}_4-CH_2CH_2CH_3 + H_2O + N_2\uparrow$$

③ **歧化反应**　不含 α-氢的醛与浓碱共热，一分子醛被氧化成羧酸（盐），一分子醛被还原成醇的反应，称为歧化反应，又称康尼查罗（Cannizzaro）反应。例如：

$$2HCHO \xrightarrow[\triangle]{\text{浓 NaOH}} HCOONa + CH_3OH$$

$$2\,\text{C}_6\text{H}_5\text{CHO} \xrightarrow[\triangle]{\text{浓 NaOH}} \text{C}_6\text{H}_5\text{COONa} + \text{C}_6\text{H}_5\text{CH}_2\text{OH}$$

甲醛与其他不含 α-氢的醛作用，则通常是还原性较强的甲醛被氧化成甲酸（盐）。例如：

$$HCHO + \text{C}_6\text{H}_5\text{CHO} \xrightarrow[\triangle]{\text{浓 NaOH}} HCOONa + \text{C}_6\text{H}_5\text{CH}_2\text{OH}$$

（3）α-氢的反应

① **卤仿反应**　醛酮分子中的 α-氢原子容易被卤素取代，生成 α-卤代醛、酮。例如：

$$CH_3CH_2CHO + Cl_2 \xrightarrow{\text{H}^+} CH_3\underset{\underset{\displaystyle Cl}{|}}{CH}CHO + HCl$$
$$\text{2-氯丙醛（}\alpha\text{-氯丙醛）}$$

$$CH_3\overset{\overset{\displaystyle O}{\|}}{C}CH_3 + Br_2 \xrightarrow{\text{H}^+} CH_3\overset{\overset{\displaystyle O}{\|}}{C}CH_2Br + HBr$$
$$\text{1-溴丙酮（}\alpha\text{-溴丙酮）}$$

乙醛和甲基酮与次卤酸钠（NaOX）或卤素的碱溶液（X$_2$+NaOH）作用时，生成 α-三卤代物。例如：

$$\text{(R)H}-\overset{\overset{\displaystyle O}{\|}}{\underset{\underset{\displaystyle CH_3}{|}}{C}} + 3NaOX \longrightarrow CHX_3 + \text{(R)HCOONa} + 2NaOH$$

三卤甲烷俗名为卤仿，这类反应总称为卤仿反应。碘仿是黄色晶体，实验中易于观察，所以碘仿反应常用来鉴定乙醛和甲基酮。

由于次碘酸钠能将伯醇、仲醇氧化为醛或酮，因此乙醇和具有 $CH_3{-}\underset{\underset{OH}{|}}{CH}{-}$ 构造的仲醇也可用碘仿反应进行鉴别。

② 羟醛缩合反应 在稀碱的作用下，两分子含有 α-氢原子的醛可以相互加成生成 β-羟基醛，这种反应称为羟醛缩合。

$$CH_3\overset{O}{\underset{|}{C}}{-}H + H{-}CH_2CHO \xrightarrow{稀碱} CH_3\underset{\beta}{CH}\underset{\alpha}{CH_2}CHO$$
$$\underset{\beta\text{-羟基丁醛}}{}$$

通过羟醛缩合可以合成比原料醛多一倍碳原子的醛和醇。例如，β-羟基丁醛的 α-氢原子受 β-碳原子的羟基影响，非常活泼，极易脱水生成 α、β-不饱和醛。

$$CH_3\underset{H}{\overset{\boxed{OH\;H}}{C}}{-}CHCHO \xrightarrow{\triangle 或 H^+} CH_3CH{=}CHCHO$$
$$\underset{2\text{-丁烯醛}}{}$$

2-丁烯醛催化加氢，即得正丁醇。

$$CH_3CH{=}CHCHO + 2H_2 \xrightarrow[\triangle]{Ni} CH_3CH_2CH_2CH_2OH$$

这是工业上用乙醛为原料，经羟醛缩合和催化加氢制备正丁醇的方法。

除乙醛外，其他醛经羟醛缩合，所得产物都是在 α-碳上带有支链的羟醛或烯醛。例如：

$$CH_3CH_2\overset{O}{\underset{|}{C}}{-}H + \boxed{H}{-}\underset{CH_3}{CHCHO} \xrightarrow{稀碱} CH_3CH_2\underset{CH_3}{CH}\overset{OH}{CHCHO} \xrightarrow{\triangle} CH_3CH_2CH{=}\underset{CH_3}{C}CHO$$

与醛相似，在碱催化下，具有 α-氢原子的酮也发生类似的缩合反应。也叫羟醛缩合。与醛相比，酮的缩合反应较难进行，但也已在实验室和工业上得到应用。例如。工业上利用两分子丙酮经醇酮缩合则得到 β-羟基酮-4-甲基-4 羟基-2-戊酮，俗称二丙酮醇。

$$CH_3\overset{}{\underset{O}{C}}CH_3 + CH_3\overset{}{\underset{O}{C}}CH_3 \xrightarrow{Ba(OH)_2} CH_3\overset{CH_3}{\underset{OH}{C}}{-}CH_2{-}\overset{}{\underset{O}{C}}{-}CH_3$$
$$\underset{4\text{-甲基-4-羟基-2-戊酮}}{}$$

当采用两种不同的含 α-氢原子的醛进行醇醛缩合时，则可能生成四种 β-羟基醛混合物，因此无制备价值。但当有一个醛分子无 α-氢原子时，可减少两种产物。例如，工业上生产季戊四醇就是利用乙醛和甲醛（无 α-H 原子）反应而得：

$$CH_3CHO + 4HCHO \xrightarrow[或 Ca(OH)_2,45\sim60℃]{NaOH,25\sim32℃} HOCH_2{-}\overset{CH_2OH}{\underset{CH_2OH}{C}}{-}CH_2OH$$
$$\underset{季戊四醇}{}$$

此反应首先是一个乙醛分子中的三个 α-氢原子与三个甲醛分子发生羟醛缩合生成三羟甲基乙醛：

$$3HCHO + H-\overset{\overset{\textstyle H}{|}}{\underset{\underset{\textstyle H}{|}}{C}}-CHO \longrightarrow HOCH_2-\overset{\overset{\textstyle CH_2OH}{|}}{\underset{\underset{\textstyle CH_2OH}{|}}{C}}-CHO$$

三羟甲基乙醛

这两种不同的醛所进行的醇醛缩合称为交叉醇醛缩合。乙醛和甲醛经交叉醇醛缩合生成三羟甲基乙醛，在与另一分子甲醛经康尼查罗反应即得到季戊四醇（见醛酮化学性质）。

交叉醇醛缩合反应所采用的无 α-氢原子的醛，除甲醛外。苯甲醛等无 α-氢原子的芳醛也具有制备价值。例如，在稀碱存在下，芳醛（如苯甲醛）与具有 α-氢原子的醛或酮发生交叉羟醛缩合反应，然后脱水生成 α、β 不饱和醛或酮，这个反应叫作克莱森-施密特缩合。此反应可用来合成 α、β 不饱和醛或酮。例如：

$$\text{（苯）}-CHO + CH_3CHO \xrightarrow[\text{室温 5h, 32\%}]{1\% \text{ NaOH, } C_2H_5OH} \text{（苯）}-CH=CH-CHO$$

肉桂醛

$$\text{（苯）}-CHO + CH_3\overset{\overset{\textstyle }{}}{\underset{\underset{\textstyle O}{\|}}{C}}-CH_3 \xrightarrow[\text{回流 2h, 65\%～78\%}]{10\% \text{ NaOH}} \text{（苯）}-CH=CH-\overset{\overset{\textstyle }{}}{\underset{\underset{\textstyle O}{\|}}{C}}-CH_3$$

羟醛缩合与交叉羟醛缩合都是一种增碳的反应，既可增加直链中的碳原子，又可增加支链碳原子，在有机合成中具有重要用途。常用来制备 β-羟基醛（酮）以及各种相应的醇或卤代烷。

4. 重要的醛和酮

（1）甲醛　甲醛（HCHO）俗称蚁醛，是一种重要的化工原料，其衍生物已达上百种。由于其分子中具有碳-氧双键，容易进行聚合和加成反应，形成各种高附加值的产品。

甲醛的沸点为 $-21℃$。常温下为无色气体，具有强烈的刺激性气味，易溶于水。37%～40%的甲醛水溶液（其中 6%～12%的甲醇作稳定剂）俗称"福尔马林"，它是医药上常用的消毒剂和防腐剂。甲醛蒸气和空气混合物的爆炸极限为 7%～73%（体积分数）。

甲醛的分子结构和其他醛不同，其分子中的羰基与两个氢原子相连，由于分子结构上的差异，在化学性质上表现一些特殊性。

甲醛极易聚合，条件不同，生成的聚合物不同。气体甲醛在常温下，即能自行聚合，生成三聚甲醛。工业上是将 60%～65%的甲醛水溶液在约 2%硫酸催化下煮沸，就可得到三聚甲醛。

$$3HCHO \xrightarrow{H_2SO_4} \underset{\underset{\textstyle O}{}}{\overset{\overset{\textstyle O}{}}{\bigcirc}}$$

三聚甲醛(白色晶体)

（2）乙醛　乙醛是有机化工产品中重要的中间体，是生产乙酸、乙酸乙酯、过氧乙酸和季戊四醇的原料。乙醛的沸点在常压下仅为 $20.2℃$，运输困难，生产装置绝大部分都建在衍生产品的同一地点，自产自用，其质量标准也由企业自定。

工业上生产乙醛的原料最初用乙炔，之后又发展乙醇和乙烯等路线。乙醛是极易挥发、具有刺激性气味的液体，能溶于水、乙醇和乙醚。乙醛易燃烧，它的蒸气与空气混合物爆炸极限为 4%～57%（体积分数），乙醛是合成乙酸、乙酐、乙醇、丁醇及丁醛等的重要原料。

乙醛易聚合，常温时乙醛在少量硫酸存在下可聚合生成三聚乙醛。三聚乙醛沸点为 124℃，便于贮存和运输。若加稀酸蒸馏，三聚甲醛可解聚为乙醛。

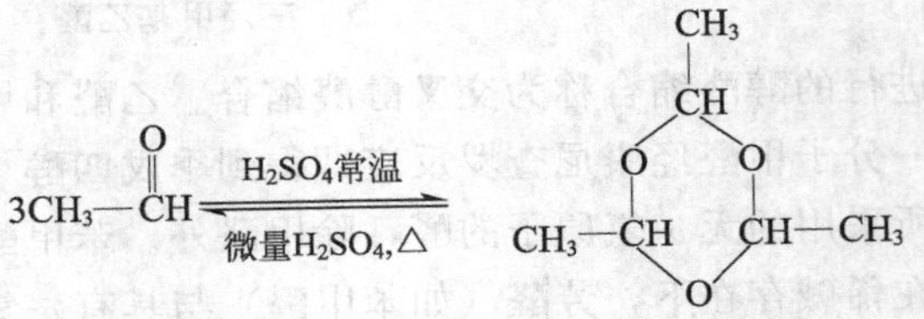

$$3CH_3-CH=O \xrightleftharpoons[微量H_2SO_4,\triangle]{H_2SO_4常温}$$

三聚乙醛

（3）苯甲醛　苯甲醛是无色液体。沸点为 179℃，具有苦杏仁味，俗称苦杏仁油。稍溶于水，易溶于乙醇、乙醚。

苯甲醛是典型的芳醛，它具有不含 α-氢的醛的化学性质。此外由于苯甲醛的羰基与芳环直接相连，又显示一些特殊性质。例如，苯甲醛在室温时能自动被空气氧化生成苯甲酸。因此在保存苯甲醛时，常加入少量抗氧剂如对二苯酚等，以阻止自动氧化，且用棕色瓶保存。苯甲醛在工业上是有机合成的一种重要原料，用于制备香料、染料和药物等，它本身也可用作香料。

（4）丙酮　丙酮是无色、易挥发、易燃的液体。沸点为 56.5℃，有微弱的香味，能与水、乙醇、乙醚、氯仿等混溶，并能溶解油脂、树脂、橡胶、蜡和赛璐珞等多种有机物，是一种良好的溶剂。丙酮蒸气与空气混合物的爆炸极限是 2.55%～12.80%（体积分数）。

丙酮是重要的有机化工原料之一。以丙酮为原料可以制备含 6 个碳原子和 9 个碳原子的溶剂，它们用途广泛。丙酮也是生产甲基丙烯酸甲酯和高级酯双酚 A 的原料。此外，还用于制药、涂料等行业。

（5）环己酮　环己酮为无色油状液体。有丙酮气味，沸点为 155.7℃，它微溶于水，易溶于乙醇和乙醚。它可以作高沸点溶剂，工业上把环己酮氧化成己二酸，己二酸是合成尼龙-66 的主要原料。

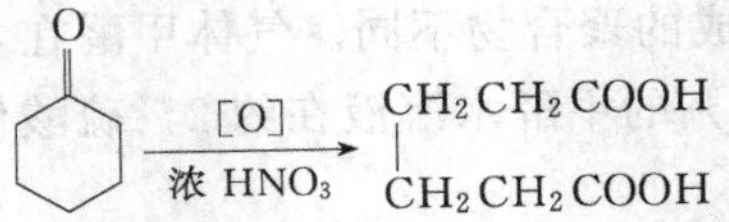

$$\xrightarrow[浓\ HNO_3]{[O]} \begin{array}{l} CH_2CH_2COOH \\ | \\ CH_2CH_2COOH \end{array} \quad 己二酸$$

环己酮与羟氨作用，生成环己酮肟。再经贝克曼重排，即得己内酰胺。

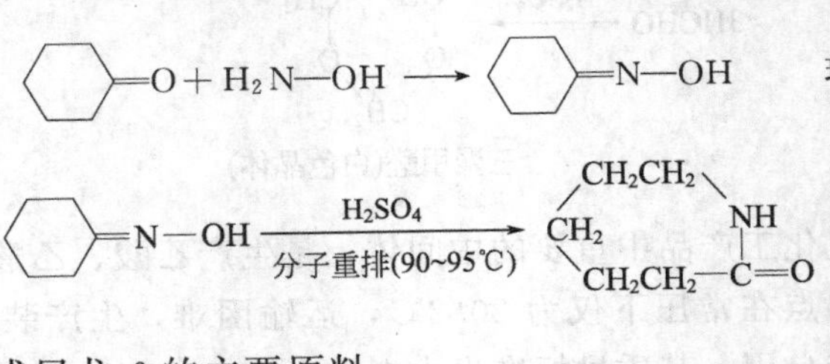

$$\bigcirc=O + H_2N-OH \longrightarrow \bigcirc=N-OH \quad 环己酮肟$$

$$\bigcirc=N-OH \xrightarrow[分子重排(90\sim95℃)]{H_2SO_4} \begin{array}{l} CH_2CH_2 \\ CH_2 \qquad NH \\ CH_2CH_2-C=O \end{array} \quad 己内酰胺$$

己内酰胺是合成尼龙-6 的主要原料。

五、羧酸

含有羧基（—COOH）的有机化合物称为羧酸。

1. 羧酸分类和命名

（1）**羧酸的分类** 在羧酸分子中，按羧基所连的烃基种类的不同可分为脂肪族羧酸、脂环族羧酸和芳香族羧酸。按烃基的饱和性可分为饱和羧酸和不饱和羧酸。按羧酸分子中所含有的羧基的数目不同，又可分为一元羧酸、多元羧酸等。例如：

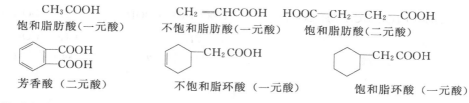

CH_3COOH
饱和脂肪酸（一元酸）

$CH_2\!=\!CHCOOH$
不饱和脂肪酸（一元酸）

$HOOC\!-\!CH_2\!-\!CH_2\!-\!COOH$
饱和脂肪酸（二元酸）

—COOH
—COOH
芳香酸（二元酸）

—CH_2COOH
不饱和脂环酸（一元酸）

—CH_2COOH
饱和脂环酸（一元酸）

（2）**羧酸的命名**

① **通俗命名** 常根据其天然来源来命名某些羧酸，即为俗名。常见羧酸的俗名见表2-5。

表 2-5 常见羧酸的俗名

名称	俗名	名称	俗名	名称	俗名
甲酸	蚁酸	十二酸	月桂酸	丙二酸	胡萝卜酸
乙酸	醋酸	十四酸	肉豆蔻酸	丁二酸	琥珀酸
丙酸	初油酸	十六酸	棕榈酸，软脂酸	顺丁烯二酸	马来酸
丁酸	酪酸	十八酸	硬脂酸	反丁烯二酸	富马酸
戊酸	缬草酸	丙烯酸	败脂酸	苯甲酸	安息香酸
己酸	羊油酸	乙二酸	草酸	3-苯基丙烯酸	肉桂酸

② **系统命名法** 羧酸的系统命名法与醛相似。选择含有羧基的最长碳链作为主链；若分子中含有重键，则选含有羧基和重键的最长碳链为主链，根据主链碳原子的数目称"某酸"或"某烯（炔）酸"；取代基的位次（可用阿拉伯数字或希腊字母 α、β、γ 标记）、数目、名称及不饱和键的位置要标明，写在"某酸"或"某烯（炔）酸"之前。例如：

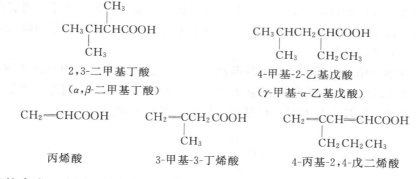

$CH_3CHCHCOOH$ 带 CH_3、CH_3
2,3-二甲基丁酸
（α,β-二甲基丁酸）

$CH_3CHCH_2CHCOOH$ 带 CH_3、CH_2CH_3
4-甲基-2-乙基戊酸
（γ-甲基-α-乙基戊酸）

$CH_2\!=\!CHCOOH$
丙烯酸

$CH_2\!=\!CCH_2COOH$ 带 CH_3
3-甲基-3-丁烯酸

$CH_2\!=\!CCH\!=\!CHCOOH$ 带 $CH_2CH_2CH_3$
4-丙基-2,4-戊二烯酸

芳香酸的命名一般以苯甲酸为母体，结构复杂的芳香酸把芳环作为取代基来命名。例如：

COOH
苯甲酸

COOH
—CH_3
间甲基苯甲酸

COOH
—OH
邻羟基苯甲酸（俗名：水杨酸）

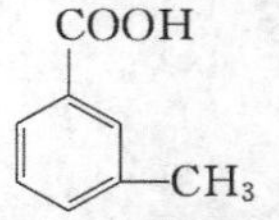

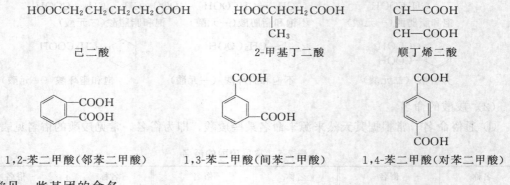

邻甲氧基苯甲酸 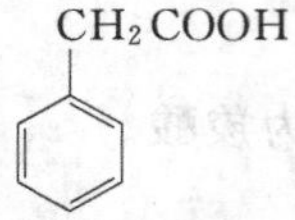   苯乙酸 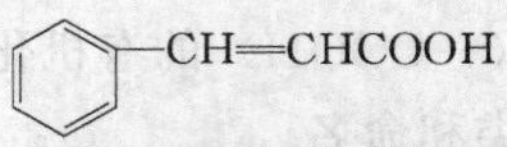   3-苯基丙烯酸(俗名:肉桂酸)

对于二元羧酸,选择含有两个羧基的最长碳链为主链,称为"某二酸"。芳香族二元酸必须注明两个羧基的位置。例如:

$HOOCCH_2CH_2CH_2CH_2COOH$ $HOOCCHCH_2COOH$ CH—COOH
                                    $\qquad\quad$ CH$_3$ CH—COOH

己二酸   2-甲基丁二酸   顺丁烯二酸

1,2-苯二甲酸(邻苯二甲酸)   1,3-苯二甲酸(间苯二甲酸)   1,4-苯二甲酸(对苯二甲酸)

常见一些基团的命名:

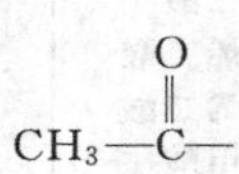

乙酰基 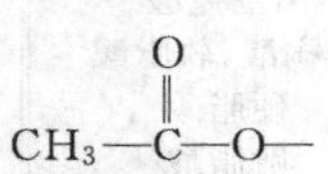   乙酰氧基 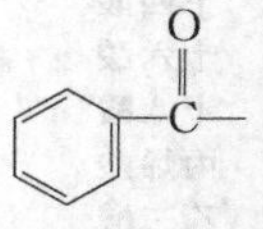   苯甲酰基 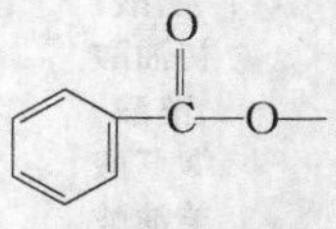   苯甲酰氧基

2. 羧酸的物理性质

在饱和一元羧酸中,C_3 以下的羧酸是具有强烈酸味的刺激性液体,$C_4 \sim C_9$ 的羧酸是具有腐败臭味的油状液体,C_{10} 以上的羧酸为蜡状固体。脂肪族二元羧酸及芳香羧酸都是结晶固体。

脂肪族低级一元羧酸可与水混溶,随着碳原子数的增加,溶解度降低。芳香酸的水溶性极微。这是由于羧基是一个亲水基团,可与水分子形成氢键,而随着烃基的增大,羧基在分子中的影响逐渐减小的缘故。

饱和一元羧酸的沸点比分子量相近的醇高。例如,乙酸与丙醇的相对分子质量均为 60,但乙酸的沸点为 118℃,而丙醇的沸点为 97.2℃。这是由于羧酸分子间能以两个氢键形成双分子缔合的二聚体。即使在气态时,也是以二聚体形式存在的。

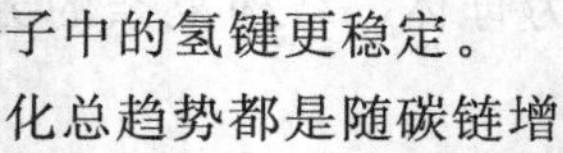

羧酸分子间的这种氢键比醇分子中的氢键更稳定。

饱和一元羧酸的沸点和熔点变化总趋势都是随碳链增长而升高,但熔点变化的特点是呈锯齿状上升,即含偶数碳原子羧酸的熔点比前后两个相邻的含奇数碳原子羧酸的熔点高。这是由于偶数碳羧酸具有较高的对称性,晶格排列得更紧密,因而熔点较高。

芳香族羧酸一般可以升华,有些能随水蒸气挥发。利用这一特性可以从混合物中分离与提纯芳香酸。

3. 羧酸的化学性质

羧酸中羧基碳原子采取 sp^2 杂化，分别与羰基的氧原子、羟基的氧原子和一个烃基的碳原子（或一个氢原子）形成 σ 键，羧基是平面结构，键角大约为120°。羧基碳原子剩下一个 p 轨道与羰基氧原子的 p 轨道形成 π 键，羟基氧原子的一对未共用电子与 π 键形成 p，π-共轭体系，如图 2-8 所示。

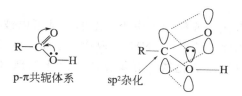

图 2-8 羧基的 π 电子云及结构示意图

p-π 共轭使键长有平均化趋向，使氧原子周围的电子云密度降低，O—H 键成键电子云更靠近氧原子，从而增强了 O—H 键的极性，有利于氢原子离解而显示明显的酸性。羧基易发生反应的部位如下。

$$R-\overset{H}{\underset{④}{\underset{|}{C}}}H-\overset{③}{\underset{②①}{C}}\overset{O}{\underset{OH}{}}$$

① 羟基中氢原子的酸性和成盐反应；

② 羟基被取代的反应；

③ 羰基的还原和脱羧反应；

④ α-氢的取代反应。

（1）酸性　羧酸在水溶液中能够解离出氢离子，呈明显弱酸性，能使湿润的蓝色石蕊试纸变红。

大多数脂肪族一元羧酸的 $pK_a^{\ominus}$ 值在 4～5 范围内。芳香酸及二元酸的酸性强于一元脂肪族羧酸。羧酸的酸性弱于强的无机酸而强于碳酸（$pK_a^{\ominus}=6.38$）和一般的酚（$pK_a^{\ominus}\approx10$）。例如：

$$RCOOH + NaOH \longrightarrow RCOONa + H_2O$$
$$RCOOH + NaHCO_3 \longrightarrow RCOONa + H_2O + CO_2\uparrow$$

羧酸的碱金属盐具有一般无机盐的性质，不挥发，在水中能完全离解为离子，加入无机强酸，又可以使羧酸重新游离出来。

$$RCOONa + HCl \longrightarrow RCOOH + NaCl$$

利用羧酸的酸性，可以分离羧酸与其他不具酸性的有机物，也可以用于羧酸的鉴别和精制。

简单羧酸的酸性比较复杂，如甲酸＞苯甲酸＞乙酸＞丙酸＞苯乙酸。当羧酸的烃基上（特别是 α-碳原子上）连有电负性大的基团时，其吸电子诱导效应使氢氧键的极性增强，促进解离，则酸性增强，如一氟乙酸＞一氯乙酸＞一溴乙酸＞一碘乙酸，3-丁炔酸＞3-丁烯酸＞丁酸。基团数目越多，酸性越强，如三氯乙酸＞二氯乙酸＞氯乙酸；距羧基愈近，羧酸的酸性愈强，2-氯丁酸＞3-氯丁酸＞4-氯丁酸＞丁酸。当羧酸的烃基上（特别是 α-碳原子上）连有斥电子基团时，酸性减弱，如甲酸＞乙酸＞2-甲基丙酸＞2,2-二甲基丙酸。芳香酸酸性的规律是：羧基邻位、对位上连有硝基、卤素原子及不饱和烃基等吸电子基时，酸性增强，如邻硝基苯甲酸＞邻氯苯甲酸＞对硝基苯甲酸＞对氯苯甲酸；当连有甲基、甲氧基等斥电子基时，则酸性减弱，如苯甲酸＞对甲基苯甲酸＞对甲氧基苯甲酸。间位取代基的影响不能在共轭体系内传递，影响较小。

（2）羧基中的羟基被取代 羧酸分子中羧基上的羟基可以被卤素原子（—X）、酰氧基（—OOCR）、烷氧基（—OR）、氨基（—NH₂）取代，生成一系列的羧酸衍生物。

① 酰卤的生成 羧酸与三氯化磷、五氯化磷、氯化亚砜（SOCl₂）等作用时，生成酰氯。

$$RCOOH + PCl_3 \longrightarrow RCOCl$$

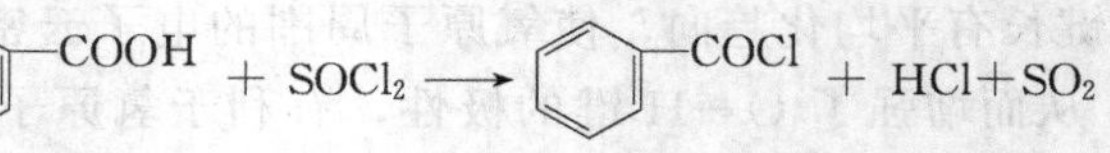

酰氯非常容易水解，通常用蒸馏法将产物分离。

② 酸酐的生成 在脱水剂的作用下，羧酸加热脱水，生成酸酐。常用的脱水剂有五氧化二磷或乙酐等。

$$2RCOOH \xrightarrow[\triangle]{P_2O_5} (RCO)_2O + H_2O$$

一些二元酸在加热下即可发生分子内脱水，生成五元或六元环状酸酐。例如：

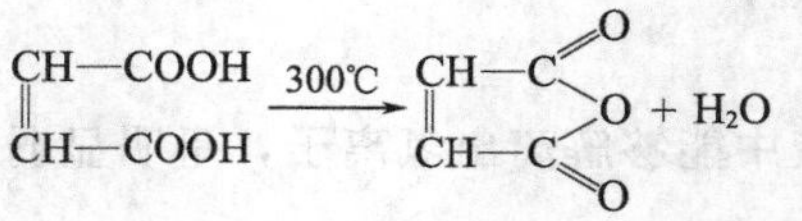

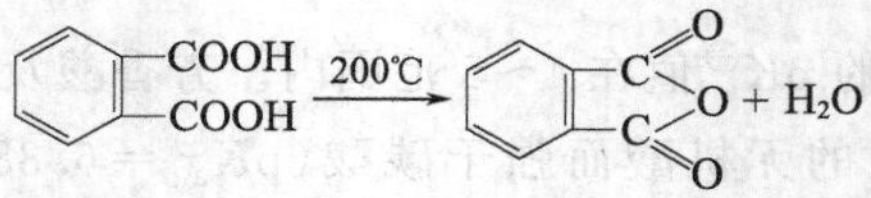

③ 酯的生成 羧酸与醇在酸（如浓硫酸）的催化作用下生成酯的反应，称为酯化反应。酯化反应是可逆反应，为了提高酯的产率，可增加某种反应物的浓度，或及时蒸出反应生成的酯或水，使平衡向生成物方向移动。

$$RCOOH + HO-R' \underset{\triangle}{\overset{H^+}{\rightleftharpoons}} RCOOR' + H_2O$$

④ 酰胺的生成 在羧酸中通入氨气或胺，首先生成羧酸的铵盐，铵盐加热脱水生成酰胺。

$$RCOOH + NH_3 \longrightarrow RCOONH_4 \xrightarrow[\triangle]{-H_2O} RCONH_2$$

羧酸与芳胺作用可直接得到酰胺。

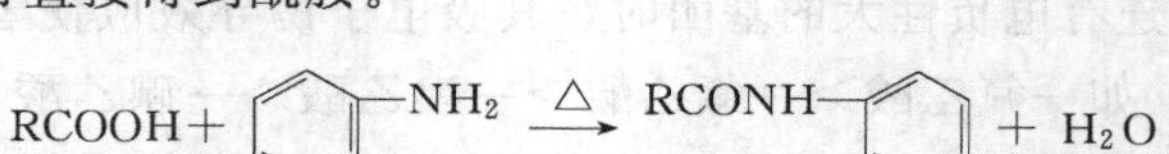

（3）羧基的还原　一般条件下羧酸不容易被还原。只有在强还原剂（如 $LiAlH_4$）的作用下，羧基可以被还原成羟基，在实验室中可用此法制备结构特殊的伯醇。例如：

$$(CH_3)_3CCOOH + LiAlH_4 \xrightarrow[\text{(2)}H_2O]{\text{(1)乙醚}} (CH_3)_3CCH_2OH$$

$$\text{〔苯环〕—COOH} + LiAlH_4 \xrightarrow[\text{(2)}H_2O]{\text{(1)乙醚}} \text{〔苯环〕—CH}_2OH$$

此法不但产率高，而且不影响碳-碳双键。例如：

$$CH_3CH=CHCOOH + LiAlH_4 \xrightarrow[\text{(2)}H_2O]{\text{(1)乙醚}} CH_3CH=CHCH_2OH$$

（4）脱羧反应　羧酸分子脱去羧基放出二氧化碳的反应叫脱羧反应。例如，低级羧酸的钠盐及芳香族羧酸的钠盐在碱石灰（NaOH-CaO）存在下加热，可脱羧生成烃。

$$CH_3COONa + NaOH \xrightarrow[\triangle]{CaO} CH_4 + Na_2CO_3$$

其他羧酸的碱金属盐脱羧时，由于副反应多，产率低，不易分离，在合成上无使用价值。例如：

$$CH_3CH_2COONa + NaOH \xrightarrow[\triangle]{CaO} C_2H_6 + CH_4 + H_2 + \text{不饱和化合物}$$

（5）α-H 被取代　羧基和羰基一样，能使 α-H 活化。但羧基的致活作用比羰基小，所以羧酸的 α-H 卤代反应需用在红磷等催化剂存在下才能顺利进行。

$$RCH_2COOH \xrightarrow{X_2}_{P} R\underset{X}{CH}COOH \xrightarrow{X_2}_{P} R\underset{X}{\overset{X}{C}}COOH$$

羧酸中的多个 α-H 都可以被取代，生成 α-卤代烃。例如：

$$CH_3COOH \xrightarrow[90℃]{Cl_2,P} \underset{Cl}{CH_2}COOH \xrightarrow[100℃]{Cl_2,P} \underset{Cl}{\overset{Cl}{CH}}COOH \xrightarrow[>100℃]{Cl_2,P} Cl-\underset{Cl}{\overset{Cl}{C}}COOH$$

4. 重要的羧酸

（1）甲酸　俗称蚁酸，是具有刺激性气味的无色液体。有腐蚀性，可溶于水、乙醇和甘油。工业上，将一氧化碳和氢氧化钠水溶液在加热、加压下制得甲酸钠，再经酸化制得甲酸。

$$CO + NaOH \xrightarrow[210℃]{0.6\sim0.8MPa} HCOONa \xrightarrow{H_2SO_4} HCOOH + Na_2SO_4$$

甲酸的结构比较特殊，分子中羧基和氢原子直接相连，它既有羧基结构，又具有醛基结构，因此，它既有羧酸的性质，又具有醛类的性质。如能与托伦试剂、斐林试剂发生银镜反应，生成砖红色的沉淀，也能被高锰酸钾氧化。

甲酸在工业上用作还原剂，橡胶的凝固剂、缩合剂和甲酰化剂，也用于纺织品和纸张的着色和抛光，皮革的处理以及用作消毒剂和防腐剂等。

（2）乙酸 俗称醋酸，是食醋的主要成分，一般食醋中含乙酸 6%～8%。乙酸为无色具有刺激性气味的液体。当室温低于 16.6℃时，无水乙酸很容易凝结成冰状固体，故常把无水乙酸称为冰醋酸。乙酸能与水以任何比例混溶，也可溶于乙醇、乙醚和其他有机溶剂。

乙酸最初是通过酿造法，使乙醇在醋酸杆菌中的醇氧化酶催化下，被空气氧化而成。

$$C_2H_5OH + O_2 \xrightarrow[35℃]{醇氧化酶} CH_3COOH + H_2O$$

工业上是由乙醛在催化剂醋酸锰的存在下，用空气氧化而制得。

$$CH_3CHO + O_2 \xrightarrow[60～80℃]{(CH_3COO)_2Mn} CH_3COOH$$

乙酸是人类最早使用的一种酸，可用来调味。乙酸在工业上有广泛的用途，是染料工业及香料工业不可缺少的原料。因为乙酸不易被氧化，常用作氧化反应的溶剂。乙酸还用来合成乙酸乙烯酯、乙酸乙酯、乙酐、乙烯酮、氯乙酸等。

（3）苯甲酸 苯甲酸以酯的形式存在于安息香胶及其他一些香树脂中，所以俗称安息香酸。苯甲酸是无色晶体，熔点为 121.7℃，微溶于水、乙醇和乙醚中。能升华，也能随水蒸气挥发。苯甲酸具有羧酸的通性，是有机合成的原料，可用来制备染料、香料、医药等。苯甲酸钠有杀菌防腐作用，常用作食品的防腐剂。

（4）乙二酸 俗称草酸，通常以盐的形式存在于草本植物及藻类的细胞膜中。工业上，将甲酸钠迅速加热至 360℃以上，先制得草酸钠，再经酸化得到草酸。

$$2HCOONa \xrightarrow{360℃} NaOOC—COONa \xrightarrow{H_2SO_4} HOOC—COOH$$

乙二酸是无色晶体，通常含有两分子的结晶水，可溶于水和乙醇，不溶于乙醚。草酸具有还原性，容易被高锰酸钾溶液氧化，而且反应是定量进行的，所以在分析化学中常用草酸作为标定高锰酸钾溶液浓度的基准物质。

$$5HOOC—COOH + 2KMnO_4 + 3H_2SO_4 = K_2SO_4 + 2MnSO_4 + 10CO_2 + 8H_2O$$

乙二酸也能和许多金属离子络合，生成可溶性的络离子，所以广泛用于提取稀有金属。在日常生活中，可将其用作漂白剂、媒染剂和除锈剂等。

（5）己二酸 己二酸是白色单斜晶体。熔点为 152℃，沸点为 265℃，微溶于水，易溶于乙醇、乙醚、丙酮等有机溶剂。工业上以苯为原料，经还原、氧化制得。

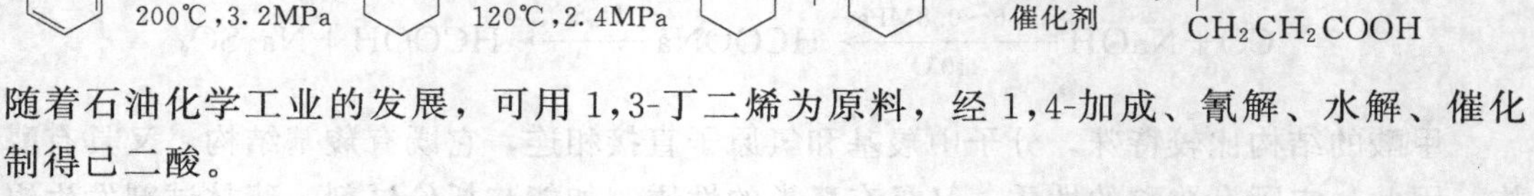

随着石油化学工业的发展，可用 1,3-丁二烯为原料，经 1,4-加成、氰解、水解、催化加氢制得己二酸。

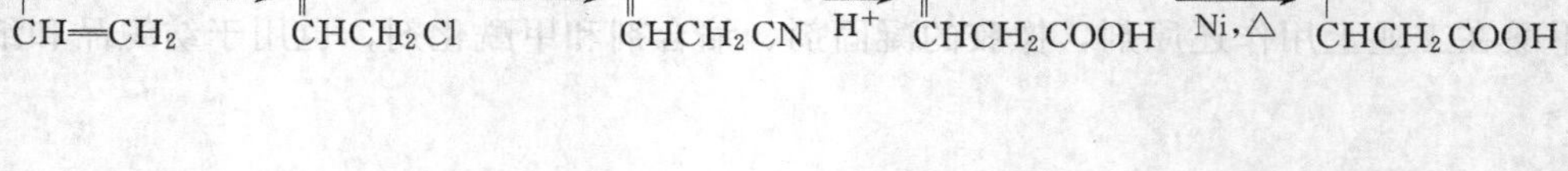

己二酸主要用于制造尼龙-66和聚氨酯泡沫塑料，在有机合成中用作二元腈、二元胺的基础原料和增塑剂的原料，还用于分析化学、酵母提纯、染料、医药、合成香料及照相纸等方面。

六、羧酸衍生物

羧酸衍生物指羧酸的羟基被其他基团取代的有机化合物。

1. 羧酸衍生物分类和命名

（1）羧酸衍生物分类　　羧酸衍生物主要包括酰卤、酸酐、酯、酰胺四类，分别是羧酸分子中的羟基被卤原子、酰氧基、烷氧基、氨基取代后的产物。即：

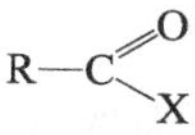

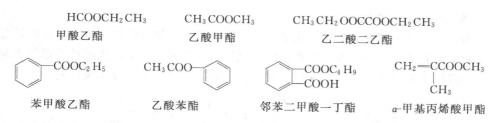

酰卤 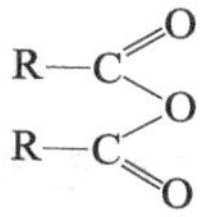　　　　　酸酐 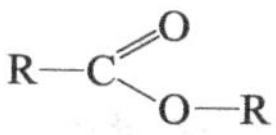　　　　　酯 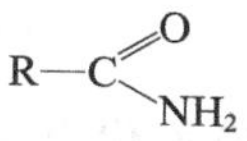　　　　　酰胺

（2）羧酸衍生物的命名　　羧酸分子中去掉羟基后剩余的基团称为酰基。例如：

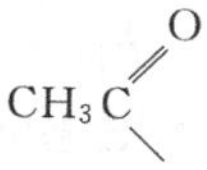

乙酰基 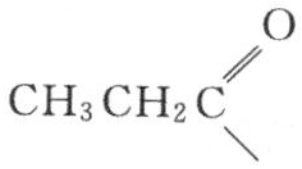　　　　　丙酰基 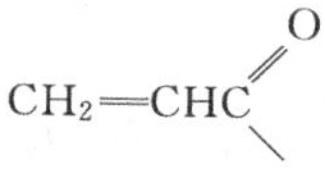　　　　　丙烯酰基 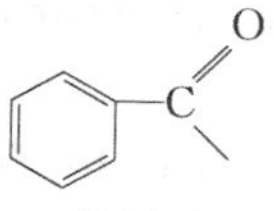　　　　　苯甲酰基

① 酰卤的命名　　根据酰基名称来命名，称为"某酰卤"。例如：

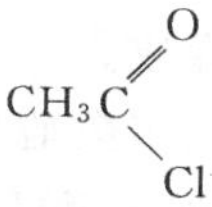

乙酰氯 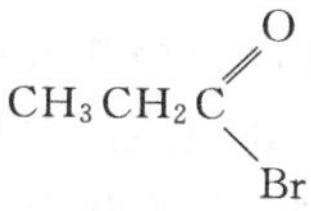　　　　　丙酰溴 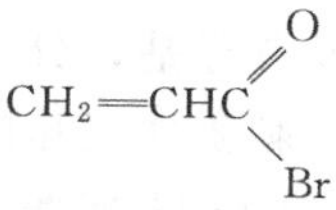　　　　　丙烯酰溴 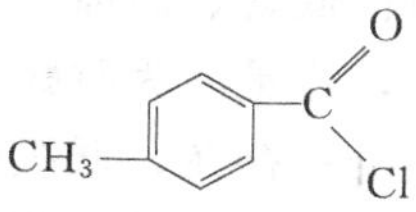　　　　　对甲基苯甲酰氯

② 酸酐的命名　　羧酸失去一分子水而成的化合物，称为酸酐。酸酐通常是根据其水解后生成的羧酸来命名的。例如：

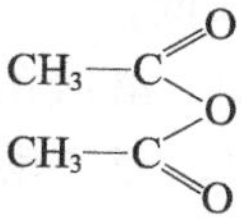

乙酸酐(乙酐) 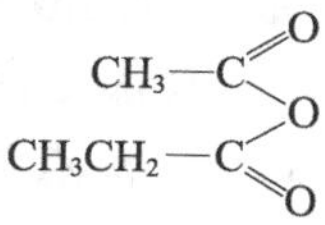　　　乙丙酸酐(乙丙酐) 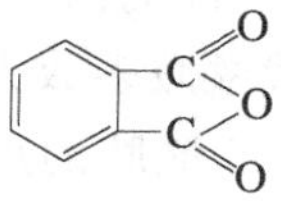　　　邻苯二甲酸酐 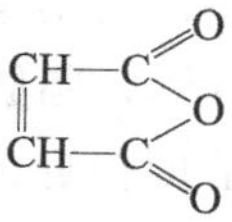　　　顺丁烯二酸酐(马来酸酐)

③ 酯的命名　　由酸和醇脱水后生成的化合物称为酯。命名时，根据相应酸和醇的名称称为"某酸某酯"。例如：

$$HCOOCH_2CH_3 \qquad CH_3COOCH_3 \qquad CH_3CH_2OOCCOOCH_2CH_3$$
甲酸乙酯　　　　　乙酸甲酯　　　　　　乙二酸二乙酯

苯甲酸乙酯 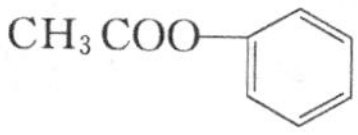　　　　　乙酸苯酯　　　　　邻苯二甲酸一丁酯　　　α-甲基丙烯酸甲酯

多元醇的酯命名时，一般将醇的名称放在前面，称为"某醇某酸酯"。

$$
\begin{array}{ccc}
\underset{\mid}{CH_2-O-\overset{\overset{\displaystyle O}{\parallel}}{C}CH_3} & \underset{\mid}{CH_2-ONO_2} & \underset{\mid}{CH_2OOCC_{15}H_{31}} \\
CH_2-O-\underset{\displaystyle \parallel}{\underset{\displaystyle O}{C}}CH_3 & CH-ONO_2 & CHOOCC_{15}H_{31} \\
 & CH_2-ONO_2 & CH_2OOCC_{15}H_{31}
\end{array}
$$

乙二醇二乙酸酯　　　　丙三醇三硝酸酯（硝化甘油）　　　甘油三软脂酸酯

④ 酰胺的命名　根据酰基的名称称为"某酰胺"。例如：

$$
\underset{\text{乙酰胺}}{CH_3\overset{\overset{\displaystyle O}{\parallel}}{C}-NH_2} \qquad\qquad \underset{\text{丙烯酰胺}}{CH_2=CH\overset{\overset{\displaystyle O}{\parallel}}{C}-NH_2}
$$

若酰胺分子中含有取代氨基，命名时将氮原子所连烃基作为取代基，写名称时用"N"表示其位次。例如：

$$
\underset{N\text{-乙基乙酰胺}}{CH_3\overset{\overset{\displaystyle O}{\parallel}}{C}-NHCH_2CH_3} \qquad \underset{N,N\text{-二甲基甲酰胺}}{H\overset{\overset{\displaystyle O}{\parallel}}{C}-N(CH_3)_2} \qquad \underset{N\text{-甲基-}N\text{-乙基甲酰胺}}{C_6H_5\overset{\overset{\displaystyle O}{\parallel}}{C}-\overset{\underset{\displaystyle CH_3}{\mid}}{N}CH_2CH_3}
$$

2. 羧酸衍生物的物理性质

酰卤中最常用的是酰氯。甲酰氯不存在，低级酰氯是具有强烈刺激性气味的液体，高级酰氯是白色低熔点固体。酰氯不溶于水，低级酰氯遇水容易水解放出氯化氢。酰氯沸点比相应羧酸低，这是因为酰氯分子中没有羟基，分子间不能以氢键相互缔合的缘故。

甲酸酐不存在，低级酸酐是有刺激性气味的液体，高级酸酐为固体。大多数酸酐不溶于水，而溶于有机溶剂。饱和一元羧酸的酸酐沸点比相应的羧酸稍高，如乙酸酐沸点为139.6℃，乙酸沸点为118℃。

低级酯是具有水果香味的无色液体，存在于植物的花果中，如苹果中含有戊酸异戊酯，香蕉中含有乙酸异戊酯，茉莉花中含有苯甲酸甲酯。高级酯为蜡状固体。酯在水中溶解度很小，易溶于乙醇、乙醚等有机溶剂。酯的沸点比分子量相近的醇和羧酸都低。

甲酰胺是液体，脂肪族 N-取代酰胺多数为液体，其余都是白色固体。酰胺的熔点、沸点明显高于分子量相近的羧酸，如乙酰胺的熔点为 82℃、沸点为 221℃，而乙酸的熔点为16.6℃、沸点为 118℃；苯甲酰胺的熔点为 130℃、沸点为 290℃，而苯甲酸的熔点为122.4℃、沸点为 249℃。低级酰胺溶于水，随着分子量增大，溶解度降低。液态酰胺是有机物和无机物的优良溶剂，例如 N,N-二甲基甲酰胺能与水及多数有机溶剂混溶，是一种重要的溶剂。

3. 羧酸衍生物的化学性质

羧酸衍生物分子中都含有酰基，酰基上所连接的基团都是极性基团，因此它们具有相似的化学性质，它们能与亲核试剂（如水、醇、氨等）发生取代反应，也能被还原剂还原。但按酰基所连接原子和基团不同，其反应活性也存在差异。反应活性强弱顺序是：

$$
R\overset{\overset{\displaystyle O}{\parallel}}{C}-X > R\overset{\overset{\displaystyle O}{\parallel}}{C}\underset{R\overset{\displaystyle C}{\underset{\displaystyle \parallel}{\,}O}}{O} > R\overset{\overset{\displaystyle O}{\parallel}}{C}-O-R > R\overset{\overset{\displaystyle O}{\parallel}}{C}-NH_2
$$

（1）水解　羧酸衍生物都能发生水解反应生成羧酸。

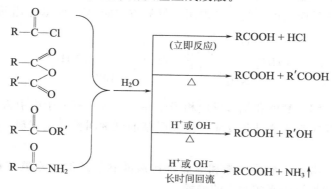

乙酰氯暴露在空气中，即吸湿分解，放出氯化氢气体立即形成白雾。因此，乙酰氯必须密封贮存。

（2）醇解　酰卤、酸酐和酯与醇作用生成酯的反应，称为醇解。

$$
\left.
\begin{array}{l}
R-\overset{O}{\underset{\|}{C}}-Cl \\[4pt]
R-\overset{O}{\underset{\|}{C}}-O-\overset{O}{\underset{\|}{C}}-R' \\[4pt]
R-\overset{O}{\underset{\|}{C}}-OR' \\[4pt]
R-\overset{O}{\underset{\|}{C}}-NH_2
\end{array}
\right\}
\xrightarrow{R''OH}
\begin{cases}
RCOOR'' + HCl \\[4pt]
\xrightarrow{\triangle} RCOOR'' + R'COOH \\[4pt]
\xrightarrow[\triangle]{H^+ \text{或} OH^-} RCOOR'' + R'OH \\[4pt]
\xrightarrow{H^+ \text{或} OH^-} RCOOR'' + NH_3\uparrow
\end{cases}
$$

酯与醇反应，生成另外的酯和醇，称为酯交换反应。酯交换反应是可逆反应。例如：

$$CH_2{=}CHCOOCH_3 + CH_3(CH_2)_3OH \underset{}{\overset{H^+}{\rightleftharpoons}} CH_2{=}CHCOO(CH_2)_3CH_3 + CH_3OH$$

沸点：　　　80.5℃　　　　117.7℃　　　　　　145℃　　　　64.7℃

酯交换反应广泛应用于有机合成中。例如，工业上合成涤纶树脂的单体——对苯二甲酸二乙二醇酯就是采用酯交换反应。

对苯二甲酸二甲酯　　　乙二醇

（3）氨解　酰卤、酸酐和酯与氨或胺作用生成酰胺的反应，称为氨解。

$$
\left.
\begin{array}{l}
R-\overset{O}{\underset{\|}{C}}-Cl \\[4pt]
R-\overset{O}{\underset{\|}{C}}-O-\overset{O}{\underset{\|}{C}}-R' \\[4pt]
R-\overset{O}{\underset{\|}{C}}-OR'
\end{array}
\right\}
\xrightarrow{NH_3}
\begin{cases}
RCONH_2 + NH_4Cl \\[4pt]
RCONH_2 + RCOONH_4 \\[4pt]
RCONH_2 + ROH
\end{cases}
$$

酰氯的氨解过于剧烈，并放出大量的热，操作难以控制，故工业上常用酸酐的氨解来制取酰胺。酰胺与胺的反应是可逆的，必须用过量的胺才能得到 N-烷基酰胺。

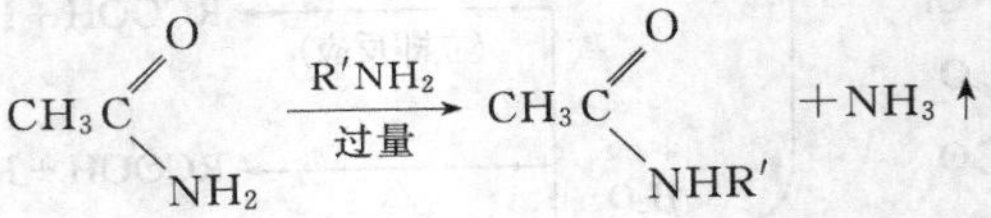

$$CH_3C\overset{O}{\underset{NH_2}{\big|}} \xrightarrow[\text{过量}]{R'NH_2} CH_3C\overset{O}{\underset{NHR'}{\big|}} + NH_3\uparrow$$

羧酸衍生物的水解、醇解和氨解反应相当于在水、醇、氨分子中引入酰基。凡是向其他分子中引入酰基的反应都叫酰基化反应。提供酰基的试剂叫酰基化试剂。酰氯、酸酐是常用的酰基化试剂。

（4）还原反应　酰卤、酸酐、酯和酰胺都比羧酸容易还原，除酰胺被还原成相应的胺外，酰卤、酸酐和酯均被还原成相应的伯醇。

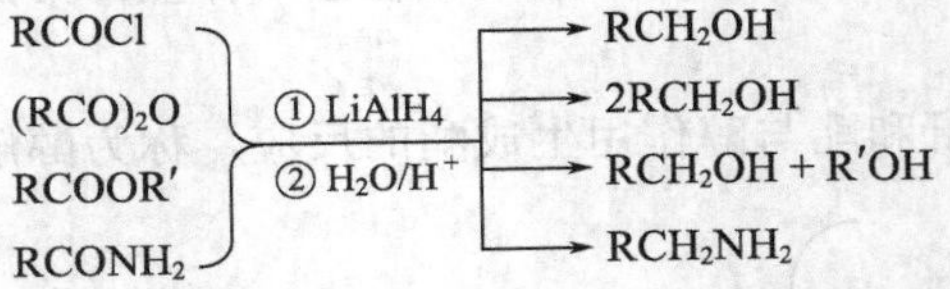

$$\left.\begin{array}{l}RCOCl \\ (RCO)_2O \\ RCOOR' \\ RCONH_2\end{array}\right\} \begin{array}{l}①\ LiAlH_4 \\ ②\ H_2O/H^+\end{array} \left.\begin{array}{l}\longrightarrow RCH_2OH \\ \longrightarrow 2RCH_2OH \\ \longrightarrow RCH_2OH + R'OH \\ \longrightarrow RCH_2NH_2\end{array}\right.$$

酯最易被还原，除氰化铝锂外，酯还能被醇和金属钠还原而不影响分子中的不饱和键，这在工业合成中具有实际意义。例如：

$$CH_3(CH_2)_{10}COOCH_3 \xrightarrow[CH_2CH_2OH]{Na} CH_3(CH_2)_{10}CH_2OH + CH_3OH$$
月桂酸甲酯　　　　　　　　　　　　月桂醇（十二醇）

$$CH_3(CH_2)_7CH=CH(CH_2)_7COOC_4H_9 \xrightarrow[CH_3CH_2OH]{Na}$$
油酸丁酯

$$CH_3(CH_2)_7CH=CH(CH_2)_7CH_2OH + C_4H_9OH$$
油醇

此反应可以得到长碳链的醇，月桂酸等高级醇是合成增塑剂、润湿剂、洗涤剂的重要原料。

（5）酰胺的特性

① 脱水反应　酰胺与脱水剂［如 P_2O_5、PCl_5、$SOCl_2$、$(CH_3CO)_2O$ 等］共热，发生分子内脱水生成腈。这是实验室制备腈的一种方法。

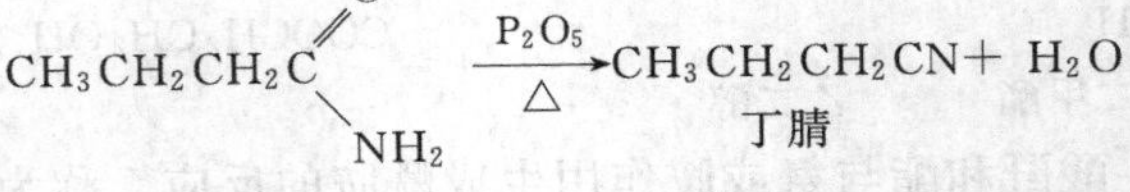

$$CH_3CH_2CH_2C\overset{O}{\underset{NH_2}{\big|}} \xrightarrow[\triangle]{P_2O_5} CH_3CH_2CH_2CN + H_2O$$
　　　　　　　　　　　　　　　丁腈

利用该法可制备一些难以用卤代烃和氰化钠反应而得到的腈。例如：

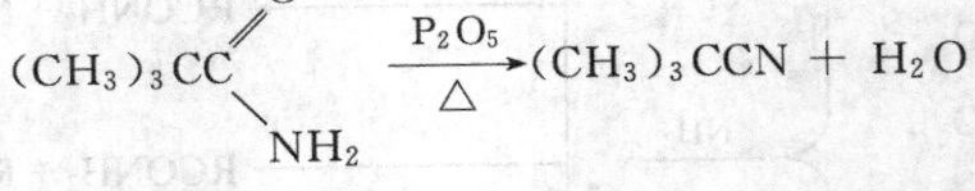

$$(CH_3)_3CC\overset{O}{\underset{NH_2}{\big|}} \xrightarrow[\triangle]{P_2O_5} (CH_3)_3CCN + H_2O$$

② 霍夫曼降级反应　酰胺与次氯酸钠或次溴酸钠作用，失去羰基生成比原来少一个碳原子的伯胺，该反应称为霍夫曼（Hofmann）降级反应。

$$CH_3CH_2CONH_2 \xrightarrow[\triangle]{NaOBr+NaOH} \underset{\text{乙胺}}{CH_3CH_2NH_2} + NaBr + Na_2CO_3 + H_2O$$

$$\underset{\text{2-甲基丙酰胺}}{(CH_3)_2CHCONH_2} \xrightarrow[\triangle]{NaOCl+NaOH} \underset{\text{异丙胺}}{(CH_3)_2CHNH_2} + NaCl + Na_2CO_3 + H_2O$$

③ 弱酸性和弱碱性　酰胺的酸性强度相当于醇，一般来说是中性化合物，不能使石蕊变色。酰胺与金属钠在乙醚溶液中作用，能生成钠盐并放出氢气，但遇水后生成的盐又水解成酰胺，这说明酰胺具有弱酸性。

$$CH_3CONH_2 + Na \xrightarrow{\text{乙醚}} [CH_3CONH]^- Na^+ + H_2$$
$$\xrightarrow{H_2O} CH_3CONH_2 + NaOH$$

酰胺有时也显出弱碱性，例如把氯化氢气体通入乙酰胺的乙醚溶液中，则生成不溶于乙醚的盐，这种盐不稳定，遇水立即分解成乙酰胺和盐酸。

$$CH_3CONH_2 + HCl \xrightarrow{\text{乙醚}} CH_3CONH_3^+ Cl^- \xrightarrow{H_2O} CH_3CONH_2 + HCl$$

4. 重要的羧酸衍生物

（1）乙酸酐　又名醋（酸）酐，是有刺激性气味的无色液体，溶于乙醚、苯和氯仿。工业上是用丙酮或乙酸制得乙烯酮，乙烯酮再与乙酸作用制得乙酸酐。

$$\begin{array}{c} CH_3COCH_3 \\ \\ CH_3COOH \end{array} \xrightarrow[\substack{AlPO_4 \\ 700\sim740℃}]{700\sim800℃} CH_2{=}C{=}O \xrightarrow{CH_3COOH} \underset{CH_3-C}{\overset{CH_2=C}{\begin{array}{c}OH\\O\\O\end{array}}} \longrightarrow \underset{CH_3-C}{\overset{CH_3-C}{\begin{array}{c}O\\O\\O\end{array}}}$$

乙酸酐具有酸酐的通性，是重要的乙酰化试剂，也是重要的化工原料，大量用于合成醋酸纤维、染料、医药、香料、涂料和塑料等。

（2）乙酸乙酯　纯净的乙酸乙酯是无色透明、具有刺激性气味的液体，可燃，有水果香味，微溶于水，溶于乙醇、乙醚和氯仿等有机溶剂。乙酸乙酯是一种用途广泛的精细化工产品，具有优异的溶解性、快干性，用途广泛，也是一种非常重要的有机化工原料和极好的工业溶剂，被广泛用于醋酸纤维、乙基纤维、氯化橡胶、乙烯树脂、乙酸纤维树脂、合成橡胶、涂料等的生产过程中。人们所说的陈酒很好喝，就是因为酒中含有乙酸乙酯。乙酸乙酯具有果香味。因为酒中含有少量乙酸，和乙醇进行反应生成乙酸乙酯。因为这是个可逆反应，所以需要很长时间，才会慢慢积累生成导致陈酒香气的乙酸乙酯。

（3）α-甲基丙烯酸甲酯　在常温下，α-甲基丙烯酸甲酯为无色易挥发液体。熔点为100～101℃，微溶于水，易溶于乙醇和乙醚，易聚合。

工业上主要以丙酮、氢氰酸为原料，与甲醇和硫酸作用而制得。

$$CH_3COCH_3 \xrightarrow[OH^-]{HCN} \underset{OH}{\overset{CH_3}{CH_3-\underset{|}{\overset{|}{C}}-CN}} \xrightarrow[H_2SO_4]{CH_3OH} \underset{CH_3}{CH_2{=}C{-}COOCH_3}$$

还可以通过异丁烯氨氧化法来制备。

$$CH_2=\underset{\underset{CH_3}{|}}{C}-CH_3 + NH_3 + O_2 \xrightarrow[450℃]{磷钼酸铋} CH_2=\underset{\underset{CH_3}{|}}{C}-CN \xrightarrow[H_2SO_4]{CH_3OH} CH_2=\underset{\underset{CH_3}{|}}{C}-COOCH_3$$

α-甲基丙烯酸甲酯在引发剂存在下，可聚合生成聚 α-甲基丙烯酸甲酯。

$$n CH_2=\underset{\underset{CH_3}{|}}{C}-COOCH_3 \longrightarrow \left(\!\!CH_2-\underset{\underset{COOCH_3}{|}}{\overset{\overset{CH_3}{|}}{C}}\!\!\right)_{\!n}$$

聚 α-甲基丙烯酸甲酯是无色透明的高聚物，俗称"有机玻璃"，具有质轻、不易碎裂，溶于丙酮、乙酸乙酯、卤代烃和芳香烃等特点。广泛用于制造光学仪器和照明用品，如航空玻璃、仪表盘、防护罩、广告牌以及衣扣、牙刷柄等日用品。

（4）乙酸乙烯酯　乙酸乙烯酯为无色液体，具有甜的醚味，沸点为 71.8℃，微溶于水，溶于醇、醇、丙酮、苯、氯仿。乙酸乙烯酯易燃，其蒸气与空气可形成爆炸性混合物，遇明火、高热能引起燃烧爆炸。与氧化剂能发生强烈反应。极易受热、光或微量的过氧化物作用而聚合，含有抑制剂的商品与过氧化物接触也能猛烈聚合。其蒸气比空气重，能在较低处扩散到相当远的地方，遇明火会引着回燃。主要用于生产聚乙烯醇树脂和合成纤维。乙酸乙烯酯能与其他单体共聚生产多种用途黏合剂。

乙酸乙烯酯的制法如下。

可以通过乙酸与乙炔加成制得。

$$HC\equiv CH + H_3C-\overset{\overset{\displaystyle O}{\|}}{C}-OH \xrightarrow[170\sim250℃]{醋酸锌} H_3C-\overset{\overset{\displaystyle O}{\|}}{C}-O-CH=CH_2$$

工业生常用乙烯与醋酸和氧气直接加热加压氧化制得。

$$H_2C=CH_2 + H_3C-\overset{\overset{\displaystyle O}{\|}}{C}-OH + O_2 \xrightarrow[PdCl_2]{CuCl_2} H_3C-\overset{\overset{\displaystyle O}{\|}}{C}-O-CH=CH_2 + H_2O$$

七、含硫有机化合物

1. 含硫有机化合物的分类和命名

（1）分类　常见的含硫有机物有硫醇、硫酚和硫醚等，其结构分别为：

$$R-SH \qquad \text{⬡}-SH \qquad \underset{\underset{R}{\diagup}\overset{\diagdown}{R}}{S}$$

硫醇　　　硫酚　　　硫醚

硫醇和硫酚的结构中有一个含硫官能团（—SH），称为疏基。硫醇氧化可生成比过氧化物稳定的二硫化物 R—S—S—R。

硫原子还可被氧化成高价硫化物，它们可以看成是硫酸或亚硫酸的衍生物。

$$\underset{\underset{HO}{}\;\;\underset{OH}{}}{\overset{\overset{\displaystyle O}{\|}}{S}} \qquad \underset{\underset{R}{}\;\;\underset{OH}{}}{\overset{\overset{\displaystyle O}{\|}}{S}} \qquad \underset{\underset{R}{}\;\;\underset{R}{}}{\overset{\overset{\displaystyle O}{\|}}{S}}$$

硫酸　　　　　磺酸　　　　　砜

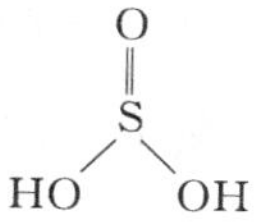

$$\underset{\text{亚硫酸}}{\overset{\displaystyle O}{\underset{HO}{\overset{\displaystyle \|}{S}}}\!\!\!-\!OH}$$

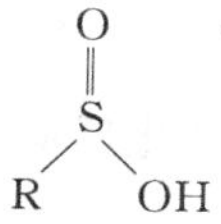

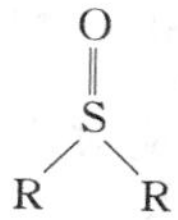

（2）命名　简单的含硫化合物的命名，只需在相应的含氧衍生物类名前加上"硫"字即可。

$$\underset{\text{甲硫醇}}{CH_3SH} \qquad \underset{\text{2-丙硫醇}}{(CH_3)_2CHSH} \qquad \underset{\text{2-羟基乙硫醇}}{HOCH_2CH_2SH} \qquad \underset{\text{二甲硫醚}}{CH_3SCH_3}$$

间甲苯硫酚　　　　　苯硫酚

对于结构较复杂的含硫有机物，也可将巯基作为取代基来命名。如 HS—CH_2COOH 命名为巯基乙酸。

亚砜、砜、磺酸及其衍生物的命名，也只需在类名前加上相应的烃基。

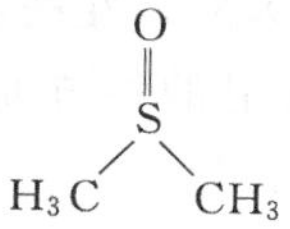

二甲亚砜 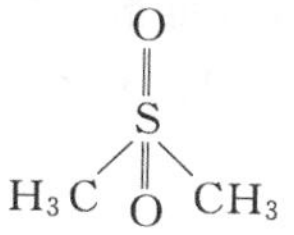　　　　二甲砜 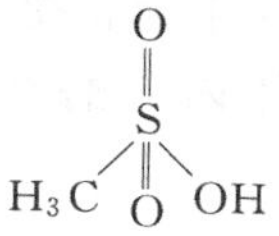　　　　甲磺酸 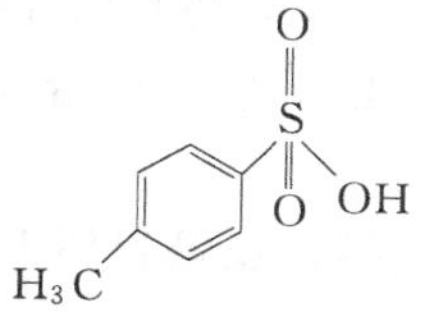　　　　对甲苯磺酸

2. 硫醇和硫酚

（1）物理性质　分子量较低的硫醇有毒，并有难闻的臭味，煤气中加乙硫醇作警示剂。黄鼠狼发出的臭味，主要含 3-甲基-1-丁硫醇。但 C_9 以上硫醇有令人愉快的气味。水溶性、沸点比相应的醇低得多，与分子量相应的硫醚相近，硫酚也有恶臭味。

（2）化学性质

① 酸性　硫醇、硫酚的酸性比相应醇、酚强。

硫醇显弱酸性，能与氢氧化钠生成盐，可用于除去石油中的硫醇；硫酚的酸性比碳酸强，可溶于 $NaHCO_3$ 溶液中。

$$C_2H_5SH + NaOH \longrightarrow C_2H_5SNa + H_2O$$

$$Ph—SH + NaHCO_3 \longrightarrow PhSNa + CO_2 + H_2O$$

② 氧化　硫醇和硫酚很容易被氧化，可被氧气、碘和过氧化氢等氧化成二硫化物，而二硫化物遇还原剂（亚硫酸氢钠、锌和醋酸等）又被还原为硫醇和硫酚。

$$2R—SH \underset{[H]}{\overset{[O]}{\rightleftharpoons}} R—S—S—R$$

硫醇和硫酚遇到强氧化剂高锰酸钾、浓硝酸等，可被氧化成磺酸类化合物。

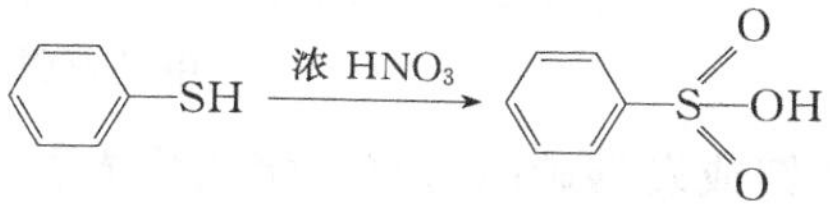

$$5CH_3CH_2-SH+6MnO_4^-+18H^+ \longrightarrow 5CH_3CH_2-SO_3H+6Mn^{2+}+9H_2O$$

硫醇和硫酚与醇的氧化反应对比：醇的氧化反应发生在 α-氢上，产物为醛或酮；硫醇和硫酚的氧化反应则发生在硫原子上。

$$RCH_2OH \xrightarrow{[O]} RCHO \xrightarrow{[O]} RCOOH$$

$$RCH_2SH \xrightarrow{[O]} RCH_2-S-S-CH_2R \xrightarrow{[O]} RCH_2SO_3H$$

③ 生成重金属盐 硫醇、硫酚能与砷及重金属（如汞、铅、铜、银等）氧化物或盐作用生成稳定的不溶性盐。

$$2RSH + HgO \longrightarrow (RS)_2Hg\downarrow(白) + H_2O$$

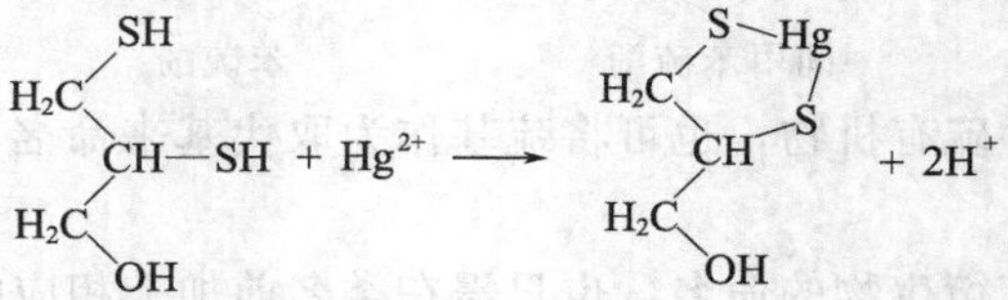

因此，含巯基的化合物常用作重金属盐类中毒的解毒剂。如二巯基丙醇，在医药上叫作巴尔（BAL），它可以夺取有机体内与酶结合的重金属离子，形成稳定的络盐而从尿中排出。

3. 硫醚、亚砜和环丁砜

（1）硫醚

醚分子中的氧原子被硫原子所取代的化合物叫做硫醚。通式为（Ar，R'）R—S—R（Ar，R'），两个烃基相同的为单硫醚，不同的为混硫醚。

硫醚的命名与醚相似，在"醚"字之前加一个"硫"字。例如：

$$CH_3-S-CH_3 \qquad\qquad CH_3-S-CH_2CH_3$$
　　　　甲硫醚　　　　　　　　　　甲乙硫醚

硫醚的制法与醚相似，单硫醚用卤代烷与硫化钾或硫化钠反应制得，混硫醚用威廉森合成法制得。例如：

$$2CH_3I + K_2S \longrightarrow H_3C-S-CH_3 + 2KI$$
　　　　　　　　　　甲硫醚

$$CH_3CH_2CH_2SNa + BrCH_2CH_3 \longrightarrow CH_3CH_2CH_2SCH_2CH_3 + NaBr$$
　　　　　　　　　　　　　　　　　　　　乙丙硫醚

低级硫醚为无色、有臭味的液体，沸点比相应的醚高，与水不能形成氢键，因此不溶于水。

硫醚的化学性质稳定，但在氧化剂作用下可氧化为亚砜和砜。例如，在 30% 的过氧化氢或三氧化二铬等氧化剂作用下，生成亚砜。

$$H_3C-S-CH_3 \xrightarrow{30\% \ H_2O_2} H_3C-\overset{\overset{\displaystyle O}{\|}}{S}-CH_3$$
　　　　　　　　　　　　　　　　　　二甲基亚砜

在较高温度下，用高锰酸钾或发烟硝酸可将硫醚氧化成砜。

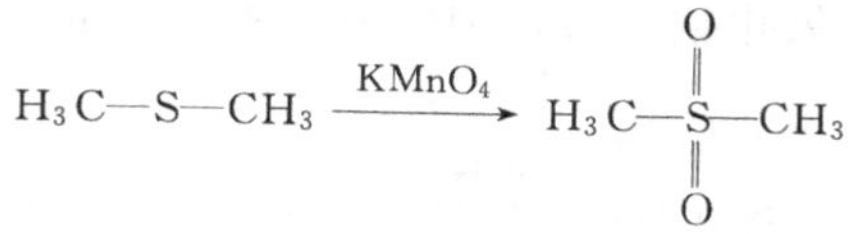

$$H_3C-S-CH_3 \xrightarrow{KMnO_4} H_3C-\overset{\overset{O}{\|}}{\underset{\underset{O}{\|}}{S}}-CH_3$$

二甲基砜

（2）亚砜和环丁砜　二甲亚砜为无色透明的强极性液体，熔点为 18.5℃，沸点为 189℃，130℃以上分解，能与水混溶，也能溶于有机溶剂，吸湿性强。它是石油和高分子材料工业中常用的溶剂，也是有机合成中一种重要试剂。它能吸收硫化氢和二氧化硫等有害气体，也可用作丙烯腈聚合与拉丝的溶剂等。

环丁砜 $\genfrac{}{}{0pt}{}{CH_2-CH_2}{CH_2-CH_2}\!\!\big\rangle SO_2$ 为无色液体，熔点为 27.6℃，沸点为 285℃，相对密度为 1.2606，溶于水，也溶于有机溶剂，是一种良好的溶剂。可用于萃取芳烃的溶剂，硫化氢和有机硫化物的净化剂。

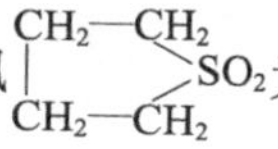

4. 磺酸

磺酸的通式为：RSO_3H，$\overset{\overset{O}{\|}}{\underset{\underset{R}{|}}{S}}{-}OH$　。

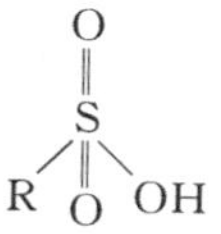

（1）物理性质　磺酸都是固体，易溶于水，不溶于一般有机溶剂，有极强的吸湿性，易潮解。

（2）化学性质

① 酸性　磺酸与硫酸相似，都是强酸。

② 取代反应　磺酸中的羟基可被卤素、氨基和烷氧基等基团取代，生成磺酰氯、磺酰胺和磺酸酯等。

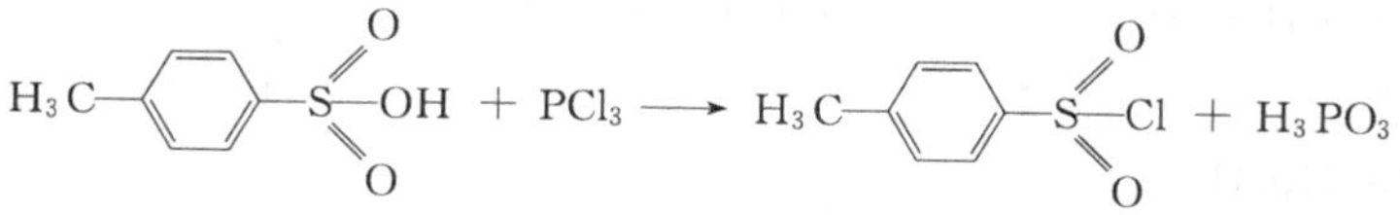

$$H_3C-\!\!\bigcirc\!\!-\overset{\overset{O}{\|}}{\underset{\underset{O}{\|}}{S}}-OH + PCl_3 \longrightarrow H_3C-\!\!\bigcirc\!\!-\overset{\overset{O}{\|}}{\underset{\underset{O}{\|}}{S}}-Cl + H_3PO_3$$

对甲苯磺酸　　　　　　　　　对甲苯磺酰氯

磺酸直接酯化和氨基化，准备产率较低，通常由磺酰氯作为反应物。

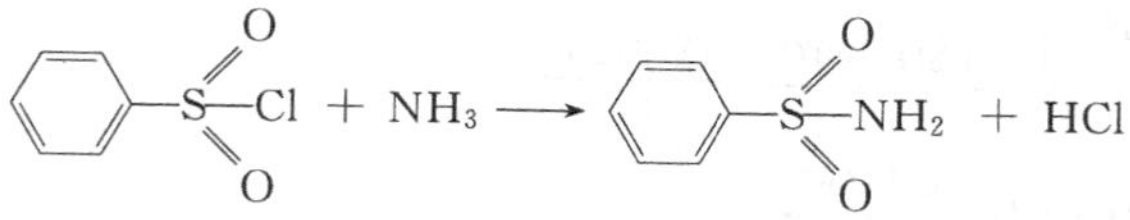

$$\bigcirc\!\!-\overset{\overset{O}{\|}}{\underset{\underset{O}{\|}}{S}}-Cl + NH_3 \longrightarrow \bigcirc\!\!-\overset{\overset{O}{\|}}{\underset{\underset{O}{\|}}{S}}-NH_2 + HCl$$

苯磺酰胺

$$\bigcirc\!\!-\overset{\overset{O}{\|}}{\underset{\underset{O}{\|}}{S}}-Cl + NaC_2H_5 \longrightarrow \bigcirc\!\!-\overset{\overset{O}{\|}}{\underset{\underset{O}{\|}}{S}}-C_2H_5 + NaCl$$

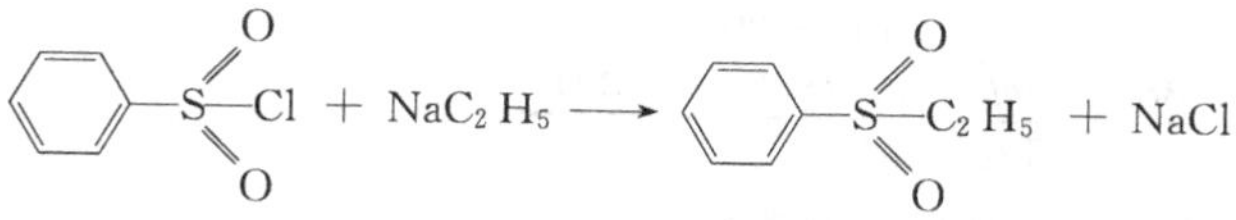

苯磺酸乙酯

芳香族磺酸中的磺酸基可被—H、—OH 等基团取代。

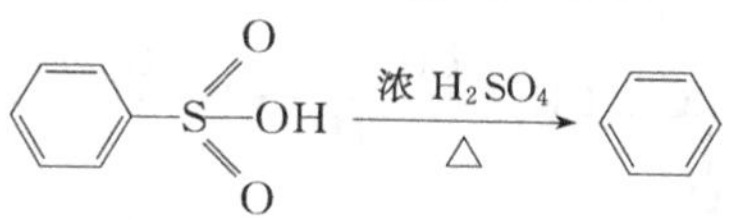

$$\bigcirc\!\!-\overset{\overset{O}{\|}}{\underset{\underset{O}{\|}}{S}}-OH \xrightarrow[\triangle]{浓 H_2SO_4} \bigcirc$$

芳香族磺酸钠盐与固体氢氧化钠共熔，则磺酸基被羟基取代生成酚。

$$\text{C}_6\text{H}_5\text{SO}_2\text{ONa} \xrightarrow[\triangle]{\text{NaOH}} \text{C}_6\text{H}_5\text{OH} + \text{Na}_2\text{SO}_4$$

自我评价

一、填空题

1. 写出分子式为 $C_4H_{10}O$ 所有的同分异构体，并按系统命名法命名。

2. 写出下列有机物的结构式或名称

   (1) 异丙醇　　　(2) 甲乙醚　　　(3) 间羟基苯甲醛　　(4) 苯乙酮

   (5) 水杨酸　　　(6) 2-丁烯酸　　(7) 顺丁烯二酸酐　　(8) N,N-二甲基苯胺

   (9) 苯甲酰氯　　(10) 乙酸异戊酯

   (11) $CH_3(CH_2)_4CH_2OH$

   (12) $CH_3CH\text{—}CH_2\text{—}CH\text{—}CH_3$ （上方 CH_3、OH）

   (13) （结构式：CH_3、OH、$CH(CH_3)_2$ 取代苯环）

   (14) $CH_3\text{—}O\text{—}CH(CH_3)_2$

   (15) $CH_3CH(CH_3)CH_2CHO$

   (16) （苯环—$CH_2CH_2COCH_3$）

   (17) CH_3CHCH_2COOH （下方 CH_2CH_3）

   (18) $CH_3CH_2CH_2CH_2COBr$

   (19) $CH_3\overset{O}{\underset{\|}{C}}\text{—}O\text{—}CH\text{=}CH_2$

   (20) $(CH_3CH_2CO)_2O$

   (21) （苯环—$\overset{O}{\underset{\|}{C}}$—$N(CH_3)_2$）

3. 完成下列反应方程式。

   (1) $CH_3\text{—}CH\text{—}CH\text{—}CH_3$ （OH、CH_3）$\xrightarrow[\triangle]{\text{浓}H_2SO_4,170℃}\xrightarrow{\text{HBr}}$ ；$\xrightarrow[\triangle]{\text{浓}H_2SO_4,140℃}\xrightarrow{\text{浓HI过量}}$

   (2) $CH_2\text{=}CH_2 \xrightarrow{?} CH_2\text{—}CH_2（环氧）\xrightarrow{C_2H_5OH}$

   (3) （苯环—CH_2OH）$\xrightarrow{PBr_3}\xrightarrow[\text{干醚}]{Mg}\xrightarrow{\text{环氧乙烷}}\xrightarrow{H_2O}$

   (4) $CH_3CH_2CHO \xrightarrow[②\triangle(-H_2O)]{①10\%\ NaOH} A \xrightarrow[\triangle]{H_2,Ni} B$

   (5) $CH_3C\text{≡}CH \xrightarrow{H_2O/HgSO_4} A \xrightarrow{2,4\text{-}二硝基苯肼} B$

   (6) $CH_3CHCH_2CH_3$（OH）$\xrightarrow{A} CH_3CCH_2CH_3$（$O$）$\xrightarrow[\text{乙醚}]{CH_3MgBr} B \xrightarrow{H_2O} C$

(7) $(CH_3)_3C{-}CHO + HCHO \xrightarrow{\text{浓 NaOH}} A+B$

(8)
$\underset{}{\overset{OCH_2CH_3}{\bigcirc}}$ $\xrightarrow[\triangle]{HI（浓）}$ （　　　　　）＋（　　　　　）

(9) $CH_3CHO \xrightarrow[\text{② } H_2O, H^+]{\text{① } C_2H_5MgBr}$ （　　　　　　　）

(10) $CH_3CH_2COOH \xrightarrow{?} CH_3CH_2COCl \xrightarrow{?} CH_3CH_2CONH_2 \xrightarrow{?} CH_3CH_2NH_2$

(11) $\bigcirc{-}COCH_3 \xrightarrow[H^+]{NaOH+I_2} ? \xrightarrow{SOCl} ? \xrightarrow[\triangle]{NH_3} ? \xrightarrow{Br_2+NaOH} ?$

二、综合题

1. 用化学方法鉴别下列各组化合物。

(1) $CH_2{=}CHCH_2OH$、$CH_3CH_2CH_2OH$、$CH_3CH_2CH_2Br$。

(2) 苯甲醚、邻甲苯酚、苯甲醇。

(3) 苯甲醚、甲苯、对甲苯酚。

(4) 1-溴丁烷、正丁醇、正丁醚。

(5) 丙酸和甲酸。

(6) 苯甲醇、苯甲酸和邻羟基苯甲酸。

2. 将下列各组有机物按酸性由强到弱的顺序排列。

(1) $HCOOH$，CH_3COOH，C_6H_5OH，CF_3COOH。

(2) CH_3COOH，$\bigcirc{-}COOH$ ，$\bigcirc{-}CH_2OH$ ，$\bigcirc{-}OH$ 。

(3) $\overset{OH}{\underset{}{\bigcirc}}$ ，$CH_3\underset{Cl}{CH}COOH$ ，$CH_3\overset{Cl}{\underset{Cl}{C}}COOH$ ，CH_2CH_2COOH ，CH_3CH_2COOH 。

(4) $\underset{NO_2}{\overset{OH}{\bigcirc}}$ ，$\underset{NO_2}{\overset{COOH}{\bigcirc}}$ ，$\overset{COOH}{\underset{NO_2}{\bigcirc{-}NO_2}}$ ，$\overset{COOH}{\bigcirc}$ 。

(5) $\underset{CH_3}{\overset{COOH}{CH_3{-}\bigcirc{-}CH_3}}$ ，$\underset{CH_3}{\overset{COOH}{\bigcirc{-}CH_3}}$ ，$\underset{CH_3}{\overset{COOH}{\bigcirc}}$ ，$\overset{COOH}{\bigcirc}$ 。

(6) 乙二酸，丙二酸，丁二酸，戊二酸。

(7) 苯酚，乙醇，碳酸，水，乙酸。

3. 由指定原料合成下列各有机物（无机试剂任选）。

(1) 以正丙醇为原料制备丙酰氯。

(2) 以乙烯为原料制备乙酸酐。

(3) 以乙醇为原料制备丙酸乙酯。

(4) 以正丁醇为原料制备正戊酸。

(5) 以 2-戊酮为原料制备正丁酸。

4. 推测化合物的结构。

(1) 某醇分子式为 $C_5H_{12}O$，氧化后生成酮，脱水成一种不饱和烃，此烃氧化生成酮和羧酸两种产物的混合物，试写出该醇的结构式。

(2) 两个芳香族含氧化合物 A 和 B，分子式均为 C_7H_8O。A 可与金属钠作用，而 B 则不能。A 用浓氢碘酸处理转变成 $C(C_7H_7I)$，B 用浓氢酸处理生成 $D(C_6H_6O)$，D 遇溴水迅速产生白色沉淀。写出 A、B、C 和 D 的结构式及各步反应式。

(3) 某化合物 $A(C_7H_{16}O)$ 被氧化后的产物能与苯肼作用生成苯腙，A 用浓硫酸加热脱水得 B。B 经酸性高锰酸钾氧化后生成两种有机产物：一种产物能发生碘仿反应；另一种产物为正丁酸。试写出 A、B 的结构式。

(4) 某物质 A 的分子式为 $C_5H_{12}O$，与钠反应放出氢气。它经氧化后的产物是 B，分子式为 $C_5H_{10}O$，B 物不与钠作用放出氢气。A 在 170℃下与浓硫酸作用的主要产物为 C。C 经 $K_2Cr_2O_7$-H_2SO_4 处理得到丙酮和乙酸。写出 A、B、C 的结构式及题中有关反应式。

(5) 有一未知的酯，分子式为 $C_5H_{10}O_2$，酸性水解生成酸 A 和醇 B，用 PBr_3（或 HBr）处理 B 生成溴代烷 C，C 用 KCN 处理后，则生成 D，酸性条件下水解 D，生成酸 A，写出 A、B、C、D 的结构式及发生的反应方程式。

(6) 有机物 A、B 分子式都是 $C_3H_6O_2$，A 能与 $NaHCO_3$ 作用放出 CO_2，B 能在水中水解，B 的水解产物之一能发生碘仿反应。试推测 A、B 的结构式。

任务六　含氮化合物的结构与应用

 【任务描述】

　　已知以下 9 种含氮有机化合物：乙腈、乙胺、六亚甲基二异氰酸酯、己二胺、苯胺、2,4-二异氰酸甲苯酯、氢氧化三甲乙铵、对二甲氨基偶氮苯、氯化重氮苯。完成以下任务：

　　1. 写出以上化合物的结构式；

　　2. 将以上化合物进行分类，比较碱性强弱；

　　3. 利用反应式说明其性质，并查找其用途。

 【任务分析】

　　通过对相关知识的学习，掌握含氮有机化合物的分类及命名方法，归纳同类有机物的共同特点，从氮原子的结构入手，对—NH_2、—N＝N—、—CN、—N＝C＝O 结构进行对比分析，结合各官能团与所连烃基的制约关系，掌握其性质。

 【相关知识】

　　含氮化合物是指分子中含有氮元素的有机化合物统称。可以看做是烃类分子中的一个或几个氢原子被各种含氮原子的官能团取代的生成物。含氮化合物的种类很多，以下主要介绍胺、重氮化合物和偶氮化合物、腈、异氰酸酯四类。

一、胺

1. 胺的分类和命名

（1）分类

① 按取代烃基数　分为伯胺（1°胺）、仲胺（2°胺）和叔胺（3°胺）。

$$RNH_2 \qquad R_2NH \qquad R_3N$$
伯胺　　　　　　　仲胺　　　　　　　叔胺

伯、仲、叔胺与醇的分类是不同的，如叔丁醇是叔醇，而叔丁胺属于伯胺。

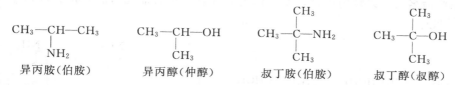

异丙胺（伯胺）　　　异丙醇（仲醇）　　　叔丁胺（伯胺）　　　叔丁醇（叔醇）

② 按烃基结构　分为脂肪胺和芳香胺。氮原子上只连接脂肪烃基的称为脂肪胺（R—NH₂），连有芳基的称芳香胺（Ar—NH₂）。如脂肪胺：

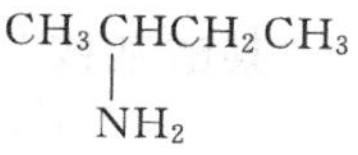

$$CH_3CHCH_2CH_3$$
仲丁胺 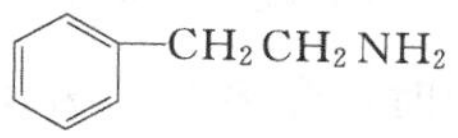　　　　　　　2-苯乙胺 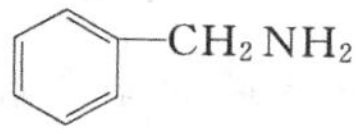　　　　　　苄胺

又如，芳香胺：

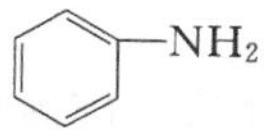

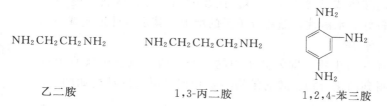

苯胺 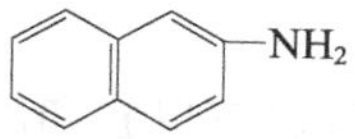　　　　　　　β-萘胺 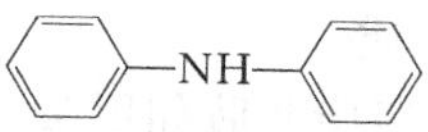　　　　　　　二苯胺

③ 按氨基数目　分为一元胺、二元胺和多元胺。

$$NH_2CH_2CH_2NH_2 \qquad NH_2CH_2CH_2CH_2NH_2$$

乙二胺　　　　　　　1,3-丙二胺　　　　　　1,2,4-苯三胺

④ 季铵盐及季铵碱　季铵盐可看成是卤化铵分子（NH₄X）中四个氢原子被四个烃基取代后的化合物；季铵盐中酸根离子被氢氧根取代后的化合物叫季铵碱。例如：

$$R_4N^+OH^- \qquad R_4N^+X^-$$
季铵碱　　　　　　　　季铵盐

（2）命名

① 习惯命名法　以胺为母体，"胺"字前面加上烃基的名称即可。仲胺和叔胺中，当烃基相同时，在烃基名称之前加词头"二"或"三"。

$$CH_3NH_2 \qquad CH_3NHCH_3 \qquad (CH_3)_3N$$
甲胺　　　　　　　　二甲胺　　　　　　　三甲胺

$$C_6H_5NH_2 \qquad C_6H_5NHC_6H_5 \qquad (C_6H_5)_3N$$
苯胺　　　　　　　　二苯胺　　　　　　　三苯胺

仲胺或叔胺分子中烃基不同时，按"次序规则"将氮原子所连的烃基中较优基团作为母体，其余烃基作为取代基。例如：

$$CH_3 NH C_2 H_5 \qquad (CH_3)_2 NC_2 H_5 \qquad C_6 H_5 N(CH_3)_2 \qquad C_6 H_5 NC_2 H_5$$
$$| \atop CH_3$$

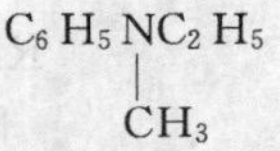

　　甲乙胺　　　　　　二甲乙胺　　　　　N,N-二甲基苯胺　　　N-甲基-N-乙基苯胺

② 系统命名法　以烃为母体，氨基作为取代基。多官能团芳胺，按芳烃衍生物命名方法命名。例如：

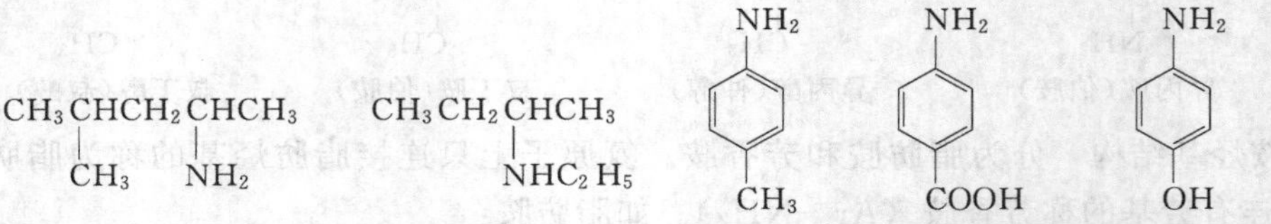

$$CH_3 CHCH_2 CHCH_3 \qquad CH_3 CH_2 CHCH_3$$
$$\quad |\qquad\quad | \qquad\qquad\qquad |$$
$$\ CH_3\qquad NH_2 \qquad\qquad\qquad NHC_2 H_5$$

　　4-甲基-2-氨基丁烷　　　2-乙氨基丁烷　　　对甲苯胺　　对氨基苯甲酸　　对氨基苯酚

季铵盐和季铵碱的 4 个烃基相同时，命名为"卤化某铵"、"某酸某铵"或"氢氧化某铵"；若烃基不同时，烃基名称由小到大依次排列。例如：

$$[(CH_3)_3 NC_2 H_5]^+ OH^- \qquad [(C_2 H_5 NH_3)_2]^+ SO_4^{2-} \qquad [HOCH_2 CH_2 N(CH_3)_3]^+ OH^-$$

　　氢氧化三甲乙铵　　　　　硫酸乙铵（乙胺硫酸盐）　　　氢氧化三甲基-2-羟乙基铵（胆碱）

2. 胺的物理性质

在常温下，低级脂肪胺如甲胺、二甲胺、三甲胺和乙胺是气体，丙胺以上是液体，十二胺以上为固体。低级胺有难闻的气味，如三甲胺有鱼腥味，丁二胺（腐胺）和戊二胺（尸胺）有动物尸体腐烂后的恶臭味。高级胺不易挥发，气味很小。芳胺是无色高沸点的液体或低熔点的固体。低级的伯、仲、叔胺都能与水形成氢键，有较好的水溶性，随着分子量的增加，其水溶性迅速减小。

3. 胺的化学性质

胺是氨的烃基衍生物，即氨分子中的一个、两个或三个氢原子被烃基取代后所得到的化合物。胺的结构与氨相似，甲胺的结构如图 2-9 所示。

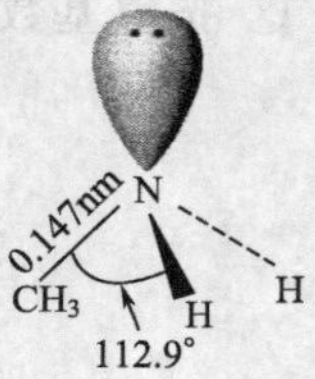

图 2-9　甲胺的结构

（1）碱性　胺分子中氮原子上的未共用电子对能与 H^+ 结合，形成带正电荷的铵离子，故具有碱性。在水溶液中，存在下列平衡：

$$RNH_2 + H_2 O \Longrightarrow RNH_3^+ + OH$$

$$K_b^{\ominus} = \frac{[RNH_3^+][OH^-]}{[RNH_2]}$$

氨的 $pK_b^{\ominus}$ 为 4.75，一些胺的 $pK_b^{\ominus}$ 值见表 2-6。

表 2-6　一些胺的 $pK_b^{\ominus}$ 值（25℃，水溶液中）

名称	$pK_b^{\ominus}$	名称	$pK_b^{\ominus}$	名称	$pK_b^{\ominus}$
甲胺	3.38	二乙胺	3.0	N,N-二甲苯胺	8.93
二甲胺	3.27	正丁胺	3.23	二苯胺	13.21
三甲胺	4.21	苯胺	9.37	对氯苯胺	9.85
乙胺	3.29	N-甲苯胺	9.16	对硝基苯胺	13.0

脂肪胺的碱性强于氨，而芳香胺的碱性比氨弱得多，即：

$$脂肪胺 > 氨 > 芳香胺$$

在气态时，氮原子所连烷基越多，胺的碱性越强。例如

$$(CH_3)_3N > (CH_3)_2NH > CH_3NH_2 > NH_3$$

在水溶液中，由于受溶剂化效应、空间效应等影响，其碱性强弱顺序为：

$$(CH_3)_2NH > CH_3NH_2 > (CH_3)_3N > NH_3$$

不同芳胺的碱性强弱顺序为：

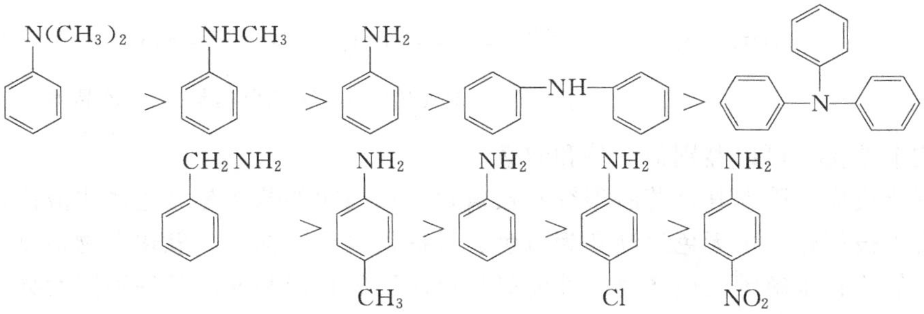

胺是弱碱，与无机酸（硫酸、盐酸）作用生成易溶于水的铵盐；加入强碱，又重新游离出胺。利用此性质可对其混合物进行分离、提纯或鉴别。例如：

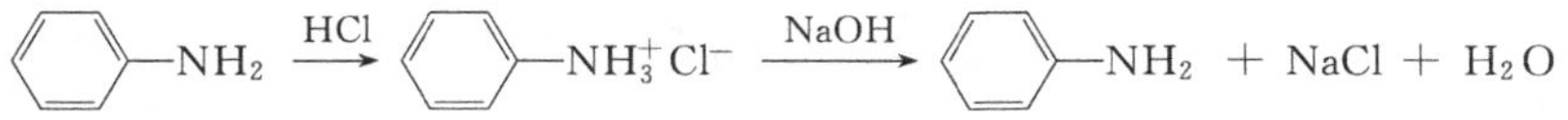

季铵碱的碱性与苛性碱相当。

（2）**与亚硝酸的反应**　亚硝酸不稳定，使用时由亚硝酸钠与盐酸或硫酸作用而产生。在强酸条件下，伯、仲、叔三类胺与亚硝酸的作用是各不相同的。脂肪族伯胺与亚硝酸作用生成醇、烯烃等，并定量地放出氮气。例如：

$$RNH_2 \xrightarrow[HCl]{NaNO_2} RN_2^+Cl^- \longrightarrow N_2\uparrow + 醇、烯烃等$$

此反应在合成上无实用价值，但由于能定量地放出氮气，因此可用于伯胺的测定和氨基的定量分析。

在强酸性溶液中、较低温度下（0～5℃），芳香族伯胺与亚硝酸作用，生成重氮盐的反应称为重氮化反应。例如：

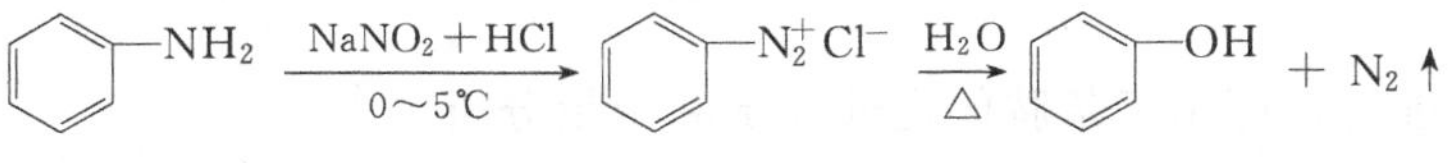

这是制备芳香族重氮盐的方法。重氮盐是无色晶体，离子型化合物，易溶于水，不溶于有机溶剂，其水溶液能导电。干燥的重氮盐极不稳定，受热或震动时易发生爆炸，所以重氮化反应一般都在水溶液中进行，且保持较低温度。生成的重氮盐不需分离，可直接用于下一步的合成反应中。

脂肪族和芳香族仲胺与亚硝酸反应，生成不溶于水的黄色油状物或黄色固体。例如：

$$(CH_3CH_2)_2NH \xrightarrow{NaNO_2 + HCl} (CH_3CH_2)_2N-N=O$$
$$N\text{-亚硝基二甲胺（黄色）}$$

$$\underset{}{\text{〇}}-\text{NHCH}_3 \xrightarrow{\text{NaNO}_2 + \text{HCl}} \underset{\overset{|}{\text{CH}_3}}{\text{〇}}-\text{N}-\text{N}=\text{O}$$

N-甲基-N-亚硝基苯胺（黄色）

N-亚硝基胺与盐酸共热，水解重新生成原来的仲胺。因此，该反应可用来鉴定和精制仲胺。

脂肪族叔胺因氮原子上没有氢原子，一般不与亚硝酸反应。芳香族叔胺与亚硝酸反应，生成对亚硝基取代物。若对位已被占据，则生成邻位取代物。例如：

$$(\text{CH}_3)_2\text{N}-\underset{}{\text{〇}} \xrightarrow[8℃]{\text{NaNO}_2 + \text{HCl}} (\text{CH}_3)_2\text{N}-\underset{}{\text{〇}}-\text{NO}$$

对亚硝基-N,N-二甲基苯胺（绿色晶体）

利用这个性质，可以鉴别伯、仲和叔胺。

（3）氧化反应　胺尤其是芳胺很容易被氧化，如纯净的苯胺是无色透明液体，但在空气中放置，会因被氧化，由无色逐渐变为黄色、浅棕色以至红棕色。氧化产物很复杂，其中包含了聚合、氧化、水解等反应产物。胺的氧化反应因氧化剂和反应条件不同而异。例如，苯胺用高锰酸钾和硫酸氧化生成对苯醌：

$$\underset{}{\text{〇}}-\text{NH}_2 \xrightarrow[\text{H}_2\text{SO}_4]{\text{KMnO}_4} \text{对苯醌}$$

对苯醌还原后得到对苯二酚，这是工业生产对苯二酚的方法。

苯胺用酸性重铬酸钾氧化则生成苯胺黑，是一种结构很复杂的黑色染料。苯胺遇漂白粉溶液即呈明显的紫色，可用此来检验和鉴别苯胺。

（4）苯环上的取代反应

① 卤代　苯胺与卤素很容易发生卤代反应。例如，在常温下苯胺与溴水作用，立即生成不溶于水的 2,4,6-三溴苯胺白色沉淀。此反应很难停留在一元取代阶段。

$$\underset{}{\text{〇}}-\text{NH}_2 \xrightarrow{\text{Br}_2} \text{2,4,6-三溴苯胺} + \text{HBr}$$

该反应定量进行，可用于苯胺的定性鉴定和定量分析。

若要制备一元卤代苯胺，则需先将氨基酰基化，以降低其活性之后再卤代。

$$\underset{}{\text{〇}}-\text{NH}_2 \xrightarrow[(\text{CH}_3\text{CO})_2\text{O}]{\text{CH}_3\text{COCl 或}} \underset{}{\text{〇}}-\text{NHCOCH}_3 \xrightarrow{\text{Br}_2} \underset{\text{Br}}{\text{〇}}-\text{NHCOCH}_3 \xrightarrow{\text{H}_2\text{O}/\text{H}^+} \underset{\text{Br}}{\text{〇}}-\text{NH}_2$$

② 硝化　胺易被氧化，为避免硝化副反应，可先将氨基"保护"起来，再进行硝化。根据产物的不同，采取不同的保护方法。

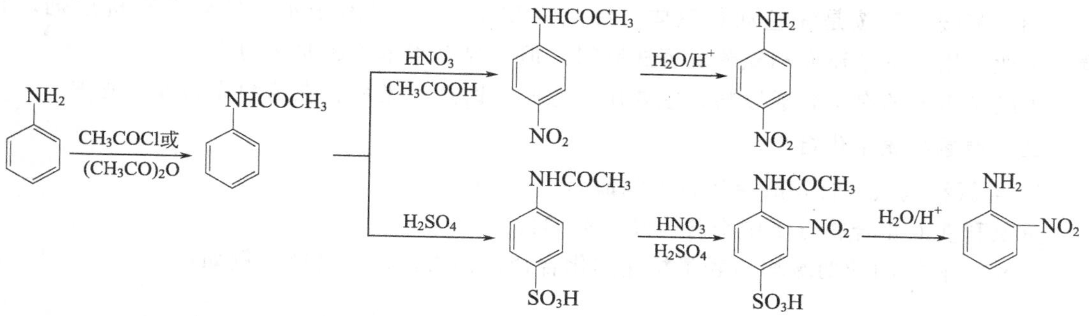

若要制备间硝基苯胺，可先将苯胺溶于浓硫酸中，转变为苯胺硫酸盐以保护氨基，然后再进行硝化，由于生成的—NH_3^+是间位定位基，故主要产物为间位取代产物。

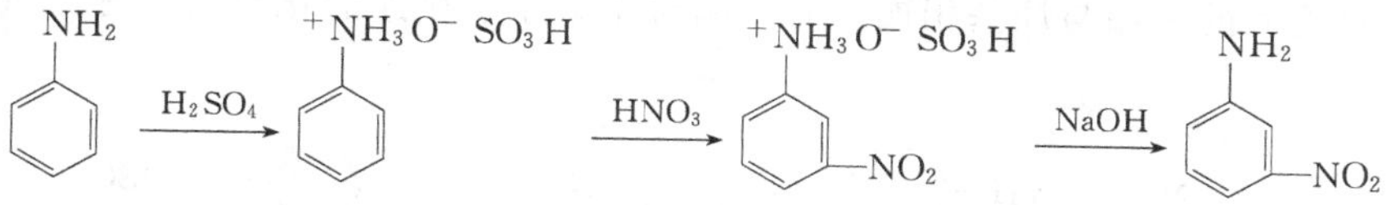

③ **磺化** 苯胺可在常温下与浓硫酸反应，生成苯胺硫酸盐，将其在 180～190℃ 烘焙脱水，则重排为对氨基苯磺酸。

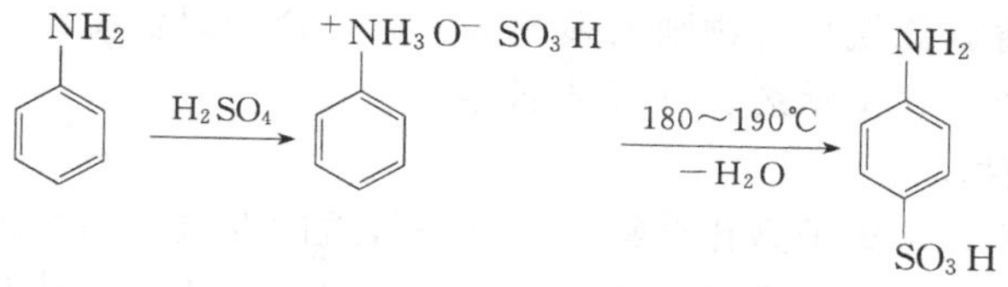

这是工业上生产对氨基苯磺酸的方法。对氨基苯磺酸，俗称磺胺酸，白色晶体，熔点为 288℃，微溶于水，易溶于沸水，几乎不溶于乙醇、乙醚、苯等有机溶剂，是制备偶氮染料和磺胺药物的原料。

4. 重要的胺

（1）**乙二胺** 为无色黏稠状液体，有氨味，沸点为 116.5℃，可与水或乙醇混溶，其水溶液呈碱性。

乙二胺是有机合成原料，主要用于制备药物、农药和乳化剂等，在塑料工业上可用作环氧树脂的固化剂。另外，乙二胺与氯乙酸在碱性溶液中作用生成乙二胺四乙酸盐，后者经酸化后得到乙二胺四乙酸，简称 EDTA。

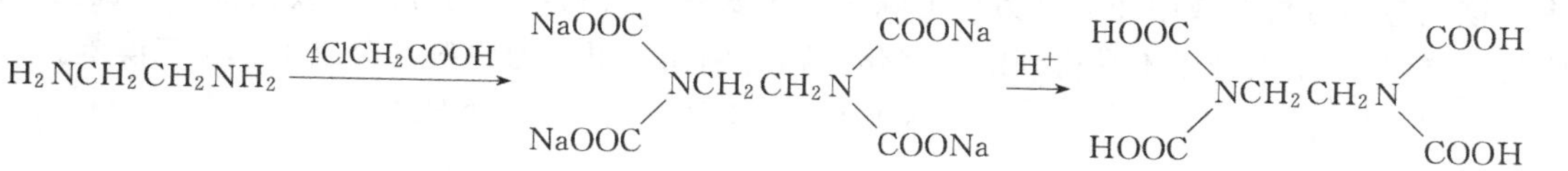

EDTA 及其盐是分析化学中常用的金属螯合剂，用于配合和分离金属离子。EDTA 的二钠盐还是重金属中毒的解毒药。

（2）**己二胺** 己二胺是无色片状晶体。熔点为 42℃，沸点为 196℃，微溶于水，易溶于乙醇、乙醚、苯等有机溶剂。

己二胺在工业上主要用于合成纤维、塑料等高分子聚合物，是合成尼龙-66、尼龙-610、尼龙-1010、尼龙-612 的主要单体。

（3）苯胺 苯胺是无色油状液体。沸点为 184.1℃，微溶于水，易溶于有机溶剂，有毒。工业上用硝基苯还原和氯苯氨解法制得，但主要以硝基苯还原法为主。

苯胺是重要的有机合成原料，主要用于橡胶、医药、染料、农药和炸药等工业中。

二、重氮和偶氮化合物

1. 重氮和偶氮化合物的结构特征和命名

重氮和偶氮化合物分子中都含—N＝N—官能团。

—N$_2$—官能团的两端均与烃基相连的化合物，称为偶氮化合物。例如：

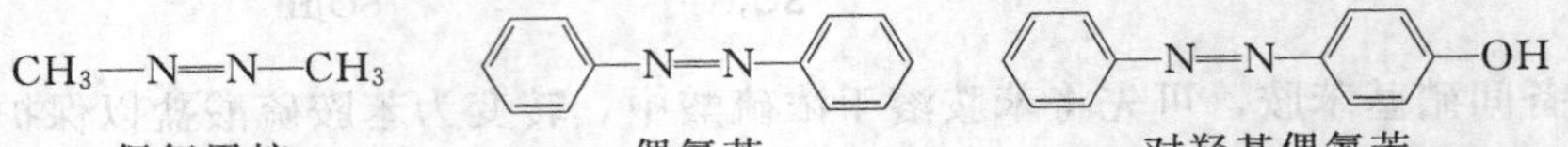

$$CH_3-N=N-CH_3$$

偶氮甲烷　　　　　　　偶氮苯　　　　　　对羟基偶氮苯

—N$_2$—官能团的一端与烃基相连，另一端与非碳原子相连的化合物，称为重氮化合物。例如：

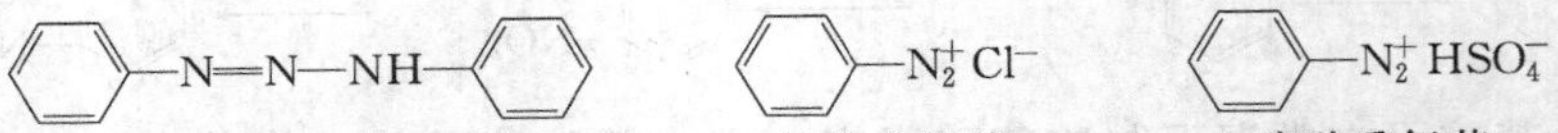

苯重氮氨基苯　　　　　氯化重氮苯　　　　　硫酸重氮苯

重氮和偶氮化合物都是合成的，不存在于自然界中。芳香族重氮化合物在有机合成和分析上用途广泛，而芳香族偶氮化合物则大多数从重氮化合物偶合而得，是重要的精细化工产品，如染料、药物、色素、指示剂、分析试剂等。

2. 重氮化合物的性质

重氮盐为无色晶体，是离子型化合物，具有一般盐的性质，绝大多数易溶于水，而不溶于有机溶剂，其水溶液能导电。干燥的重氮盐极不稳定，受热或震动时易发生爆炸，所以重氮化反应一般都在水溶液中进行，且保持较低温度。生成的重氮盐不需分离，可直接用于下一步的合成反应中。

重氮盐的化学性质活泼，可以发生许多反应，在有机合成中得到广泛应用。

（1）放氮反应 重氮基在一定条件下，可被氢原子、羟基、卤原子和氰基等原子或基团取代，并放出氮气。

① 被氢原子取代 重氮盐与次磷酸（H$_3$PO$_2$）或乙醇等还原剂反应时，重氮基被氢原子取代。例如：

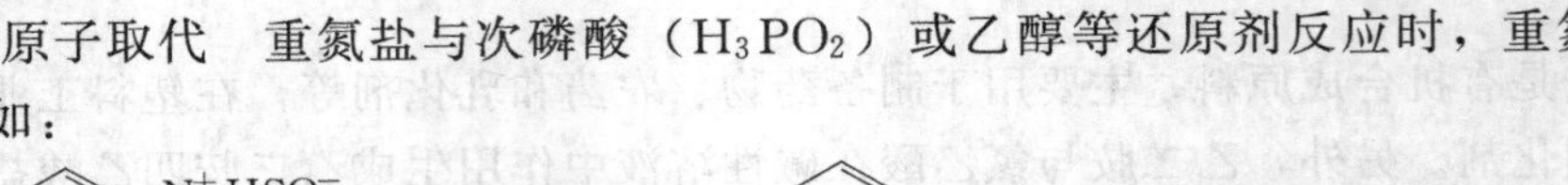

$$\text{(C}_6\text{H}_5)-N_2^+ HSO_4^- + CH_3CH_2OH \longrightarrow \text{(C}_6\text{H}_6) + N_2\uparrow + CH_3CHO + H_2SO_4$$

该反应在有机合成中作为从芳环上除去一个氨基（或硝基）的方法，或在特定位置上"占位"、"定位"，用以合成不易得到的一些化合物。例如，以苯为原料，合成 1,3,5-三溴苯。

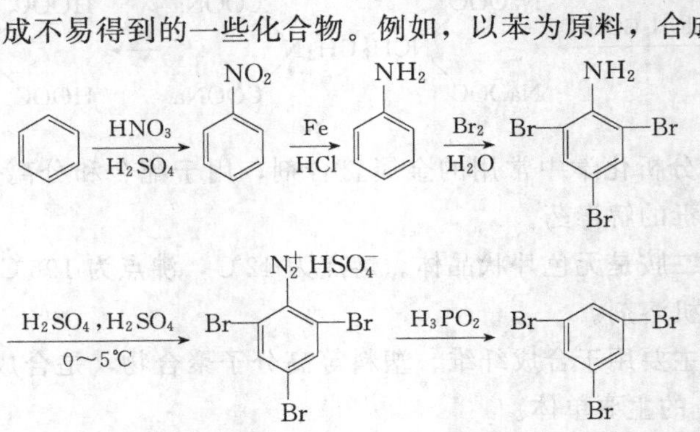

② 被羟基取代　重氮盐在酸性水溶液中加热分解，生成酚并放出氮气。

$$\underset{}{\text{〔苯〕}}-N_2HSO_4 \xrightarrow[\triangle]{H_2O,H_2SO_4} \underset{}{\text{〔苯〕}}-OH + N_2\uparrow + H_2SO_4$$

这是由氨基通过重氮盐制备酚的较好方法，产率一般为 $50\%\sim60\%$，此法主要用于制备无异构体的酚或用其他方法难以得到的酚。

③ 被卤原子取代　重氮盐在氯化亚铜或溴化亚铜的酸性溶液作用下，重氮基被氯或溴原子取代，放出氮气。

$$\underset{}{\text{〔苯〕}}\overset{N_2Cl}{} \xrightarrow[0\sim5℃]{CuCl_2,HCl} \underset{}{\text{〔苯〕}}\overset{Cl}{} + N_2\uparrow$$

该反应常用于合成用其他方法不易或不能得到的一些卤代芳烃。

④ 被氰基取代　在氰化亚铜或铜粉存在下，重氮盐与氰化钾溶液作用，重氮基被氰基取代，生成芳腈。例如：

$$\underset{}{\text{〔苯〕}}\overset{N_2Cl}{} \xrightarrow[KCN]{CuCN} \underset{}{\text{〔苯〕}}\overset{CN}{}$$

氰基可以水解成羧基或还原成氨甲基，这是通过重氮盐在芳环上引入羧基或氨甲基的一种方法。

(2) 保留氮的反应　重氮盐在反应后，重氮基的两个氮原子仍然保留在产物分子中，包括还原反应和偶合反应。

① 还原反应　重氮盐与氯化亚锡和盐酸、亚硫酸钠、亚硫酸氢钠、二氧化硫等还原剂作用，被还原成苯肼。例如：

$$\underset{}{\text{〔苯〕}}-N_2Cl \xrightarrow[0℃]{SnCl_2,HCl} \underset{}{\text{〔苯〕}}-NHNH_2 \cdot HCl \xrightarrow{NaOH} \underset{}{\text{〔苯〕}}-NHNH_2$$

苯肼为无色油状液体，其毒性较大，使用时应特别注意安全。苯肼是常用的羰基试剂，用于鉴定醛、酮和糖类化合物。苯肼也是合成药物及染料的重要原料。

② 偶合反应　在适当的条件下，重氮盐与酚或芳胺作用生成有颜色的偶氮化合物的反应，称为偶合反应或偶联反应。例如：

$$\underset{}{\text{〔苯〕}}-N_2Cl + \underset{}{\text{〔苯〕}}-OH \xrightarrow[0℃]{NaOH,H_2O} \underset{}{\text{〔苯〕}}-N=N-\underset{}{\text{〔苯〕}}-OH$$
对羟基偶氮苯（橘红色）

$$\underset{}{\text{〔苯〕}}-N_2Cl + \underset{}{\text{〔苯〕}}-N(CH_3)_2 \xrightarrow[0℃]{CH_3COONa} \underset{}{\text{〔苯〕}}-N=N-\underset{}{\text{〔苯〕}}-N(CH_3)_2$$
对二甲氨基偶氮苯（黄色）

偶合反应相当于在一个芳环上引入苯重氮基，只有比较活泼的芳烃衍生物（如酚、芳胺）才能与重氮盐发生偶合反应，生成偶氮化合物。酚类的偶合反应通常在弱碱性介质（pH 值为 $8\sim10$）中进行，芳胺的偶合通常在弱酸或中性介质（pH 值为 $5\sim7$）中进行。偶合反应所得到的偶氮化合物绝大多数都有颜色，可用作染料。因为分子中含有偶氮基，故又称为偶氮染料。

3. 重要的偶氮化合物

（1）偶氮二异丁腈　偶氮二异丁腈是白色柱状结晶或白色粉末状结晶。不溶于水，溶于甲醇、热乙醇、苯、甲苯，略溶于乙醇，溶于丙酮和庚烷时发生爆炸。加热至约 70℃ 时会分解放出氮气并生成自由基。

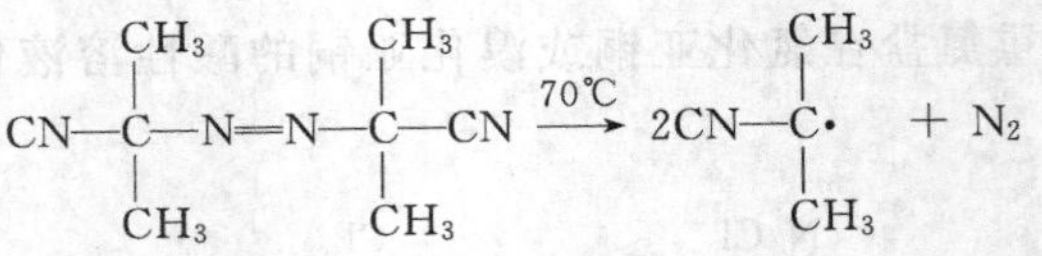

$$\underset{CH_3}{\overset{CH_3}{CN-C-N=N-C-CN}} \xrightarrow{70℃} 2CN-\underset{CH_3}{\overset{CH_3}{C\cdot}} + N_2$$

偶氮二异丁腈主要用作聚氯乙烯、聚乙烯醇、聚苯乙烯、聚丙烯腈等单体聚合的引发剂。

（2）偶氮二异庚腈　偶氮二异庚腈是白色菱形结晶、能溶于醇、醚和有机溶剂，不溶于水，受热易溶解并放出氮气，有时产生含氰自由基。广泛应用于聚氯乙烯悬浮聚合中，还可用作聚丙烯腈、聚乙烯醇、有机玻璃等高分子合成材料的高效引发剂。也可用作橡胶、塑料的发泡剂。

三、腈

腈是分子中含有氰基（—CN）官能团的一类化合物，可以看做是氢氰酸分子中的氢原子被烃基取代所生成的产物。通式为 R—CN。

1. 腈的结构特征和命名

氰基为碳氮三键（—C≡N），与炔烃的碳碳三键相似，可以发生各种加成反应。氰基是强极性基团，决定其水溶性强。

腈根据分子中所含碳原子数（包括—CN 中的碳原子）称为某腈。例如：

$$CH_3CN \qquad CH_2=CH-CN \qquad NC(CH_2)_4CN$$

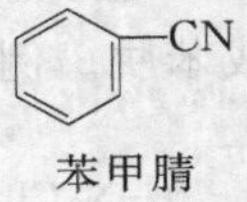

乙腈　　　　　丙烯腈　　　　　　己二腈　　　　　苯甲腈

结构复杂的腈则以烃为母体，氰基作为取代基来命名。例如：

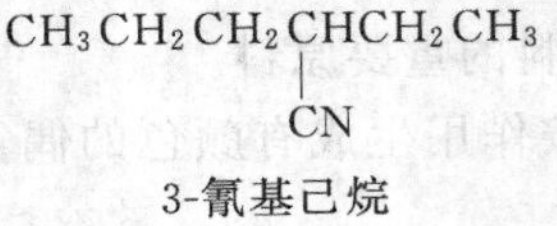

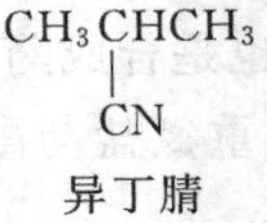

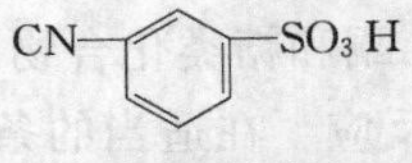

$$\underset{CN}{CH_3CH_2CH_2CHCH_2CH_3} \qquad \underset{CN}{CH_3CHCH_3}$$

3-氰基己烷　　　　　　　　异丁腈　　　　　　间-氰基苯磺酸

2. 腈的物理性质

低级腈为无色液体，高级腈为固体。腈的沸点与分子量相当的醇相近，但比羧酸低。纯腈无毒，但通常腈中都含有少量异腈，而异腈是毒性很强的物质。腈分子中的碳氮三键是较强的极性键，因此腈是极性化合物。低级腈能溶于水，但随分子量的增加其溶解度迅速降低。腈能溶解许多极性和非极性物质，并能溶解许多无机盐类，因此，是一类优良的溶剂。

3. 腈的化学性质

（1）水解反应　腈在酸或碱的催化下，加热能水解生成羧酸或羧酸盐。例如：

$$CH_3CH_2CH_2CN \xrightarrow[\triangle]{H_2O,H^+} CH_3CH_2CH_2COOH$$

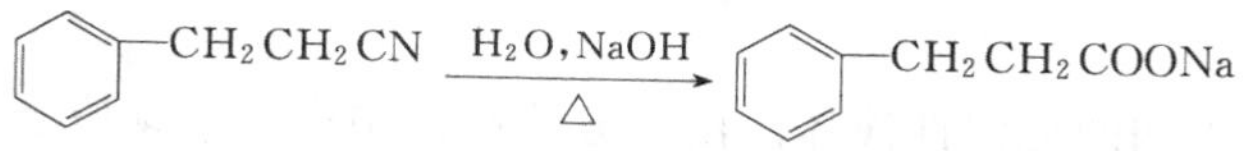

$$\text{（苯环）}CH_2CH_2CN \xrightarrow[\triangle]{H_2O,\ NaOH} \text{（苯环）}CH_2CH_2COONa$$

（2）醇解　腈在酸催化下，与醇反应生成酯。

$$CH_3CH_2CH_2CN \xrightarrow[H^+]{CH_3OH} CH_3CH_2CH_2COOCH_3 + NH_3$$

（3）还原反应　腈催化加氢或用还原剂（如 $LiAlH_4$）还原，生成相应伯胺，这是制备伯胺的一种方法。例如：

$$CH_3CN \xrightarrow{H_2,\ Ni} CH_3CH_2NH_2$$

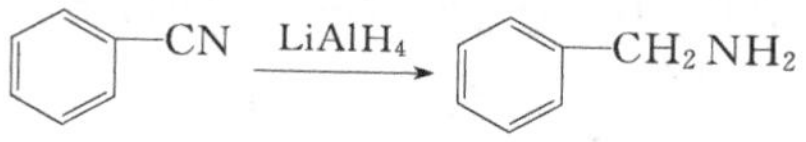

$$\text{（苯环）}CN \xrightarrow{LiAlH_4} \text{（苯环）}CH_2NH_2$$

4. 重要的腈

（1）乙腈　乙腈为无色液体，沸点为 80～82℃，有芳香气味，有毒，可溶于水和乙醇。水解生成乙酸，还原得到乙胺，通常以二聚体或三聚体存在。工业上由碳酸二甲酯与氰化钠作用或由乙炔与氨在催化剂存在下反应制得，也可由乙酰胺脱水制备。

乙腈可用于制备维生素 B_1 等药物及香料，也可用作脂肪萃取剂、酒精变性剂、合成橡胶的溶剂等。

（2）丙烯腈　丙烯腈为具有微弱刺激气味的无色液体，沸点为 77.3～77.4℃，微溶于水，易溶于有机溶剂。其蒸气有毒，能与空气形成爆炸性混合物，爆炸极限为 3.05%～17.0%（体积分数）。

工业上丙烯腈的生产主要采用丙烯的氨氧化法。将丙烯、空气、氨气在催化剂作用下，加热至 470℃ 反应而制得丙烯腈。此法原料便宜易得，对丙烯纯度要求不高，工艺流程简单，成本低，收率高（65% 左右），很适合规模生产。还可由乙炔与氢氰酸直接加成而制得。

$$CH_2{=}CHCH_3 + NH_3 + O_2 \xrightarrow[470℃]{磷钼酸铋} CH_2{=}CHCN + H_2O$$

丙烯腈在引发剂（如过氧化苯甲酰）存在下，发生聚合反应生成聚丙烯腈。

$$nCH_2{=}CHCN \xrightarrow{引发剂} \begin{array}{c} {\Large[}CH_2{-}CH{\Large]}_n \\ \qquad | \\ \qquad CN \end{array}$$

丙烯腈主要用于制造聚丙烯腈、丁腈橡胶及其他合成树脂等。聚丙烯腈合成纤维，商品名称为"腈纶"，俗称"人造羊毛"，具有强度高、密度小、保暖性好、着色性好、耐光、耐酸及耐溶剂等特性。

四、异氰酸酯

1. 异氰酸酯的通式及命名

异氰酸酯的通式为 $R{-}N{=}C{=}O$ 或 $Ar{-}N{=}C{=}O$。

异氰酸酯的命名是根据其所连烃基的不同称为异氰酸某酯。例如

$$CH_3CH_2{-}N{=}C{=}O$$

异氰酸乙酯　　　　异氰酸苯酯 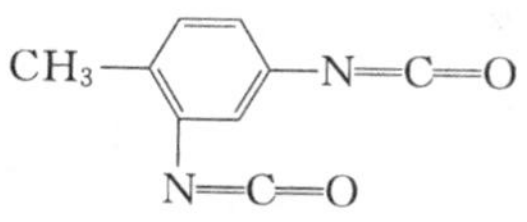　　　2,4-二异氰酸甲苯酯（TDI）

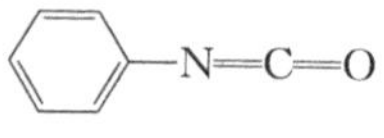

2. 结构与性质

异氰酸酯是一种难闻的催泪性液体。由于分子结构中有一个碳原子和两个双键，因此化学性质很活泼，可与含活泼氢的水、醇、胺和羧酸发生加成反应，也能与醇发生聚合反应。

（1）加成反应

① 与水反应

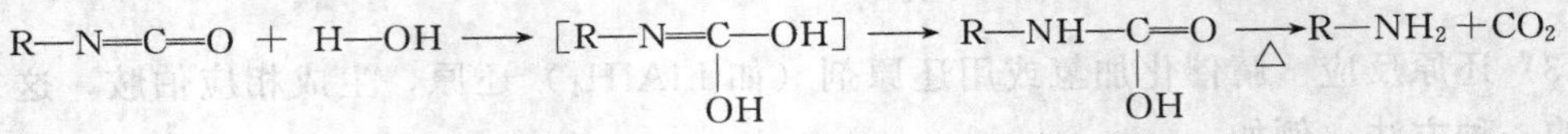

$$R-N=C=O + H-OH \longrightarrow [R-N=C-OH] \longrightarrow R-NH-C=O \xrightarrow{\triangle} R-NH_2 + CO_2$$

（氨基甲酸）

② 与醇反应

$$R-N=C=O + R'O-H \longrightarrow [R-N=C-OH] \longrightarrow R-NH-C=O$$

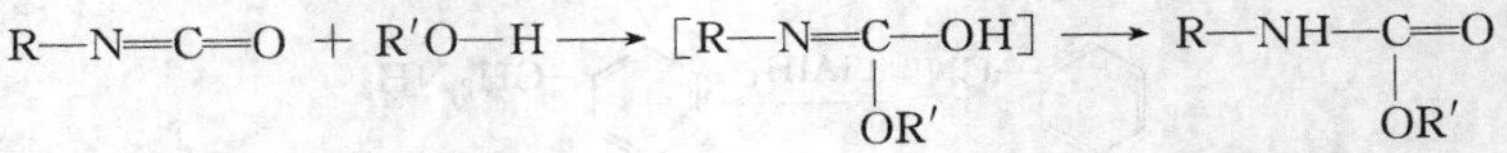

（氨基甲酸酯）

（2）聚合反应　若用二异氰酸酯和二元醇作用，可得到聚氨基甲酸酯（聚氨酯）类树脂。例如，由六亚甲基二异氰酸酯和1,4-丁二醇反应制得的线型聚氨酯可作纤维。

$$nO=C=N(CH_2)_6N=C=O + nHO(CH_2)_4OH \longrightarrow \text{—}[C \cdot NH(CH_2)_6NH-CO(CH_2)_4O]_n\text{—}$$

2,4-二异氰酸甲苯酯和1,4-丁二醇反应制得的聚氨酯，这类树脂可用作合成橡胶、工程塑料和涂料等。

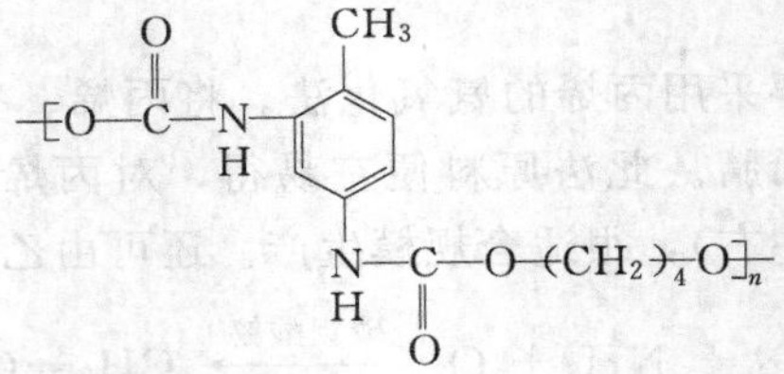

在生产泡沫塑料时，加入少量水，在聚合时因产生二氧化碳而发泡。

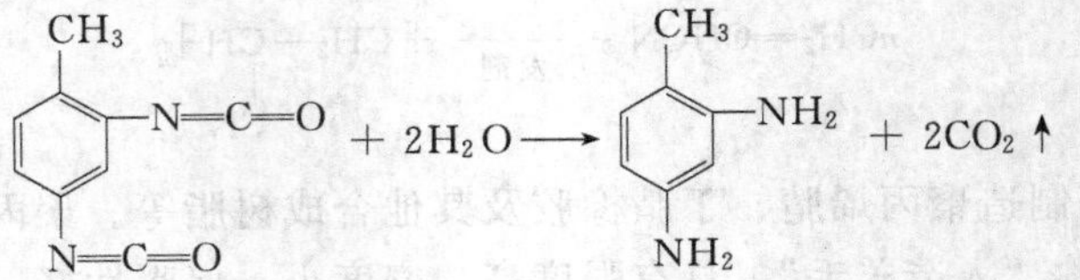

$$\text{（2,4-二异氰酸甲苯酯）} + 2H_2O \longrightarrow \text{（2,4-二氨基甲苯）} + 2CO_2\uparrow$$

自我评价

一、填空题

1. 命名下列化合物

（1）（2,4-二硝基氯苯结构）　　（2）（间硝基苯磺酸结构）　　（3）（N,N-二乙基苯胺结构）

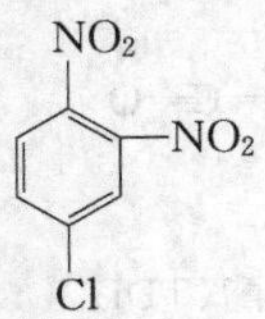

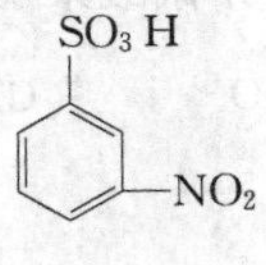

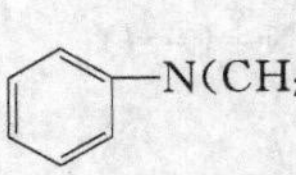

(4)

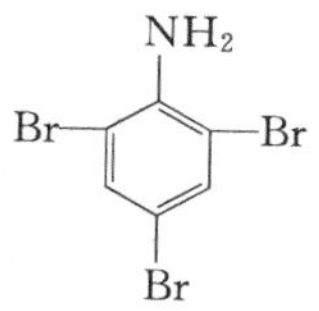

$$
\underset{\substack{\displaystyle \overset{NH_2}{|} \\ Br}}{\overset{Br}{\bigcirc}}
$$
　　　(5) $(CH_3CH_2CH_2)_4N^+OH^-$　(6) $CH_3CH_2CH_2CN$

2. 写出下列化合物的构造式

(1) 1,4-丁二胺＿＿＿＿＿＿；(2) α-萘胺＿＿＿＿＿＿；(3) 甲乙胺＿＿＿＿＿＿；

(4) 环己胺＿＿＿＿＿＿；(5) 氢氧化二甲基乙基正丙基铵＿＿＿＿＿＿；

(6) 对硝基-*N*-乙基苯胺＿＿＿＿＿＿。

3. 完成下列反应方程式

(1) $CH_3CH_2CH_2OH \xrightarrow[H_2SO_4]{HBr} ($ 　　　 $) \xrightarrow{NaCN} ($ 　　　 $) \xrightarrow[Ni]{H_2} ($ 　　　 $)$

(2) $CH_3CH_2CH_2CH_2CONH_2 \xrightarrow[NaOH]{Cl_2} ($ 　　　 $)$

(3) 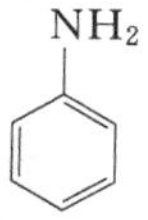 苯胺 $\xrightarrow[\triangle]{H_2SO_4} ($ 　　　 $) \xrightarrow[\triangle]{NaOH} ($ 　　　 $)$

(4) $CH_3CH_2CH_2CH_2OH \xrightarrow[H_2SO_4]{Na_2Cr_2O_7} ($ 　　　 $) \xrightarrow{NH_3} ($ 　　　 $) \xrightarrow{P_2O_5} ($ 　　　 $)$

(5) 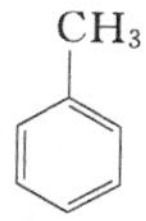 甲苯 $\xrightarrow[H_2SO_4]{KMnO_4} ($ 　　　 $) \xrightarrow[\triangle]{NH_3} ($ 　　　 $) \xrightarrow[\triangle]{P_2O_5} ($ 　　　 $)$

(6) 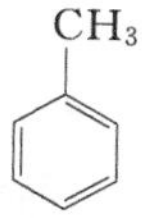 甲苯 $\xrightarrow{Cl_2} ($ 　　　 $) \xrightarrow{NaCN} ($ 　　　 $) \xrightarrow[H_2O]{H^+} ($ 　　　 $)$

(7) 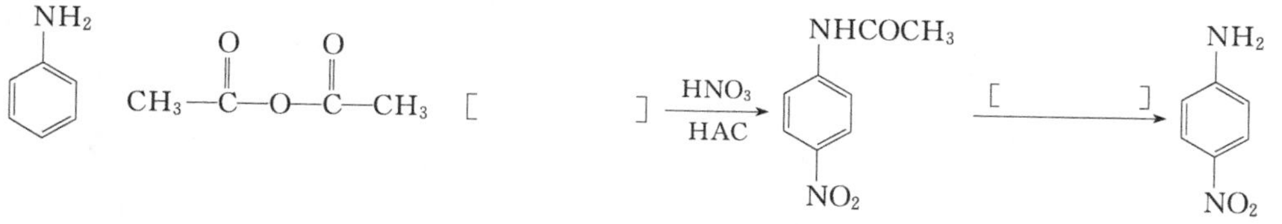 苯胺 $CH_3\overset{O}{\underset{||}{C}}-O-\overset{O}{\underset{||}{C}}CH_3$ $[$ 　　　 $] \xrightarrow[HAC]{HNO_3}$ 对硝基乙酰苯胺 $[$ 　　　 $]$ 对硝基苯胺

(8) 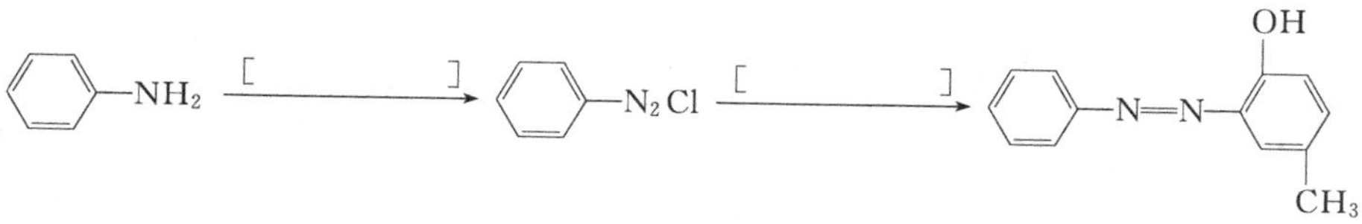 苯胺 $[$ 　　　 $] \longrightarrow$ 苯重氮氯 $[$ 　　　 $] \longrightarrow$ 偶氮化合物

(9) $OCN(CH_2)_4NCO \xrightarrow{H_2O} [$ 　　　 $] \xrightarrow{\triangle} [$ 　　　 $]$

二、综合题

1. 以苯为原料合成对硝基苯甲腈。

2. 由苯胺合成间硝基苯胺。

3. 由乙烯合成1,4-丁二胺。

4. 由丁醇合成丙胺。

5. 由对硝基苯胺合成1,2,3-三溴苯。

6. 用化学方法鉴别下列各组化合物。

(1) 乙胺、乙酸、乙醛和乙醇。

(2) 苯胺、苯酚和苯甲醇。

（3）邻甲苯胺和 *N*-甲基苯胺。

三、问答题

1. 将下列各组化合物按其碱性由弱至强的顺序排列。

（1）氨、苯胺、环己胺。

（2）苯胺、二苯胺、二甲胺、氨、氢氧化四甲胺。

（3）苯胺、2,4-二硝基苯胺、2,4,6-三硝基苯胺。

2. 某化合物 A，分子式为 $C_6H_5Br_2NO_3S$，A 与亚硝酸钠和硫酸作用生成重氮盐，后者与次磷酸（H_3PO_2）共热，生成 $C_6H_4Br_2O_3S$（B）。B 在硫酸作用下，用过热水蒸气处理，生成间二溴苯。A 能够从对氨基苯磺酸经一步反应得到。试推测 A 的结构。

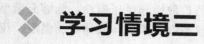

化学基本理论

【知识目标】

掌握气体、溶液的基本概念、特点及相关规律；掌握相的概念，理解相图含义和作用；掌握热力学相关的基本概念，理解热力学第一、二定律的含义；理解化学反应速率的概念、表示方法，理解条件变化对化学反应速率的影响规律；掌握化学平衡的特征，标准平衡常数的概念和表示方法，理解平衡移动原理。

【能力目标】

能应用理想气体状态方程、分压定律及分体积定律进行有关气体运算；能运用稀溶液的依数性进行相关运算；能识读两组分相图，并能进行相关计算；会正确运用热力学第一定律计算化学反应过程、相变过程和单纯 $p\text{-}V\text{-}T$ 变化过程的热；能运用热力学第二定律判断化学反应过程自发进行的方向；能运用反应速率方程进行化学反应速率的计算；能运用平衡常数对平衡组成和转化率进行计算。

任务一　气体、溶液、相平衡及应用

【任务描述】

已知苯、甲苯两组分液态混合物，利用化学手册，绘制压力为 101.3kPa 条件下的温度-组成图。

【任务分析】

通过相关知识的学习，了解气体、溶液的特点和性质，理解相和相平衡的理论，进而利用气体、溶液的基本知识和气液相平衡基本规律，分析气液相混合物的压力、温度和组成之间的关系。

【相关知识】

一、气体

1. 理想气体

在任何温度、压力下均严格服从理想气体状态方程的气体称为理想气体。理想气体是一种假想的气体，它将气体分子看做是几何上的一个点，只有位置而无体积，同时气体分子之间无作用力。真实气体在压力不太高和温度不太低的情况下，比较接近理想气体，可用理想气体状态方程近似计算。

(1) 理想气体状态方程 气体的基本特性是具有显著的扩散性和可压缩性，能够充满整个容器，不同气体可以任意比例混合成均匀混合物。气体状态取决于气体的体积、温度、压力和物质的量。

表示理想气体体积、温度、压力和物质的量之间关系的方程式，称为理想气体状态方程。

$$pV = nRT$$

式中　p——气体压力，Pa；

　　　V——气体体积，m³；

　　　T——热力学温度，K；

　　　n——气体的物质的量，mol；

　　　R——摩尔气体常数，$R = 8.314 \text{J}/ (\text{mol} \cdot \text{K})$。

(2) 分压定律（道尔顿分压定律） 理想气体混合物的总压力（p）等于其中各组分气体分压力（p_B）之和，这就是分压定律，又称道尔顿分压定律。

$$p = \sum_{B=n} p_B$$

理想气体混合物中任一组分 B 的分压力，等于该组分在相同温度下，单独占有整个容器时所产生的压力。根据理想气体状态方程，组分 B 的分压力为：

$$p_B = \frac{n_B RT}{V}$$

理想气体混合物中，组分 B 的分压力与总压力之比为：

$$\frac{p_B}{p} = \frac{\dfrac{n_B RT}{V}}{\dfrac{nRT}{V}} = \frac{n_B}{n} = y_B$$

即理想气体在温度、体积恒定时，各组分的压力分数等于其摩尔分数（y_B），则理想混合气体中任一组分的分压力等于该组分的摩尔分数与总压力的乘积。

$$p_B = y_B p$$

(3) 分体积定律（阿玛格分体积定律） 理想气体混合物的总体积（V）等于组成该气体混合物各组分的分体积（V_B）之和，这一经验规律称为分体积定律，又称阿玛格分体积定律。

$$V = \sum_{B=n} V_B$$

分体积是指混合气体中任一组分 B 单独存在，且具有与混合气体相同温度、压力条件下所占有的体积（V_B）

$$V_B = \frac{n_B RT}{p}$$

由理想气体状态方程得，理想气体的体积分数与压力分数和摩尔分数相等。

$$\frac{V_B}{V} = \frac{p_B}{p} = \frac{n_B}{n} = y_B$$

则　　　　　　　　　　　$$V_B = y_B V$$

严格来说，阿玛格分体积定律只适用于理想气体混合物，但高温、低压下的真实气体混合物也可以近似使用。

2. 真实气体

（1）真实气体与理想气体的差别 真实气体只有在高温、低压条件下，才能遵守理想气体的状态方程，而在其他条件下，将会偏离理想气体行为，产生偏差，如图 3-1 所示。

当温度恒定时，理想气体状态方程为 $pV_m = RT$，V_m 为气体摩尔体积。即理想气体的 pV_m 为定值，不随 p 变化。但真实气体却不同，当压力升高时，CH_4、CO、H_2、He 的等温线明显偏离理想气体，且不同气体，偏离程度不同。这是由

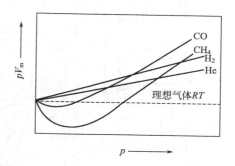

图 3-1 一些真实气体的 $pV_m\text{-}p$ 等温线

于真实气体分子占有体积及分子间有作用力（通常以引力为主）而引起的。

（2）真实气体状态方程

① 压缩因子修正 为表示真实气体与理想气体之间的偏差，引入压缩因子这一物理量，则真实气体状态方程可表示为：

$$pV = ZnRT$$

式中，Z 为压缩因子，当 $Z=1$ 时，真实气体具有理想气体行为，即为理想气体；若 $Z>1$，表明真实气体难于压缩，即真实气体体积大于相同条件下理想气体体积，这是因为真实气体分子具有一定体积所致；$Z<1$，表明真实气体易于压缩，即真实气体体积小于相同条件下理想气体体积，此时真实气体分子间的吸引力起主导作用。

压缩因子（Z）可以通过图 3-2 查得，图中 p_r、T_r 为对比压力和对比温度，可由下式求得。

$$p_r = \frac{p}{p_c} \qquad T_r = \frac{T}{T_c}$$

式中 p_c——临界压力；

T_c——临界温度；

p_r——对比压力；

T_r——对比温度。

【例 1】 分别用理想气体状态方程和压缩因子图求算 40℃ 和 6060kPa 下 1000mol CO_2 气体的体积是多少？若已知实验值为 0.304m^3，试比较两种方法的计算误差。

解：（1）按理想气体状态方程计算，得：

$$V = \frac{nRT}{p} = \frac{1000 \times 8.314 \times (273.15 + 40)}{6060 \times 10^3} = 0.429(m^3)$$

（2）用压缩因子图计算

已知 CO_2 的 $p_c = 7.38 \times 10^6$ Pa，$T_c = 304.2$K。

则

$$p_r = \frac{p}{p_c} = \frac{6060 \times 10^3}{7.38 \times 10^6} = 0.82$$

$$T_r = \frac{T}{T_c} = \frac{313.5}{304.2} = 1.03$$

查图，得：

$$Z = 0.66$$

代入后，求得：

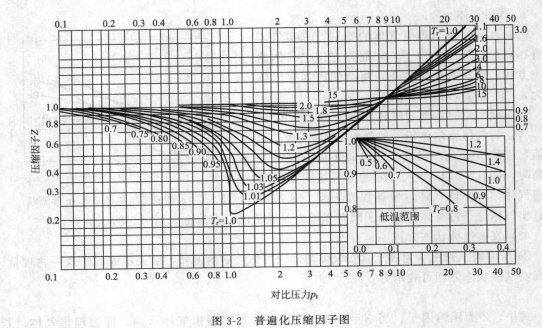

图 3-2　普遍化压缩因子图

$$V = \frac{ZnRT}{p} = 0.66 \times 0.429 = 0.283 \ (\text{m}^3)$$

若实验值为 0.304m^3，第一种方法的相对误差为：

$$\frac{0.429 - 0.304}{0.304} \times 100\% = 41.12\%$$

第二种方法的相对误差为：

$$\frac{0.283 - 0.304}{0.304} \times 100\% = -6.91\%$$

可见，在 6060kPa 下，用压缩因子图比理想气体状态方程要精确得多。

② 范德华方程　荷兰物理学家范德华对理想气体状态方程进行了修正，得到较为准确的真实气体状态方程。

$$\left(p + \frac{an^2}{V^2}\right)(V - nb) = nRT$$

或

$$\left(p + \frac{a}{V_m^2}\right)(V_m - b) = RT$$

式中　a，b——范德华常数，见表 3-1。

表 3-1　一些气体的范德华常数

物质	$a/(\text{Pa} \cdot \text{m}^6/\text{mol}^2)$	$b/(\times 10^{-3}\text{m}^3/\text{mol})$	物质	$a/(\text{Pa} \cdot \text{m}^6/\text{mol}^2)$	$b/(\times 10^{-3}\text{m}^3/\text{mol})$
H_2	0.0247	0.0266	O_2	0.138	0.0318
He	0.00346	0.0237	Ar	0.036	0.0322
CH_4	0.228	0.0428	CO_2	0.364	0.0427
NH_3	0.422	0.0371	CH_3OH	0.964	0.0670
H_2O	0.554	0.0305	C_2H_6	0.5562	0.0638
CO	0.150	0.0399	C_6H_6	1.823	0.1154
N_2	0.141	0.0391			

【例 2】　10.0mol C_2H_6 气体在 300K 下充入 $4.86 \times 10^{-3} m^3$ 的容器中，计算容器内气体的压力（实测压力为 3.445MPa）。

解：（1）用理想气体状态方程计算：

$$p = \frac{n}{V}RT = \frac{10.0 \times 8.314 \times 300}{4.86 \times 10^{-3}} = 5.13(MPa)$$

（2）用范德华方程计算：

$$p = \frac{nRT}{V - nb} - \frac{an^2}{V^2} = \frac{10.0 \times 8.314 \times 300}{4.86 \times 10^{-3} - 10.0 \times 0.068 \times 10^{-3}} - \frac{0.5562 \times 10.0^2}{(4.86 \times 10^{-3})^2} = 3.55(MPa)$$

比较两种计算结果，显然用范德华方程计算结果与实测值比较接近。

实验表明，对于中压范围（$1.6MPa \leqslant p < 10MPa$）的气体，用范德华方程计算结果更为准确。

二、溶液

一种物质以分子或离子状态均匀地分布于另一种物质中，所形成均匀而稳定的系统称为溶液。通常溶液指的是液态溶液，由溶质和溶剂组成，习惯用 A 代表溶剂，用 B 代表溶质。水是最常用的溶剂。

1. 溶液组成的表示方法

在一定量溶液或溶剂中所含溶质的量，称为溶液组成。常用溶液组成的表示方法如下。

（1）质量分数　物质 B 的质量与混合物（或溶液）的总质量之比，称为物质 B 的质量分数。

$$w_B = \frac{m_B}{m}$$

式中　w_B——物质 B 的质量分数；

m_B——物质 B 的质量，g 或 kg；

m——混合物（或溶液）的总质量，g 或 kg。

其中

$$m = m_A + m_B$$
$$w_A + w_B = 1$$

质量分数可用小数或分数表示。例如，100g NaCl 溶液中含有 12g NaCl，则 NaCl 的质量分数可表示为 0.12 或 12%。

（2）物质的量浓度　单位体积溶液中所含溶质 B 的物质的量，称为溶质 B 的物质的量浓度，简称浓度。

$$c_B = \frac{n_B}{V}$$

式中　c_B——溶质 B 的物质的量浓度，mol/L 或 mol/m^3；

n_B——溶质 B 的物质的量，mol；

V——溶液的体积，L 或 m^3。

表示物质的量浓度时，必须指明基本单元。例如，1L 溶液中含有 0.1mol NaOH，可表示为 0.01mol/L NaOH 溶液或 $c(NaOH) = 0.01mol/L$。

同一溶液，其组成无论用何种方法表示，所含溶质的质量不变。据此，可推导出溶质 B 的物质的量浓度与其质量分数的换算关系。

$$c_B = \frac{1000\rho w_B}{M_B}$$

式中 ρ——溶液的密度，g/mL；

M_B——溶质 B 的摩尔质量，g。

（3）摩尔分数 物质 B 的物质的量与系统总物质的量之比，称为物质 B 的摩尔分数。

$$x_B = \frac{n_B}{n}$$

式中 x_B——物质 B 的摩尔分数（若为气相，用 y_B 表示）；

n_B——物质 B 的物质的量，mol；

n——系统总物质的量（$n = n_A + n_B$），mol。

（4）质量摩尔浓度 每千克溶剂中，所溶有溶质 B 的物质的量，称为溶质 B 的质量摩尔浓度。

$$b_B = \frac{n_B}{m_A}$$

式中 b_B——溶质 B 的质量摩尔浓度，mol/kg；

m_A——溶剂的质量，kg。

【例3】 已知乙醇的摩尔质量为 46g/mol，现将 23g 乙醇（B）溶于 500g 水（A）中，组成密度为 0.992g/mL 的溶液，试用下列方法表示该溶液的组成。

（1）质量分数；（2）物质的量浓度；（3）摩尔分数；（4）质量摩尔浓度。

解：（1）$w_B = \frac{m_B}{m_B + m_A} = \frac{23}{23 + 500} = 4.4\%$

$w_A = 1 - w_B = 1 - 4.4\% = 95.6\%$

（2）$c_B = \frac{n_B}{V} = \frac{n_B}{\frac{m_B + m_A}{\rho}} = \frac{\frac{23}{46}}{\frac{500 + 23}{0.992 \times 1000}} = 0.948 (\text{mol/L})$

（3）$x_B = \frac{n_B}{n_B + n_A} = \frac{\frac{23}{46}}{\frac{23}{46} + \frac{500}{18}} = 0.018$

（4）$b_B = \frac{n_B}{m_A} = \frac{\frac{23}{46}}{500 \times 10^{-3}} = 1.00 (\text{mol/kg})$

2. 稀溶液的两个经验定律

（1）拉乌尔定律 在一定温度下，稀溶液中溶剂 A 的蒸气压等于同温度下纯溶剂的蒸气压与溶液中溶剂摩尔分数的乘积。

$$p_A = p_A^* x_A$$

式中 p_A——稀溶液中溶剂 A 的蒸气压，Pa；

p_A^*——纯溶剂 A 在相同温度下的饱和蒸气压，Pa；

x_A——稀溶液中溶剂 A 的摩尔分数。

适用于难挥发、难电离的非电解质稀溶液。

（2）亨利定律 在一定温度下，稀溶液中挥发性溶质 B 在平衡气相的分压与溶液中溶质的摩尔分数成正比。

$$p_B = k_x x_B \qquad p_B = k_b b_B \qquad p_B = k_c c_B$$

式中 k——不同浓度表示法的亨利常数（k_x, Pa; k_b, Pa·kg/mol; k_c, Pa·m³/mol）。

适用于稀溶液中挥发性溶质，且溶质在气相和液相中的分子状态相同。

【例4】 当温度为370.11K时，与（100g）质量分数为3.00％的乙醇水溶液呈平衡的气相总压力为101.325kPa，已知此温度下的纯水的蒸气压为91.3kPa，试计算：（1）乙酸水溶液的亨利常数；（2）乙醇的摩尔分数为$2.00×10^{-2}$的水溶液上方平衡气相的总压力。

解： 设乙醇水溶液的质量为100g。

已知 $T=370.11\text{K}$，w（乙醇）$=3.00％$，$p_总=101.325\text{kPa}$。

（1）w（乙醇）$=3.00％$

$$x(乙醇)=\frac{\dfrac{w(乙醇)m}{M_{C_2H_5OH}}}{\dfrac{w(乙醇)m}{M_{C_2H_5OH}}+\dfrac{w(水)m}{M_{H_2O}}}=\frac{\dfrac{3.00％×100}{46.069}}{\dfrac{3.00％×100}{46.069}+\dfrac{97.00％×100}{18.015}}=0.0119$$

$$p_总=p_A+p_B=p_A^*x_A+k_xx_B$$

$$101.325=91.3×(1-0.0119)+0.0119k_x$$

$$k_x=930(\text{kPa})$$

（2）$p_总=p_A+p_B=p_A^*x_A+k_xx_B$

$$=91.3×(1-0.02)+930×0.02=108.1(\text{kPa})$$

3. 稀溶液的依数性

在一定温度下，纯溶剂溶入难挥发化合物形成稀溶液（通常，稀溶液的浓度小于0.02mol/L）后，其性质将发生变化，如产生蒸气压下降、沸点升高、凝固点降低和渗透压等现象。这些与溶质的本性无关，只取决于溶质粒子数目的性质，统称为稀溶液的依数性。

（1）**蒸气压下降** 纯溶剂蒸气压与稀溶液中溶剂的蒸气压之差，称为稀溶液中溶剂的蒸气压下降。

$$\Delta p=p_A^*-p_A$$

式中 Δp——稀溶液中溶剂的蒸气压下降，Pa;

p_A^*——纯溶剂的蒸气压，Pa;

p_A——稀溶液中溶剂的蒸气压，Pa。

由拉乌尔定律可推得：

$$p_A=p_A^*x_A=p_A^*(1-x_B)$$

即

$$\Delta p=p_A^*-p_A=p_A^*x_B$$

因此，稀溶液溶剂的蒸气压降低值与溶液中溶质的摩尔分数成正比。蒸气压的降低，必然导致沸点升高，凝固点降低。

（2）**沸点升高** 液体的沸点是指液体的蒸气压等于外压时的温度。稀溶液的沸点高于纯溶剂的沸点。

$$\Delta T_b=T_b-T_b^*=K_bb_B$$

式中 ΔT_b——沸点升高值，K;

T_b——稀溶液的沸点，K;

T_b^*——纯溶剂的沸点，K;

K_b——溶剂的沸点升高常数，K·kg/mol。

即稀溶液的沸点升高值与溶液的质量摩尔浓度成正比，而与溶质的本性无关。此式可计算沸点升高值及难挥发性溶质的摩尔质量。K_b 仅与溶剂的性质有关，几种常见溶剂的沸点及沸点升高常数见表 3-2。

表 3-2 几种常见溶剂的沸点及沸点升高常数

溶剂	水	乙醇	丙酮	环己烷	苯	氯仿	四氯化碳
T_b^*/K	373.15	351.48	329.3	353.15	353.25	334.35	349.87
$K_b/(K \cdot kg/mol)$	0.51	1.20	1.72	2.60	2.53	3.85	5.02

（3）凝固点降低　在一定外压下，稀溶液的凝固点就是溶液与纯固态溶剂两相平衡共存时的温度。如果溶入的溶质为非电解质，凝固时仅有溶剂析出，则溶液的凝固点低于纯溶剂，即：

$$\Delta T_f^* = T_f^* - T_f = K_f b_B$$

式中　ΔT_{f*}——凝固点降低值，K；

T_f——稀溶液的凝固点，K；

T_f^*——纯溶剂的凝固点，K；

K_f——溶剂的凝固点降低常数，K·kg/mol。

该式仅适用于溶质与溶剂不生成固溶物的稀溶液，据此可预测凝固点下降程度（求 ΔT_f 或 T_f）；测溶质的摩尔质量（M_B）。

同 K_b 一样，K_f 也是仅与溶剂性质有关的常数，几种溶剂的凝固点及凝固点降低常数见表 3-3。

表 3-3 几种溶剂的凝固点及凝固点降低常数

溶剂	水	乙酸	环己烷	苯	萘	三溴甲烷
T_f^*/K	273.15	289.75	279.65	278.65	353.5	280.95
$K_f/(K \cdot kg/mol)$	1.86	3.90	20.0	5.10	6.90	14.4

【**例 5**】　常压下，溶解 2.76g 甘油（B）于 200g 水（A）中，试求稀溶液的凝固点。

解：常压下，水的凝固点为 273.15K；查元素周期表，计算甘油（$C_3H_8O_3$）的分子量为 92.03，即 $M_B = 92.03g/mol$。

查表得，水的凝固点降低常数为 1.86K·kg/mol，因此：

$$T_f = T_f^* - K_f b_B = T_f^* - K_f \frac{n_B}{m_A} = T_f^* - K_f \frac{m_B}{m_A M_B}$$

$$T_f = 273.15 - 1.86 \times \frac{2.76}{200 \times 10^{-3} \times 92.03} = 273.15 - 0.279 = 272.871 (K)$$

（4）渗透压　只允许溶液中溶剂分子透过而溶质分子不能透过的膜，称为半透膜。许多天然及人造膜，都具有这种性质，如膀胱、肠衣及人造高分子膜等。溶剂分子通过半透膜单向扩散的现象，称为渗透。

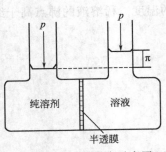

图 3-3　半透膜平衡示意图

如图 3-3 所示，当渗透作用达平衡时，半透膜两边的静压差，称为渗透压。渗透压也是为了阻止渗透现象或利用反渗透原理分离溶剂而对溶液施加的最小额外压力。

在一定温度下，溶液的渗透压与溶液浓度有关。

$$\pi V = n_B RT$$

$$\pi = \frac{n_B}{V} RT = c_B RT$$

式中　π——渗透压，Pa；

V——溶液的体积，m^3；

n_B——溶质的物质的量，mol；

R——摩尔气体常数，$R=8.314J/(mol \cdot K)$；

T——热力学温度，K；

c_B——溶质的物质的量浓度，mol/m^3。

运用上式，可测溶质的摩尔质量，从而计算反渗透所需要的最小压力。由于 π 可在常温下测定（π 值较大，易测准），所以易受热分解的天然物质、蛋白质、人工合成的高聚物等，常通过测定 π 来求物质的分子量 M_n。

4. 分配定律及其应用

（1）分配定律　如果在 α 和 β 两种互不相溶的液体混合物中，加入一种即溶于 α 又溶于 β 的组分 B，在恒温、恒压条件下达到平衡时，且在稀溶液的范围内，该物质在两种液层中的浓度比为一个常数，这个规律称为分配定律。可用下式表示：

$$K=\frac{c_B^\alpha}{c_B^\beta}$$

式中　c_B^α，c_B^β——组分 B 在 α 和 β 中的浓度；

　　　K——分配系数，取决于平衡时的温度、溶质和溶剂的性质。

（2）萃取　用一种与溶液不相混溶的溶剂，从溶液中分离出某种溶质的操作称为萃取，所用溶剂为萃取剂。使用分配定律计算萃取效率。

$$m_n=m\left(\frac{KV_1}{KV_1+V_2}\right)^n$$

式中　m_n——n 次萃取后留在原溶液中的溶质质量，g；

　　　m——原溶液中溶质的质量，g；

　　　V_1——原溶液的体积，mL；

　　　V_2——每次所用纯溶剂的体积，mL；

　　　n——萃取次数。

从上式不难看出，随着 n 的增大，剩余量 m_n 就越小。对于一定量的萃取剂来说，分若干份进行多次萃取要比全部萃取剂一次萃取的效率高，这就是人们常说的"少量多次"原则。

三、相平衡和相图

1. 相和相平衡

体系中物理性质和化学性质完全均一的部分，称为相。

相与相之间存在明显的界面，通常任何气体均能无限混合，所以体系内无论有多少种气体都可以看做是一相。液体则按其互溶程度通常可以是一相、两相或者三相，例如，水和乙醇可以完全互溶，可视为一相，水和汽油不能互溶，则为两相。固体一般一种便为一相，但"固熔物"可视为一相，如铝合金。

在一定的条件下，当一个多相系统中各相的性质和数量均不随时间变化时，称此系统处于相平衡。

化工热力学研究的两相系统的平衡，有气液平衡、气固平衡和液固平衡；多于两相的系统，有气液固平衡、气液液平衡等。系统处于相平衡状态时，各相的温度、压力都相同，它们的组成一般不相同。相平衡的研究主要是通过实验测定有关数据，并应用相平衡关联的方法，以探讨平衡时温度 T、压力 p 和各相组成（摩尔分率 x_B、y_B）之间的关系，借以判断一定条件下相变化过程的方向。

2. 相图

用来表示相平衡系统中各相的组成与温度、压力之间关系的图形，称为相图。

（1）单组分系统的相图

① 相图的绘制　单组分系统可以是单相（气、液、固），两相平衡共存（气-液、气-固、固-液），还可以是三相平衡共存。实验可测出其平衡时与温度和压力的关系的一系列数据，将它们画在 p-T 图上即为单组分系统的相图。

也可根据克拉贝隆方程，计算两相平衡时压力和温度间的关系。

$$\frac{\mathrm{d}p}{\mathrm{d}T}=\frac{\Delta_\alpha^\beta H_m}{T\Delta_\alpha^\beta V_m}$$

式中　p——压力，Pa；

T——温度，K；

$\Delta_\alpha^\beta V_m$——1mol 该物质由 α 相变到 β 相的相变热，J；

$\Delta_\alpha^\beta V_m$——1mol 该物质由 α 相变到 β 相的体积变化，m^3。

若相平衡中有一相为气体，也可运用克劳修斯-克拉贝隆方程来运算。

$$\ln\frac{p_2}{p_1}=-\frac{\Delta_{vap}H_m}{R}\left(\frac{1}{T_2}-\frac{1}{T_1}\right)$$

式中　p——压力，Pa；

T——温度，K；

$\Delta_{vap}H_m$——1mol 该物质的汽化热，J；

R——摩尔气体常数，$R=8.314J/(mol\cdot K)$。

② 相图分析　相图分析的内容是要说明相图中各相区、相线、相点的物理意义，并讨论外界条件的改变对相平衡系统的影响。首先要明确，相图上的任一点代表的是系统的某一个状态。以水为例，如图 3-4 所示。水的相图中有三条相线，将图分为三个相区，三条相线交于 O 点。

a. 相线分析　图中 OA、OB、OC 三条线称为两相平衡线，线上的任一点代表系统的一个状态。

OA 线是水和水蒸气的两相平衡线，即水的饱和蒸气压曲线。该线右端终止于水的临界点（$T_c=647.4K$，$p_c=2.21\times10^4kPa$），液态水在临界温度上不存在。OA 斜率大于零，表示水的蒸气压随温度升高而增大，或者说水的沸点随外压增大而升高。OA 可以延伸到 O 点以下为 OD 线。OD 线在图中表示为虚线，称为过冷水的饱和蒸气压与温度的关系曲线。

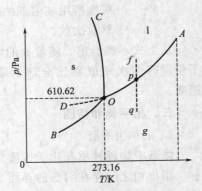

图 3-4　水的相图（示意图）

OB 线是冰和水蒸气的两相平衡线，即冰的升华压（蒸气压）曲线。理论上可延伸至 0K。OB 线斜率也大于零，且大于 OA 线斜率。说明温度对冰蒸气压的影响比对水的影响大。

OC 线是冰和水的两相平衡线，即冰的熔点曲线。其斜率小于零，说明压力增大，水的凝固点降低。

b. 相区分析　相图中的三条线将相图分为三个区域：气相区（AOB）、液相区（AOC）和固相区（COB）。在三个区域的一定范围内，任意改变温度或压力，不会引起相变化。

c. 相点分析　O 点是三条两相平衡线的交汇点，称为三相点。在该点三相平衡共存，温度和压力为一固定值（273.16K，610.6Pa），不能改变，否则就会引起相变的发生。

d. 温度、压力对系统相变化的影响　利用相图能说明当外界条件改变时，对系统相变化的影响。相图中的任一点代表系统的一个状态，称之为系统点。如图中的 q、p 和 f 点。q 点表示在一定压力和温度下的水蒸气。当系统经历一个恒温加压过程时，系统点沿 qf 线向上变化。到达 p 点就凝结出水来。p 点为水和水蒸气两相平衡。继续加压，水蒸气全部变为水，到达 f 点，即一定温度和压力下的水。

（2）两组分理想液态混合物的气-液平衡相图　若液态混合物中任一组分在全部组成范围内都符合拉乌尔定律，则该混合物被称为理想液态混合物。

实际上，理想液态混合物是不存在的。若混合物中的各个组分的分子大小相等，体积具有加和性，分子间力不变，混合后没有热效应的真实液态混合物，可近似看做理想液态混合物。

① 相图的绘制　两组分理想液态混合物是气、液两相平衡共存体系。

平衡中的液相可视为理想溶液，遵循拉乌尔定律，则：

$$p_A = p_A^* x_A \quad p_B = p_B^* x_B = p_B^* (1 - x_A)$$

当系统总压不太高（一般不高于 10^4 kPa）时，平衡中的气相可视为理想气体，遵循道尔顿分压定律，则：

$$y_A = \frac{p_A}{p} \quad y_B = \frac{p_B}{p} \quad p = p_A + p_B$$

整理后，得：

$$y_A = \frac{p_A^*}{p} x_A$$

该式称为相平衡方程，该方程反映了理想溶液气、液相达平衡时，温度、压力及各组分在气、液两相中组成的关系。

a. 泡点方程　在一定压力下，将液体混合液加热至溶液刚刚开始沸腾，出现第一个小气泡时所对应的温度称为泡点。

$$p = p_A^* x_A + p_B^* (1 - x_A) = (p_A^* - p_B^*) x_A + p_B^*$$

则

$$x_A = \frac{p - p_B^*}{p_A^* - p_B^*}$$

该式称为泡点方程，该方程反映了理想溶液气、液相达平衡时，温度、压力与各组分在液相中组成间的关系。

b. 露点方程　在一定压力下，将气体混合液进行冷凝，产生第一个小液滴时所对相应的温度称为露点。

$$y_A = \frac{p_A^*(p - p_B^*)}{p(p_A^* - p_B^*)}$$

该式称为露点方程，该方程反映了理想溶液气、液相达平衡时，温度、压力与各组分在气相中组成间的关系。可见，当系统总压一定时，气相组成将随着系统温度的变化而改变；若总压和温度均不变，y 就有确定的数值。

用以上方程式即可绘制理想液态混合物达到气、液相平衡时，压力、温度和两相组成的关系图。工程上，常用的相图是恒压下的温度-组成图。

【例6】 苯-甲苯混合液，在外界压力 $p = 101.3\text{kPa}$ 下，根据实验测定的饱和蒸气压数据，见表 3-4。请绘制成的 $T\text{-}x(y)$ 图。

表 3-4 苯-甲苯不同温度下的饱和蒸气压

沸点/℃	饱和蒸气压/kPa		沸点/℃	饱和蒸气压/kPa		沸点/℃	饱和蒸气压/kPa	
	$p_苯^\ominus$	$p_{甲苯}^\ominus$		$p_苯^\ominus$	$p_{甲苯}^\ominus$		$p_苯^\ominus$	$p_{甲苯}^\ominus$
80.2	101.3	40.0	92.0	143.7	57.6	104.0	199.4	83.3
84.0	113.6	44.4	96.0	160.7	65.7	108.0	221.2	93.9
88.0	127.7	50.6	100.0	179.4	74.6	110.4	233.0	101.3

解： 按泡点方程计算出不同温度下苯-甲苯的液相组成，如 $T = 84℃$ 时：

$$x_A = \frac{p - p_B^*}{p_A^* - p_B^*} \qquad x_苯 = \frac{p - p_{甲苯}^*}{p_苯^* - p_{甲苯}^*} = \frac{101.3 - 44.4}{113.6 - 44.4} = 0.822$$

按露点方程计算出不同温度下苯-甲苯的液相组成，如 $T = 84℃$ 时：

$$y_A = \frac{p_A^*(p - p_B^*)}{p(p_A^* - p_B^*)} \qquad y_苯 = \frac{p_苯^*(p - p_{甲苯}^*)}{p(p_苯^* - p_{甲苯}^*)} = \frac{113.6 \times (101.3 - 44.4)}{101.3 \times (113.6 - 44.4)} = 0.922$$

或

$$y_A = \frac{p_A^*}{p}x_A \qquad y_苯 = \frac{p_苯^*}{p}x_苯 = \frac{113.6}{101.3} \times 0.822 = 0.922$$

按以上方法，对每组数据进行计算，结果见表 3-5。

表 3-5 苯、甲苯的气、液相平衡组成

沸点/℃	饱和蒸气压/kPa		$x_苯 = \dfrac{p - p_{甲苯}^*}{p_苯^* - p_{甲苯}^*}$	$y_苯 = \dfrac{p_苯^*}{p}x_苯$
	$p_苯^*$	$p_{甲苯}^*$		
80.2	101.3	40.0	1.000	1.000
84.0	113.6	44.4	0.822	0.922
88.0	127.7	50.6	0.639	0.820
92.0	143.7	57.6	0.508	0.720
96.0	160.7	65.7	0.376	0.596
100.0	179.4	74.6	0.255	0.452
104.0	199.4	83.3	0.155	0.304
108.0	221.2	93.9	0.058	0.128
110.4	233.0	101.3	0.000	0.000

按照计算结果以温度为纵坐标，组成 $x(y)$ 为横坐标作图，如图 3-5。

② 相图分析 $T\text{-}x(y)$ 相图中包括两条线：上曲线为 $T\text{-}y$ 线，表示平衡时气相组成与温度的关系，称为气相线，又称饱和蒸汽线；下曲线为 $T\text{-}x$ 线，表示平衡时液相组成与温度的关系，称为液相线，又称饱和液体线。三个区：液相线以下区域代表溶液处于尚未沸腾的状态，称为液相区，气相线以上区域代表溶液全部气化为蒸汽，称为气相区，又称过热蒸

汽区，两条曲线包围的区域代表气、液两相同时存在，称为气、液共存区。两个端点：气相线、液相线的交点，也是与两纵坐标轴的交点，分别为纯苯和纯甲苯的沸点。

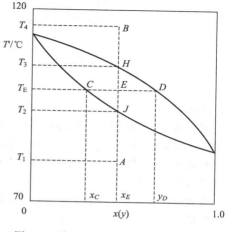

图 3-5　苯-甲苯混合液的 T-x（y）图

在恒定总压下，若将组成为 x_E、温度为 T_1（图中的点 A）的混合液加热，升温至 T_2（点 J）时，溶液开始沸腾，产生第一个气泡，相应的温度 T_2 称为泡点，因此饱和液体线又称泡点线。同样，若将组成为 y_1、温度为 T_4（点 B）的过热蒸汽冷却至温度 T_3（点 H）时，混合气体开始冷凝产生第一滴液体，相应的温度 T_3 称为露点，因此饱和蒸汽线又称露点线。

③ 相图的应用　T-x（y）图在精馏过程的研究中具有重要的意义，主要表现如下。

a. 可以简便地求得任一温度下气、液相的平衡组成。例如温度为 t_E 时的液相组成即为 C 点所对应的 x，气相组成即为 D 点所对应的 y；反之，若已知相的组成，也能查得气、液两相平衡时的温度。

b. 当某混合物系的组成与温度位于点 E 时，则此物系被分成互成平衡的气、液两相，其液相和气相组成分别用 C、D 两点表示。而气、液两相的量可由杠杆规则来确定，参照图 3-5，其数学表达式为：

$$L \times \overline{CE} = V \times \overline{ED}$$

$$\frac{L}{V} = \frac{\overline{CE}}{\overline{ED}}$$

$$\frac{L}{V} = \frac{x_E - x_C}{y_D - x_E}$$

式中　L，V——液相量和气相量；

$\overline{CE}$——线段 $\overline{CE}$ 的长度；

$\overline{ED}$——线段 $\overline{ED}$ 的长度。

c. 从 T-x（y）图可见，当气、液两相达到平衡状态时，气、液两相的温度相同，但气相中苯的组成（易挥发组分）大于其液相组成，故利用此图可以说明精馏操作的原理及其操作的基本方法。

【例 7】　在 T 温度时，由 4.8mol A 和 5.2mol B 组成的两组分液态混合物，系统点在 E 点。液相点 C 对应的 $x_C = 0.28$，气相点 D 对应的 $y_D = 0.75$，求两相的物质的量。

已知：$n(A) = 4.8$mol　　$n(B) = 5.2$ mol

$x_C = 0.28$　　　　$y_D = 0.75$

求：L、V。

解：　　$x_E = \dfrac{n_A}{n_A + n_B} = \dfrac{4.8}{4.8 + 5.2} = 0.48$　　$L + V = 5.2 + 4.8 = 10.0$（mol）

又因　　　　　　　　　　　　　$\dfrac{L}{V} = \dfrac{x_E - x_C}{y_D - x_E}$

$$L \times (0.48 - 0.28) = (10.0 - L) \times (0.75 - 0.48)$$
$$L = 5.74 (\text{mol}) \qquad V = 10.0 - 5.74 = 4.26 (\text{mol})$$

自我评价

一、填空题

1. 在任何温度、压力下均能服从 $pV = nRT$ 的气体称为_____。

2. 摩尔气体常数，$R =$_____ $J/(\text{mol} \cdot K)$。

3. 分体积是指混合气体中任一组分 B 单独存在，且具有与混合气体相同_____、_____条件下所占有的体积。

4. 一种物质以_____或_____状态均匀地分布于另一种物质中，所形成均匀而稳定的系统称为溶液。

5. 稀溶液中，与溶质的本性无关，只取决于溶质粒子数目的性质，统称为_____。包括_____，_____，_____，_____。

二、计算题

1. 23℃、100kPa 时 3.24×10^{-4}kg 某理想气体的体积为 2.8×10^{-4}m³，试求该气体在 100kPa、100℃时的密度。

2. 气焊用的乙炔由碳化钙与水反应而生成：
$$CaC_2(s) + 2H_2O(l) = C_2H_2(g) + Ca(OH)_2(s)$$
如果生成的乙炔气为 300.15K、103.2kPa，而每小时需用乙炔 0.10m³，试求 1kg CaC_2 能用多长时间？

3. 水煤气的体积分数分别为 H_2，50%；CO，38%；N_2，6.0%；CO_2，5.0%；CH_4，1.0%。在 25℃、100kPa 下，计算：
   (1) 各组分的摩尔分数；
   (2) 各组分的分压；
   (3) 水煤气的平均摩尔质量；
   (4) 在该条件下，水煤气的密度。

4. 在一个 20dm³ 的氧气钢瓶中，装入 1.6kg O_2，若钢瓶能承受的最大压力是 15199kPa，求此瓶可允许加热多少摄氏度？假设 O_2 服从范德华方程。

5. 质量分数为 0.98 的浓硫酸，其密度为 1.84g/mL，试求：
   (1) H_2SO_4 的物质的量浓度；(2) 质量摩尔浓度；(3) 摩尔分数。

6. 50℃时，纯水的饱和蒸气压为 7.94kPa，在该温度下，180g 水中溶 3.42g 蔗糖（$C_{12}H_{22}O_{11}$），求溶液的蒸气压及蒸气压下降值。

7. 20℃时，乙醚的饱和蒸气压为 58.95kPa。在 0.1kg 乙醚中加入某种非挥发性物质 0.01kg，乙醚的蒸气压降低至 56.79 kPa，求该有机物的摩尔质量。

8. 已知纯水的凝固点降低常数为 1.86K·kg/mol，为防止高寒地区汽车发动机水相结冰，可在水中加入乙二醇（$HOCH_2CH_2OH$），若使水的凝固点下降 15K，计算每千克水中应加入乙二醇的质量。

9. 溶解某生物碱 10.0g 于 100g 水中，测得其溶液的凝固点降低值为 0.116℃。试计算该物质的分子量。

10. 已知海拔 5000m 的高山上的气压为 56.54kPa，求水在该地的沸点。已知水的汽化热为 44.17kJ/mol。

11. 在 20℃下将 68.4g 蔗糖（$C_{12}H_{22}O_{11}$）溶于 1kg 的水中。试求：
    (1) 溶液的蒸气压（已知在 20℃纯水的饱和蒸气压 $p^* = 2.339$kPa）；
    (2) 溶液的渗透压。

12. 已知由正庚烷和正辛烷所组成的混合液，在 388K 时沸腾，外界压力为 101.3kPa，在该温度条件下的 $p^*_{\text{正庚烷}} = 160$kPa，$p^*_{\text{正辛烷}} = 74.8$kPa，试求平衡时气、液相中正庚烷和正辛烷的摩尔分数。

任务二 化学热力学基础

 【任务描述】

> 某工厂拟采用石灰石煅烧法生产环氧胶黏剂的填充剂生石灰（CaO），由于煅烧设备老化，仅能承受700℃的高温，达不到碳酸钙的分解温度，但工厂的气体减压设备完好，你能否帮助工厂实现这个项目？

【任务分析】

通过相关知识的学习，了解热力学基本概念，理解热力学第一定律和第二定律，利用热力学第一定律及相关知识计算化学反应热；利用热力学第二定律及相关知识，判断反应的可行性；运用标准摩尔反应焓、标准摩尔反应熵、标准摩尔反应吉布斯函数的计算方法，结合现有条件，达到解决实际问题的目的。

【相关知识】

一、化学热力学基本概念

化学热力学就是研究化学变化和与化学变化有关的物理变化中，能量转化规律的科学。

1. 系统和环境

热力学中的研究对象称为系统。系统以外，与系统密切相关的部分称为环境。系统是人为划定的作为研究对象的那部分物质和空间。

按系统与环境之间有无物质和能量传递，可将系统分为三类。

（1）封闭系统 与环境只有能量传递，没有物质传递的系统。

（2）敞开系统 与环境既有能量传递，又有物质传递的系统。

（3）隔离系统 与环境既无能量传递，又无物质传递的系统，称为隔离系统（或孤立系统）。

热力学系统的一切宏观性质称为系统的性质。如质量（m）、物质的量（n）、摩尔质量（M_B）、密度（ρ）、质量分数（x_B）、温度（T）、压力（p）、体积（V）、热力学能（U）、焓（H）、熵（S）等。

系统的性质按其特性可分为两类。

（1）广延性质（容量性质） 指系统中随着系统大小或系统中物质多少成比例改变的物理性质。其特点是：数值与物质的数量成正比，整体和部分有不同的值，具有加和性。如两杯水混合后，其总体积为混合前体积之和，因此体积是系统的广延性质。

（2）强度性质 指系统中不随系统大小或系统中物质多少而改变的物理性质。其特点是：整体和部分具有相同的值，不具加和性。如两杯50℃的水混合后，其温度不变，因此温度是系统的强度性质。

2. 状态和状态函数

系统的状态是系统物理性质和化学性质的综合表现。系统的 m、n、M_B、T、p、V 及物态等宏观性质一经确定，系统的状态就已确定。因此，系统性质与状态是一一对应的。

热力学规定，在 $1 \times 10^5 Pa$ 的压力（标准压力），某一指定温度下纯物质的物理状态，称为热力学标准状态，简称标准态。

气体标准态是指在温度为 T、压力为 $p^\ominus$（$p^\ominus = 100kPa$，称为标准压力）时，处于理想气体状态的纯物质。液体或固体标准态是指在温度为 T、压力为 $p^\ominus$ 时的固态或液态纯物质。

在热力学中将描述系统状态的宏观性质（即系统性质）称为状态函数。状态函数具有如下特征。

（1）单值性。系统状态一定，所有状态函数都有唯一确定值。例如，水处于正常沸点时，其压力和温度只能是 $101.325kPa$、$100℃$。

（2）状态函数的变化值等于终态值减去始态值，而与变化所经历的途径无关。例如，一杯水从 $25℃$（始态）加热到 $100℃$（终态），其温度变化值为 $\Delta T = 100℃ - 25℃ = 75℃$。

3. 过程与途径

【例1】 某理想气体由始态变化到终态的过程如下。

系统从一个状态变到另一个状态，称为过程。系统由始态变化到终态的具体步骤，称为途径。

按系统变化性质分为化学反应过程、相变过程和单纯 $p\text{-}V\text{-}T$ 变化过程；按过程进行的条件，又可分为如下过程。

（1）恒温过程 系统与环境温度相等，且恒定不变的过程，即 $T_1 = T_2 = T_环 = 常数$。

（2）恒压过程 系统与环境的压力相等，且恒定不变的过程，即 $p_1 = p_2 = p_外 = 常数$。

（3）恒外压过程 环境压力恒定，即 $p_环 = 常数$；但系统压力可以变化。

（4）恒容过程 系统体积恒定不变的过程，即 $V_1 = V_2 = 常数$。

（5）绝热过程 系统与环境之间没有热交换的过程，即 $Q = 0$。

（6）循环过程 系统经一系列变化后又回到原始状态，称为循环过程。此时，所有状态函数的改变量均为零，如 $\Delta p = 0$，$\Delta V = 0$，$\Delta T = 0$。

（7）可逆过程 无限接近平衡，且没有摩擦力条件下进行的理想过程。它是以无限小的变化量，在无限接近平衡状态下进行的无限慢的过程。此时，可近似认为 $p = p_环$，$T = T_环$。

一些实际过程在比较趋近时，可近似按可逆过程处理。任何一个实际过程，在一定条件下总是能用一个无限接近可逆变化的途径所代替。

二、热的计算

1. 热力学第一定律表达式

热力学第一定律就是能量守恒与转化定律。另一种表述为第一类永动机是不能制成的。第一类永动机，是指不消耗任何能量而能循环做功的机器。

热力学第一定律在封闭系统中的数学表达式为：

$$\Delta U = Q + W$$

式中　ΔU——热力学能的变化，J 或 kJ；

　　　Q——过程变化时，系统与环境传递的热量，J 或 kJ；

　　　W——过程变化时，系统与环境传递的功，J 或 kJ。

意义：封闭系统中热力学能的改变量，等于变化过程中与环境传递的热与功的总和。

（1）热力学能　系统内部所有微观粒子的能量总和，称为热力学能（又称内能），符号"U"，单位 J。

热力学能包括分子的动能（与系统温度有关）、分子间相互作用的势能（与系统体积有关）、分子内部的能量（分子内各种粒子能量之和）。因此，热力学能是与系统温度和体积有关的状态函数，即 $U = f(T, V)$。

U 为广延性质，其绝对值无法确定，只能计算差值。$\Delta U > 0$，表示系统热力学能增加，$\Delta U < 0$，表示系统热力学能减少。

理想气体分子间没有作用力，分子间不存在势能。因此，封闭系统中，一定量理想气体的热力学能只是温度的函数，即 $U = f(T)$，其微小量表示为 dU。

（2）热　热是系统与环境之间因温度不同而引起的能量传递。符号 Q，单位 J 或 kJ。热力学规定，系统从环境吸热时，$Q > 0$；向环境放热时，$Q < 0$。

热是过程变量（或途径函数），而不是系统的性质，即不是状态函数。其无限小量用 δQ 表示。

根据系统状态变化不同，热常冠以不同名称。例如，恒压热、恒容热、气化热、熔化热、升华热等。在进行热量计算时，必须按实际过程进行，而不能随意假设途径。

热力学中，主要讨论三种热，即化学反应热、相变热、显热（仅因温度变化而吸收或放出的热）。

（3）功　除热以外，系统与环境之间的其他能量传递统称为功。符号为 W，单位 J 或 kJ。热力学规定，环境对系统做功时，$W > 0$；系统对环境做功时，$W < 0$。功也是过程变量（途径函数），无限小量用 δW 表示。

由于系统体积发生变化而与环境交换的功称为体积功，其余为非体积功（如机械功、电功、磁功、表面功等）。通常热力学系统发生变化时，不做非体积功，因此若非特殊指明，均指体积功，直接用 W 表示。

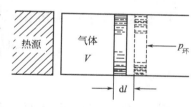

图 3-6　体积功示意图

如图 3-6 所示，当气缸受热，气体反抗环境压力（$p_环$）使活塞（面积 A）膨胀 dl，体积变化为 dV 时，系统做功为：

$$\delta W = -Fdl = -p_环 A dl = -p_环 dV$$

积分式

$$W = -\int_{V_1}^{V_2} p_环 dV$$

理想气体经历不同过程时，体积功计算公式见表 3-6。

【例2】　2mol 某理想气体由 350K、1.0MPa，恒温膨胀到 350K、0.10MPa，求完成此过程所经历不同途径的功和热力学能的变化。

（1）自由膨胀；（2）反抗恒外压 0.10MPa 膨胀；（3）可逆膨胀。

解： 由于理想气体热力学能只是温度的函数，所以上述三种恒温途径的 $\Delta U=0$。

(1) 自由膨胀，$p_环=0$，则 $W_1=0$。

(2) $W_2=-nRTp_环\left(\dfrac{1}{p_2}-\dfrac{1}{p_1}\right)=-2\times8.314\text{J}\times350\times0.10\times\left(\dfrac{1}{0.1}-\dfrac{1}{1.0}\right)$

$\qquad =-5237.8(\text{J})=-5.2(\text{kJ})$

(3) $W_3=-nRT\ln\dfrac{p_1}{p_2}=-2\times8.314\text{J}\times350\times\ln\dfrac{1.0}{0.1}=13403(\text{J})=-13.4(\text{kJ})$

表 3-6 理想气体经历不同过程时的体积功计算公式

过程	体积功	过程	体积功
自由膨胀(向真空膨胀)	$W=0$	恒压过程	$W=-nR(T_2-T_1)$
恒容过程	$W=0$	恒温可逆过程	$W=-nRT\ln\dfrac{V_2}{V_1}=-nRT\ln\dfrac{p_1}{p_2}$
恒温恒外压过程	$W=-nRTp_环\left(\dfrac{1}{p_2}-\dfrac{1}{p_1}\right)$	恒温、恒压气化或升华过程（视气体为理想气体）	$W=-pV_g=-nRT$

2. 热的计算

(1) pVT 变化过程热的计算

① 恒容热和恒压热

a. 恒容热（Q_V） 封闭系统、恒容（$V_1=V_2$）且不做非体积功的过程中（$W'=0$）：

$$\Delta U=Q+W \qquad W=-\int_{V_1}^{V_2}p_环\,\mathrm{d}V$$

因为：$W'=0$　$V_1=V_2(\mathrm{d}V=0)$　所以：$W=0$

则 $\qquad\qquad\qquad \Delta U=Q_V \quad 或 \quad \mathrm{d}U=\delta Q_V$

意义：封闭系统不做非体积功的恒容过程中，系统热力学能的增量等值于该过程系统所吸收的热量。

b. 恒压热（Q_p） 封闭系统、恒压（$p_1=p_2=p_环$）且不做非体积功的过程中（$W'=0$）：

$$\Delta U=Q+W \qquad W=-\int_{V_1}^{V_2}p_环\,\mathrm{d}V$$

因为： $\qquad\qquad\qquad W'=0 \quad p_1=p_2=p_环$

则 $\quad Q_p=\Delta U-W=(U_2-U_1)+p_环(V_2-V_1)=(U_2-U_1)+(p_2V_2-p_1V_1)$

$\qquad =(U_2+p_2V_2)-(U_1+p_1V_1)=\Delta(U+pV)$

为方便计算恒压过程的热，定义一个新的状态函数——焓。符号 H，单位 J 或 kJ。

$$H=U+pV$$

H 只能计算变化值。$\Delta H>0$，表示系统焓增加；$\Delta H<0$，表示系统焓减少。p 是强度性质，U、V 均为广延性质，pV 也是广延性质，因此焓是广延性质。

由热力学第一定律可以推得：

$$Q_p=H_2-H_1=\Delta H$$

意义：在没有非体积功的恒压过程中，系统吸收的热量，全部用于焓的增加；系统减少的焓，全部以热的形式传给环境。

② 摩尔热容 在不发生化学变化及相变化且非体积功为零的条件下，单位物质的量的

物质于恒容（或恒压）下，温度升高 1K 时所吸收的热量，称为摩尔定容热容（或摩尔定压热容），符号 $c_{V,m}$（或 $c_{p,m}$），单位 $J/(mol \cdot K)$。

$$c_{V,m} = \frac{\delta Q_V}{n\,dT} = \frac{\delta U}{n\,dT}$$

$$c_{p,m} = \frac{\delta Q_p}{n\,dT} = \frac{\delta H}{n\,dT}$$

理想气体的摩尔热容有如下关系：

$$c_{p,m} = c_{V,m} + R$$

通常，理想气体的 $c_{V,m}$、$c_{p,m}$ 可视为常数，其摩尔热容可按表 3-7 计算。

表 3-7　理性气体摩尔热容

理想气体分子类型	$c_{V,m}/[J/(mol \cdot K)]$	$c_{p,m}/[J/(mol \cdot K)]$
单原子分子	$1.5R$	$2.5R$
双原子分子	$2.5R$	$3.5R$

③ 变温过程热计算　若 $c_{V,m}$、$c_{p,m}$ 均为常数，则：

$$\Delta U = Q_V = nc_{V,m}(T_2 - T_1)$$

$$\Delta H = Q_p = nc_{p,m}(T_2 - T_1)$$

一定量理想气体的 U 和 H 只是与温度有关的状态函数。因此，在无化学变化及相变化、且非体积功为零的条件下发生的任何过程，其 ΔU、ΔH 仍可按式上式计算。

【例 3】　已知某理想气体的摩尔定压热容为 $36.3J/(mol \cdot K)$，若 $10mol$ 该气体由 300K 恒容加热到 500K 时，求该过程的功、热及其焓与热力学能的变化。

解：所给过程是恒容过程，$W = 0$，所以：

$$Q_V = \Delta U = nc_{V,m}(T_2 - T_1) = n(c_{p,m} - R) \times (T_2 - T_1)$$

$$Q_V = 10 \times (36.3 - 8.314) \times (500 - 300) = 55972(J) \approx 56(kJ)$$

$$\Delta H = nc_{p,m}(T_2 - T_1) = 10 \times 36.3 \times (500 - 300) = 72600(J) \approx 72.6(kJ)$$

（2）相变热的计算　相变热（又称潜热）是指物质在发生相变过程中吸收或放出的热量。

单位物质的量的纯物质，于恒定温度及其平衡压力下，发生相变时的焓变，称为摩尔相变焓，符号为 $\Delta_\alpha^\beta H_m$，单位 J/mol 或 kJ/mol，则：

$$Q_p = \Delta_\alpha^\beta H = n\Delta_\alpha^\beta H_m$$

（3）化学反应热效应计算　在恒温且不做非体积功的条件下，系统发生化学反应时与环境交换的热称为化学反应热效应，简称反应热。

大多数化学反应是在恒压下进行的，所以化学反应热等于恒压热，即化学反应焓。

参加化学反应的各物质均处于温度 T 的标准态的摩尔反应焓，称为标准摩尔反应焓，用 $\Delta_r H_m^\ominus(T)$ 表示。其中，上标"$\ominus$"指各种物质均处于标准态；下标"m"表示 1mol 反应；"r"表示反应。若为 298.15K，温度可不做标注。物质必须标明状态。

① 盖斯定律　瑞士籍俄国化学家盖斯在总结了大量实验事实的基础上，提出了盖斯定律，即一个化学反应无论是一步完成或是分几步完成，其热效应总是相同的。

应用盖斯定律，就可以根据一些已知的反应热来计算出另一些未知的反应热，使工作得到了简化。尤其是对那些难以通过实验直接测定的反应热，更是只有应用盖斯定律才可求得。

【例4】　已知　(1) $C(s) + O_2(g) \longrightarrow CO_2(g)$　$\Delta_r H^{\ominus}_{m,1} = -393.5 kJ/mol$。

(2) $H_2(g) + \dfrac{1}{2}O_2(g) = H_2O(l)$　$\Delta_r H^{\ominus}_{m,2} = -285.8 kJ/mol$。

(3) $CH_3COOH + 2O_2(g) \longrightarrow 2CO_2(g) + 2H_2O(l)$　$\Delta_r H^{\ominus}_{m,3} = -874.2 kJ/mol$。

求反应　(4) $2C(s) + 2H_2(g) + O_2(g) \longrightarrow CH_3COOH$ 的 $\Delta_r H^{\ominus}_{m,4}$。

解： 上述热化学方程式之间的关系为：
$$(4) = 2 \times (1) + 2 \times (2) - (3)$$

因此有　$\Delta_r H^{\ominus}_{m,4} = 2 \times \Delta_r H^{\ominus}_{m,1} + 2 \times \Delta_r H^{\ominus}_{m,2} - \Delta_r H^{\ominus}_{m,3}$
$$= [2 \times (-393.5) + 2 \times (-285.8) - (-874.2)] kJ/mol$$
$$= -484.4 kJ/mol$$

应用盖斯定律，从已知的反应热计算另一反应热是很方便的。人们从多种反应中找出某些类型的反应作为基本反应，知道了一些基本反应的反应热数据，应用盖斯定律就可以计算其他反应的反应热。常用的基本反应热数据是标准摩尔生成焓。

② 标准摩尔生成焓　在温度 T 的标准态下，由稳定单质生成 1mol 指定相态物质的焓变，称为该物质的标准摩尔生成焓。符号为 $\Delta_f H^{\ominus}_m$ (B，T)，单位 kJ/mol，下标"f"表示生成反应。

热力学规定：在标准态下，最稳定单质的标准摩尔生成焓为零。最稳定单质是指在该标准态下的单质处于最稳定的相态。

根据状态函数的特点，利用 $\Delta_f H^{\ominus}_m$ 数据（见附录一），可以计算 298.15K 时任意化学反应的标准摩尔反应焓。

$$\Delta_r H^{\ominus}_m = \sum_B \nu_B \Delta_f H^{\ominus}_{m,B}$$

式中　$\Delta_r H^{\ominus}_m$——化学反应的标准摩尔反应焓，kJ/mol；

$\Delta_f H^{\ominus}_{m,B}$——反应物质 B 在指定相态的标准摩尔生成焓，kJ/mol；

ν_B——反应物质 B 的化学计量数。

化学计量数是化学计量方程中，各物质前面的数字，规定反应物为负值，生成物为正值。例如，反应 $aA(g) + bB(g) \rightleftharpoons mM(g) + nN(g)$，各物质的化学计量数分别为：$-a$，$-b$，$m$，$n$。

【例5】　车用乙醇汽油是加入乙醇 10.0%（体积分数）的汽油，试求乙醇燃烧反应在298.15K 时的标准摩尔反应焓。

$$C_2H_5OH(l) + 3O_2(g) \longrightarrow 2CO_2(g) + 3H_2O(g)$$

解： 由附录一查得，各反应物和生成物 298.15K 的标准摩尔生成焓如下。

物质	$C_2H_5OH(l)$	$O_2(g)$	$CO_2(g)$	$H_2O(g)$
$\Delta_f H^{\ominus}_m$/ (kJ/mol)	-277.69	0	-393.51	-241.82

因为　$\Delta_r H^{\ominus}_m = \sum_B \nu_B \Delta_f H^{\ominus}_{m,B}$

得 $\quad \Delta_r H_m^{\ominus} = (-1) \times (-277.69) + (-3) \times 0 + 2 \times (-393.51) + 3 \times (-241.82)$
$$= -1234.79(kJ/mol)$$

热效应为负值，表明上述反应为放热反应。

③ **标准摩尔燃烧焓** 在温度 T 的标准状态下，由 1mol 指定相态物质完全燃烧生成稳定氧化物的焓变，称为该物质的标准摩尔燃烧焓，符号为 $\Delta_c H_m^{\ominus}$（B，T），单位为 kJ/mol。下标 "c" 表示燃烧反应。

热力学规定：在标准状态下，完全燃烧生成的稳定氧化物其标准摩尔燃烧焓为零。

利用 $\Delta_c H_m^{\ominus}$ 数据（见附录二），可以计算 298.15K 时有关化学反应的标准摩尔反应焓。

$$\Delta_r H_m^{\ominus} = -\sum_B \nu_B \Delta_c H_{m,B}^{\ominus}$$

【**例 6**】 烷烃在高温及隔绝空气条件下进行的热分解反应，称为裂化反应。其中，正戊烷可发生如下裂化反应。

$$CH_3CH_2CH_2CH_2CH_3(g) \xrightarrow{\text{高温}} CH_3CH_2CH_3(g) + CH_2{=\!=}CH_2(g)$$

试根据附录中标准摩尔燃烧焓数据，计算该反应在 298.15K 时的标准摩尔反应焓。

解： 由附录二查得，各反应物和生成物 298.15K 的标准摩尔燃烧焓如下。

物质	$C_5H_{12}(g)$	$C_3H_8(g)$	$C_2H_4(g)$
$\Delta_c H_m^{\ominus}/(kJ/mol)$	-3536.1	-2219.9	-1411.0

由 $$\Delta_r H_m^{\ominus} = -\sum_B \nu_B \Delta_c H_{m,B}^{\ominus}$$

得 $\quad \Delta_r H_m^{\ominus} = -[(-1) \times (-3536.1) + 1 \times (-2219.9) + 1 \times (-1411.0)]$
$$= 94.8(kJ/mol)$$

热效应为正值，表明上述反应为吸热反应。

④ **不同温度下的反应热的计算——基尔霍夫公式** 实际应用中反应的温度范围是很广的，因此，需要解决不同温度下 $\Delta_r H_m^{\ominus}$（T）的计算。利用盖斯定律和状态函数的特点推导得出：

$$\Delta_r H_m^{\ominus}(T) = \Delta_r H_m^{\ominus}(298.15K) + \Delta \bar{c}_{p,m}(T_2 - 298.15K)$$

其中 $$\Delta \bar{c}_{p,m} = \sum_B \nu_B c_{p,m}(B)$$

此式称为基尔霍夫公式。适用于在 $T_1 \sim T_2$ 的温度范围内，参加反应各物质的种类和相态皆不发生变化的反应。

【**例 7**】 已知合成氨反应：

$$\frac{1}{2}N_2(g) + \frac{3}{2}H_2(g) \Longrightarrow NH_3(g)$$

反应的 $\Delta_r H_m^{\ominus}(298.15K) = -46.11kJ/mol$，$N_2$（g）、$H_2$（g）、$NH_3$（g）的 $c_{p,m}$ 分别为 29.65 J/(mol·K)、28.56 J/(mol·K)、40.12 J/(mol·K)。

求：500K 时反应的 $\Delta_r H_m^{\ominus}$。

解： 根据 $\Delta_r H_m^{\ominus}(T) = \Delta_r H_m^{\ominus}(298K) + \Delta_r c_{p,m}(T_2 - 298.15K)$

$$\Delta_r c_{p,m} = c_{p,m}(NH_3, g) - \frac{1}{2}c_{p,m}(N_2, g) - \frac{3}{2}c_{p,m}(H_2, g)$$

$$= (40.12 - \frac{1}{2} \times 29.65 - \frac{3}{2} \times 28.56)J/(K \cdot mol)$$

$$= -17.55J/(K \cdot mol)$$

所以 $\Delta_r H_m^{\ominus}(500K) = \Delta_r H_m^{\ominus}(298K) + \Delta_r c_{p,m}(500K - 298.15K)$

$$= -46.11kJ/mol + (-17.55) \times (500 - 298.15) \times 10^{-3}kJ/mol$$

$$= -49.65kJ/mol$$

三、化学反应方向和限度的判断

1. 自发过程

在一定条件下，不需借助外力就能自动进行的过程，称为自发过程。如热的传导总是从高温物体自发地传向低温物体，水总是从高处自发地流向低处，锌和硫酸铜溶液发生置换反应的过程等。

自发过程具有如下共同的基本特征。

① 单向性 自发过程只向一个方向进行，欲使其逆向进行，环境必须对体系做功。

② 具有做功的能力 在一定条件下进行自发过程的系统具有做功的能力，如可利用热从高温物体传向低温物体的过程推动热机做功，利用水位差通过发电机做电功等。

③ 有一定限度 自发过程不会无休止地进行下去，当进行到一定程度时就会停止，即有一定限度，如水流到最低处就不再流动，热传导到两物体温度相等时就停止。

自发过程的终态就是平衡态。平衡态就是自发过程的限度，当体系达到平衡态时，自发过程就终止。

2. 热力学第二定律

热力学第二定律有多种说法，但实质是一样的，都是说明过程的方向和限度。下面介绍两种代表性的说法。克劳修斯说法："不可能把热从低温物体传导到高温物体而不引起其他变化。"开尔文说法："不可能从单一热源取出热并使其全部变为功而不引起其他变化。"两种说法均指出了过程的方向，即自发过程总是单向地向平衡状态进行，在进行过程中可以做功，平衡状态就是该条件下自发过程的极限。

3. 熵和熵增原理

熵是表示系统中微观粒子运动混乱度（有序性的反义词）的热力学函数。符号为 S，单位为 J/K。熵是具有广延性质的状态函数。其定义式为：

$$dS = \frac{\delta Q_R}{T}$$

$$\Delta S = S_2 - S_1 = \int_1^2 \frac{\delta Q_R}{T}$$

即可逆过程的热（δQ_R）温（T）商在数值上等于系统的熵变。由于温度总是正值，因而吸热使熵值增加，放热使熵值减小，即同一物质 $S_{高温} > S_{低温}$。

隔离系统中发生的自发过程总是向熵增大的方向进行，平衡时达到最大值，此即熵增原理，又称熵判据。即 $\Delta S_{隔} > 0$ 过程自发，$\Delta S_{隔} = 0$ 达到平衡态（隔离系统可以看做是系统和环境的总和，即 $\Delta S_{隔} = \Delta S + \Delta S_{环}$）。

环境熵就是环境的热温熵。由于 $Q_{环} = -Q$，所以：

$$\Delta S_{环} = -\frac{Q}{T_{环}}$$

4. 熵的计算

（1）单纯 p、V、T 变化过程熵的计算　指无相变化、无化学变化且不做非体积功，只有压力、体积和温度变化的过程。若为理想气体，且 $c_{V,m}$、$c_{p,m}$ 为常数，则封闭系统的熵变为：

$$\Delta S = nc_{V,m}\ln\frac{T_2}{T_1} + nR\ln\frac{V_2}{V_1} = nc_{p,m}\ln\frac{T_2}{T_1} + nR\ln\frac{p_1}{p_2}$$

（2）相变过程熵的计算　在无限接近两相平衡温度和压力下进行的相变为可逆相变。其熵变为：

$$\Delta S = \frac{Q_R}{T} = \frac{\Delta_\alpha^\beta H}{T} = \frac{n\Delta_\alpha^\beta H_m(T)}{T}$$

（3）化学反应熵变的计算　热力学规定，温度为 0 时，任何纯物质的完整晶体的熵值为零。这就是热力学第三定律。规定完整晶体在 $T=0K$ 时，$S(0K)=0$，就可以确定其他温度下的熵值。相对于 0K 而言求得的熵值，通常称为规定熵，即：

$$\Delta S = S(T) - S(0) = S(T)$$

1mol 某纯物质在标准状态下的规定熵称为该物质的标准摩尔熵。用符号 $S_m^\ominus$ 表示，单位为 J/(K·mol)。附录中给出了一些物质在 298.15K 时的标准摩尔熵值。注意，稳定单质的标准摩尔熵不为零，因为它们不是绝对零度的完整晶体。利用 $S_m^\ominus$ 可以计算有关反应在标准状态下 1mol 反应时的标准摩尔熵变 $\Delta_r S_m^\ominus$，与反应的标准摩尔焓变计算类似，反应的标准摩尔熵变等于生成物标准摩尔熵的总和减去反应物的标准摩尔熵的总和。$\Delta_r S_m^\ominus$ 的单位为 J/(K·mol)。

对反应：

$$d\mathrm{D} + e\mathrm{E} \Longrightarrow g\mathrm{G} + h\mathrm{H}$$

则有：

$$\Delta_r S_m^\ominus = \sum_B \nu_B S_m^\ominus(B)$$

5. 吉布斯函数与化学反应方向的判断

（1）吉布斯函数　吉布斯函数（或称吉布斯自由能）是由美国科学家吉布斯（J. W. Gibbs）于 1876 年提出来的。其定义式为：

$$G = H - TS$$

吉布斯函数是状态函数，广延性质，其单位为 J。在恒温、恒压、非体积功为零的过程中，吉布斯函数变化为：

$$\Delta G = \Delta H - T\Delta S$$

（2）化学反应方向判据　热力学研究表明，当封闭系统在恒温、恒压且非体积功为零的条件下，系统发生自发过程时，吉布斯函数减小；当系统达到平衡时，吉布斯函数不变；吉布斯焓变大于零的过程不能发生（或称反自发过程）。此即为过程进行方向的吉布斯函数判据：即 $\Delta G < 0$ 过程自发，$\Delta G = 0$ 达到平衡态，$\Delta G < 0$ 非自发过程。

若为化学反应过程，ΔG 用标准摩尔反应吉布斯焓变 $\Delta_r G_m^\ominus$ 表示，则有：

$$\Delta_r G_m^\ominus = \Delta_r H_m^\ominus - T\Delta_r S_m^\ominus$$

即 $\Delta_r G_m^\ominus < 0$ 反应自发正向进行；$\Delta_r G_m^\ominus = 0$ 反应达到平衡；$\Delta_r G_m^\ominus > 0$ 反应自发逆向进行。

通常，生产实验中的相变和化学反应多在恒温、恒压条件下进行，用吉布斯函数判据过程的方向和限度，可避免环境熵变的计算，应用很方便。

【例8】 在酸催化剂的作用下，乙烯可经直接水合制备乙醇，反应如下。

$$CH_2\!=\!CH_2(g)+H_2O(g)\xrightarrow[\text{300℃,7MPa}]{\text{H}_3\text{PO}_4/\text{硅藻土}}CH_3CH_2OH(g)$$

根据附录一中的标准摩尔生成焓和标准摩尔熵数据，计算该反应在 298.15K 时的标准摩尔反应吉布斯焓变，并判断反应自发进行的方向。

解： 由附录一查得各反应物、生成物在 298.15K 时的标准摩尔生成焓标准摩尔如下

物质	$CH_2\!=\!CH_2(g)$	$H_2O(g)$	$CH_3CH_2OH(g)$
$\Delta_f H_{m,B}^{\ominus}$/(kJ/mol)	52.26	-241.82	-235.10
$S_{m,B}^{\ominus}$/[J/(K·mol)]	219.56	188.83	282.70

由

$$\Delta_r H_m^{\ominus}=\sum_B \nu_B \Delta_f H_{m,B}^{\ominus}$$

得

$$\Delta_r H_m^{\ominus}=[(-1)\times 52.26+(-1)\times(-241.82)+1\times(-235.10)]\text{kJ/mol}$$

$$\Delta_r H_m^{\ominus}=-45.54\text{kJ/mol}$$

由

$$\Delta_r S_m^{\ominus}=\sum_B \nu_B S_m^{\ominus}(B)$$

得

$$\Delta_r S_m^{\ominus}=[(-1)\times 219.56+(-1)\times 188.83+1\times 282.70]\text{J/(mol·K)}$$

$$\Delta_r S_m^{\ominus}=-125.69\text{ J/(mol·K)}\approx -0.126\text{kJ/(mol·K)}$$

$$\Delta_r G_m^{\ominus}=\Delta_r H_m^{\ominus}-T\Delta_r S_m^{\ominus}=[-45.54-298.15\times(-0.126)]\text{kJ/mol}$$

$$\Delta_r G_m^{\ominus}=-7.97\text{kJ/mol}$$

因为 $\Delta_r G_m^{\ominus}<0$，所以在给定条件下，反应能自发向右进行。

（3）**标准摩尔生成吉布斯函数** 在温度 T 的标准状态下，由稳定相态单质生成1mol 指定相态化合物时的吉布斯函数变化，称为标准摩尔生成吉布斯函数，用符号 $\Delta_f G_m^{\ominus}$ 表示，单位为 J/mol。若非 298.15K，要注明温度，物质必须标注相态。附录一中列出了一些物质在 298.15K 时的标准摩尔生成吉布斯函数值。

热力学中规定： 标准状态下，稳定相态单质的标准摩尔生成吉布斯函数为零。

应用标准摩尔生成吉布斯函数，可以计算标准摩尔反应吉布斯焓变。

$$\Delta_r G_m^{\ominus}=\sum_B \nu_B \Delta_f G_{m,B}^{\ominus}$$

式中 $\Delta_r G_m^{\ominus}$ ——标准摩尔反应吉布斯函数，kJ/mol；

$\Delta_f G_{m,B}^{\ominus}$ ——反应物质 B 在指定相态的标准摩尔生成吉布斯函数，kJ/mol；

ν_B ——化学计量数。

（4）$\Delta_r G_m$ 与 $\Delta_r G_m^{\ominus}$ 的关系 标准态下的 $\Delta_r G_m^{\ominus}(T)$ 可通过查表进行计算。但实际上，反应系统并非都处于标准态。因此，判断任意状态下反应的自发性，就要解决非标准态时 $\Delta_r G_m$ 的计算问题。

对于任一反应 $aA+bB\longrightarrow gG+dD$ 在定温、定压、任意状态下的摩尔吉布斯函数变 $\Delta_r G_m(T)$ 与标准状态下的摩尔吉布斯函数变 $\Delta_r G_m^{\ominus}(T)$ 之间，经热力学推导有如下关系：

$$\Delta_r G_m(T)=\Delta_r G_m^{\ominus}+RT\ln\prod_B\left(\frac{p_B}{p^{\ominus}}\right)^{\nu_B}$$

式中　R——摩尔气体常数，$R=8.314J/(K \cdot mol)$；

　　p_B——气体组分 B 的分压；

　　$p^\ominus$——标准压力，$p^\ominus=100.00kPa$；

　　$\prod\limits_B$——连乘算符，如对于反应 $2CO(g)+O_2(g) \longrightarrow 2CO_2(g)$。

该式称为化学反应等温方程。

$$\prod_B (p_B/p^\ominus)^{\nu_B} = \frac{\left[\dfrac{p(CO_2)}{p^\ominus}\right]^2}{\dfrac{p(O_2)}{p^\ominus} \times \left[\dfrac{p(CO)}{p^\ominus}\right]^2}$$

【**例 9**】　$CaCO_3$（s）的分解反应如下：

$$CaCO_3(s) =\!=\!= CaO(s)+CO_2(g)$$

（1）在 298.15K 及标准条件下，此反应能否自发进行？若使其在标准条件下进行反应，反应温度应为多少？

（2）空气中 CO_2（g）的分压为 0.03kPa，试计算此条件下 $CaCO_3$（s）分解所需的最低温度。

解：（1）查附录得 298.15K 和标准状态下的有关热力学数据如下。

物质	$CaCO_3(s)$	$CaO(s)$	$CO_2(g)$
$\Delta_f H_m^\ominus/(kJ/mol)$	-1206.9	-634.9	-393.5
$S_m^\ominus/[J/(K \cdot mol)]$	92.9	38.1	213.8

$$\begin{aligned}\Delta_r H_m^\ominus &= \sum_B \nu_B \Delta_f H_m^\ominus(B)\\ &= [(-634.9)+(-393.5)-(-1206.9)]kJ/mol\\ &= 178.5kJ/mol\end{aligned}$$

$$\begin{aligned}\Delta_r S_m^\ominus &= \sum_B \nu_B S_m^\ominus(B)\\ &= (38.1+213.8-92.9)J/k\ mol\\ &= 159J/k\ mol\end{aligned}$$

$$\begin{aligned}\Delta_r G_m^\ominus &= \Delta_r H_m^\ominus - T\Delta_r S_m^\ominus\\ &= [178.5-298.15 \times 159 \times 10^{-3}]kJ/mol\\ &= 131kJ/mol > 0\end{aligned}$$

因此，在 298.15K 下，上述反应不能自发进行。

若使其在标准条件下进行反应，则 $\Delta_r G_m^\ominus \leqslant 0$，所需的最低温度为：

$$T \leqslant \frac{\Delta_r H_m^\ominus(T)}{\Delta_r S_m^\ominus(T)} \leqslant \frac{\Delta_r H_m^\ominus(298.15K)}{\Delta_r S_m^\ominus(298.15K)} \leqslant \frac{178.5}{159 \times 10^{-3}}K \leqslant 1.12 \times 10^3 K \ （即\ 847℃）$$

（2）$p_{CO_2}=0.03kPa$ 时，反应处于非标准状态条件下：

$$\begin{aligned}\Delta_r G_m(T) &= \Delta_r G_m^\ominus + RT\ln \prod_B \left(\frac{p_B}{p^\ominus}\right)^{\nu_B}\\ \\ &= \Delta_r H_m^\ominus(298.15K) - T\Delta_r S_m^\ominus(298.15K) + RT\ln \prod_B \left(\frac{p_B}{p^\ominus}\right)^{\nu_B}\end{aligned}$$

设温度为 T 时 $CaCO_3$（s）可自发分解，即 $\Delta_r G_m(T) < 0$，则将数据代入后：

$$178.5 - T \times 159 \times 10^{-3} + 8.314 \times 10^{-3} \times T \ln \frac{0.03}{100} < 0$$

解得

$$T > \frac{178.5}{0.226} = 790K \text{（即 517℃）}$$

计算结果表明，降低产物 CO_2（g）的分压，更有利于 $CaCO_3$（s）的分解。

自我评价

一、填空题

1. 在热力学中，把研究的对象称为_____，而把与系统密切相关的外界称为_____。

2. 与环境只有能量传递，没有物质传递的系统，称为_____；与环境既有能量传递，又有物质传递的系统，称为_____。

3. 物理量 Q、T、V、W、H、V_m 中，属于状态函数的有_____，属于过程变量的有_____；状态函数中属于广延性质的是_____，属于强度性质的是_____。

4. 系统经一系列变化后又回到原始状态，称为_____，此时所有状态函数的改变量均为_____。

5. 由于系统体积发生变化而与环境交换的功，称为_____，其定义式为 $W =$_____。

6. 热力学第一定律在封闭系统中的数学表达式为_____。

7. 写出理想气体经过下列过程时，各物理量的数值或计算式。

过程	物理量			
	ΔU	ΔH	Q	W
恒容过程				
恒压过程				
恒温恒外压过程				
自由膨胀				
恒温可逆过程				

8. 热力学标准态又称热化学标准态，对气体而言，是指在_____下，处于_____状态的气体纯物质。

9. 隔离系统中发生的自发过程总是向熵增大的方向进行，_____时达到最大值，这就是_____原理，又称为_____判据。

10. 吉布斯函数判据的应用条件是_____系统进行_____、_____且_____的过程。

11. 当封闭系统进行恒温、恒压且非体积功为零的条件下，系统发生自发过程时，吉布斯函数_____；当系统达到平衡时，吉布斯函数_____。

二、计算题

1. 在 100kPa 下，10mol 某理想气体由 300K 升温到 400K，求此过程的功。

2. 10mol 某理想气体由 298K、10^6 Pa，通过几种不同途径膨胀到 298K、10^5 Pa，试计算下列各过程的 W、Q、ΔU 和 ΔH。

   ① 自由膨胀；②恒温反抗恒外压 10^5 Pa 膨胀；③恒温可逆膨胀。

3. 已知某理想气体的摩尔定压热容为 30J/(K·mol)，若 5mol 该理想气体从 27℃恒压加热到 327℃，求此

过程的 W、Q、ΔU 和 ΔH。

4. 已知水的摩尔定压热容为 75.3J/(K·mol)，若将 10kg 水从 298K 冷却到 288K，试求系统与环境之间传递的热量。

5. 10mol 某双原子分子理想气体，从 298K、100kPa 恒压加热到 308K，求此过程的 W、Q、ΔU 和 ΔH。

6. 已知每小时从乙苯蒸馏塔顶冷凝为液体的乙苯有 1000kg，冷凝放热 376kJ/kg，若冷却水进出口温度分别为 293K、313K，试求每小时所需冷却水量。

7. 利用附录中的标准摩尔生成焓数据计算下列化学反应在 298.15K 时的标准摩尔反应焓。
   ① $CaO(s) + H_2O(l) \longrightarrow Ca(OH)_2(s)$
   ② $N_2(g) + 3H_2(g) \Longrightarrow 2NH_3(g)$

8. 利用附录中标准摩尔燃烧焓数据，计算下列化学反应在 298.15K 时的标准摩尔反应焓。
   ① $CH_3COOH(l) + C_2H_5OH(l) \longrightarrow CH_3COOC_2H_5(l) + H_2O(l)$
   ② $C_2H_4(g) + H_2(g) \longrightarrow C_2H_6(g)$

9. 根据附录中的数据，用两种方法计算化学反应：
$$C_2H_4(g) + H_2O(l) \longrightarrow C_2H_5OH(l)$$
在 298K 时的标准摩尔反应吉布斯焓变。

10. 利用附录中的标准摩尔生成焓和标准摩尔熵数据，判断反应：
$$CaCO_3(s) \longrightarrow CaO(s) + CO_2(g)$$
在 298K 时能否自发进行？若假设 $\Delta_r H_m^{\ominus}$ 及 $\Delta_r S_m^{\ominus}$ 不随温度而变，求其转变温度。

任务三　化学反应速率及应用

 【任务描述】

　　已知在 30℃，鲜牛奶大约 4h 变酸，但在 5℃ 的冰箱中可保持 48h。完成下列任务。
　　(1) 在气温为 35℃ 的盛夏，鲜牛奶最多可放置多少小时而不变酸？
　　(2) 加入添加剂后，活化能升高一倍，则在 35℃ 时，鲜牛奶最多可放置多少小时？

 【任务分析】

　　通过学习相关知识，了解化学反应速率的含义，重点分析浓度、温度、催化剂改变对化学反应速率的影响，尤其是温度和催化剂这两个易控制因素对反应速率常数的影响，进而掌握改变反应速率的方法。

 【相关知识】

一、化学反应速率

　　化学反应速率是衡量化学反应快慢的物理量。反应速率值越大，化学反应进行得越快。

　　化学反应速率 (v) 常用单位时间内反应物浓度的减少或生成物浓度的增加来表示。常用单位为：mol/(L·s)、mol/(L·min) 或 mol/(L·h)。

　　绝大多数的化学反应不是等速率进行的。因此，化学反应速率又分为平均速率和瞬时速率。

(1) 平均速率 化学反应平均速率是反应进程中某时间间隔内反应物质的浓度变化，即：

$$\bar{v}_B = \left| \frac{\Delta c_B}{\Delta t} \right|$$

式中 $\bar{v}_B$——用 B 物质表示的化学反应平均速率，mol/ (L·s) 或 mol/ (L·min)；

Δc_B——在时间间隔 Δt 内，B 物质的浓度变化，mol/L；

Δt——时间间隔，$\Delta t = t_{终态} - t_{始态}$，s 或 min。

对一般反应 $a\text{A} + b\text{B} \rightleftharpoons d\text{D} + e\text{E}$ 用不同物质的浓度变化量表示反应速率，它们之间的关系为：

$$\bar{v} = -\frac{1}{a} \times \frac{\Delta c(\text{A})}{\Delta t} = -\frac{1}{b} \times \frac{\Delta c(\text{B})}{\Delta t} = \frac{1}{d} \times \frac{\Delta c(\text{D})}{\Delta t} = \frac{1}{e} \times \frac{\Delta c(\text{E})}{\Delta t}$$

化学反应中，各反应物质的反应速率之比等于其化学计量数的绝对值之比。

(2) 瞬时速率 瞬时速率是缩短时间间隔，令 Δt 趋近于零时的速率。

$$v = \lim_{\Delta t \to 0} \left| \frac{\Delta c(\text{B})}{\Delta t} \right| = \left| \frac{\mathrm{d}c(\text{B})}{\mathrm{d}t} \right|$$

通常所说的反应速率，一般是指瞬时速率。

二、影响化学反应速率的因素

1. 浓度对化学反应速率的影响

大量实验表明，在一定温度下，增加反应物的浓度可以加快反应速率。

(1) 基元反应和质量作用定律 绝大多数化学反应并不是简单的一步完成，往往是分步进行的。一步就能完成的反应，称为基元反应。

对于基元反应，其反应速率与各反应物浓度幂的乘积成正比（浓度的指数在数值上等于各反应物化学计量数的绝对值），这种定量关系称为质量作用定律。

例如，对于溶液中进行的任意基元反应：

$$a\text{A} + b\text{B} \longrightarrow d\text{D} + e\text{E}$$

$$v = k \, [c(\text{A})]^a \cdot [c(\text{B})]^b$$

式中 $c(\text{A}), c(\text{B})$——反应物 A、B 的浓度，mol/L；

a, b——反应物 A、B 的系数；

k——反应速率常数。

该式又称为反应速率方程。

应用质量作用定律时应当注意以下几点。

① 质量作用定律只适用于基元反应，不适用于非基元反应。但大多数反应不是基元反应而是分步进行的复合反应，这时质量作用定律适用于其中每一步变化，但不适用于总反应。

② 速率常数 k 不随反应物浓度的变化而变化，它与温度、催化剂等因素有关，其单位随反应级数不同而异。

③ 多相反应中，固态反应物浓度不写入速率方程，如 $\text{C(s)} + \text{O}_2(\text{g}) \rightleftharpoons \text{CO}_2(\text{g})$，速率方程为：$v = kc(\text{O}_2)$。

在反应速率方程中，各反应物浓度指数之和叫做反应级数。对于任意基元反应 $a\mathrm{A}+b\mathrm{B}$ $\longrightarrow d\mathrm{D}+e\mathrm{E}$，反应级数 $n=a+b$，非基元反应（复合反应）的级数是通过实验来确定的，它可以是整数、分数或零。

（2）简单级数反应特征

① 一级反应　反应速率与反应物浓度的一次方成正比的反应称为一级反应。一级反应的计量方程式为 $\mathrm{A}\longrightarrow$ 产物。

若以 c_A 表示反应物 A 在 t 时刻的浓度，则其速率方程式可表示为：

$$v=-\frac{\mathrm{d}c_\mathrm{A}}{\mathrm{d}t}=kc_\mathrm{A}$$

以 $c_{\mathrm{A},0}$ 表示 $t=0$ 时反应物的起始浓度，经定积分处理得：

$$\ln\frac{c_{\mathrm{A},0}}{c_\mathrm{A}}=kt\quad\text{或}\quad c_\mathrm{A}=c_{\mathrm{A},0}\mathrm{e}^{-kt}$$

一级反应速率常数的单位为（时间）$^{-1}$，表示一级反应速率常数 k 的数值与浓度采用的单位无关。

反应物浓度消耗一半所需的时间称为反应的半衰期，用符号 $t_{1/2}$ 表示。

$$t_{1/2}=\frac{1}{k}\ln\frac{c_{\mathrm{A},0}}{c_\mathrm{A}}=\frac{1}{k}\ln2=\frac{0.693}{k}$$

由此可见，对于一个指定的一级反应，在一定温度下，半衰期是一个常数，与反应物的起始浓度无关。

根据这些特征，可以判断一个反应是否为一级反应。一级反应的实例很多，如放射性元素的衰变、引发剂的热分解反应，许多药物在体内的吸收、代谢和排泄反应、酶催化反应等。

【例1】　设某药物的初始含量为 5.0g/L，在室温下放置 20 个月后含量降为 4.2g/L，若此药物分解为一级反应，药物分解 30% 即为失效。问：（1）该药物的贮存有效期为多长？（2）半衰期是多少？

解：（1）因药物分解为一级反应，故：

$$k=\frac{1}{t}\ln\frac{c_{\mathrm{A},0}}{c_\mathrm{A}}=\frac{1}{20}\ln\frac{5.0}{4.2}=8.7\times10^{-3}\text{月}^{-1}$$

分解 30% 药物含量为 $c_\mathrm{A}=c_{\mathrm{A},0}(1-30\%)$，故有效期应为：

$$t=\frac{1}{k}\ln\frac{c_{\mathrm{A},0}}{c_\mathrm{A}}=\frac{1}{8.7\times10^{-3}}\ln\frac{5.0}{5.0\times(1-30\%)}=41（月）$$

（2）半衰期

$$t_{1/2}=\frac{0.693}{k}=\frac{0.693}{8.7\times10^{-3}}=80（月）$$

② 二级反应　反应速率与反应物浓度二次方成正比的反应称为二级反应。二级反应有两种类型：$2\mathrm{A}\longrightarrow$ 产物　或　$\mathrm{A}+\mathrm{B}\longrightarrow$ 产物。

若反应中 $c_\mathrm{A}=c_\mathrm{B}$，则：

$$v = -\frac{\mathrm{d}c_A}{\mathrm{d}t} = kc_A^2$$

经定积分处理可得：

$$\frac{1}{c_A} = kt + \frac{1}{c_{A,0}}$$

二级反应速率常数的单位是浓度$^{-1}$×时间$^{-1}$，表明k的数值与浓度和时间单位有关。

二级反应的半衰期为：

$$t_{1/2} = \frac{1}{kc_{A,0}}$$

可见，二级反应的$t_{1/2}$与反应物的起始浓度$c_{A,0}$成反比。

二级反应最为常见，如有机化学中的加成、水解、取代反应，氯酸钠、碘化氢、甲醛的分解反应等都是二级反应。

2. 压力对化学反应速率的影响

在温度一定时，对有气体参加的反应，增大压力，气体反应物浓度增大，反应速率增大；反之降低压力，则反应速率减小。

对无气体参加的反应，由于压力对浓度影响很小，所以其他条件不变时，改变压力，对反应速率影响不大。

3. 温度对化学反应速率的影响

温度对反应速率的影响，表现在反应速率常数k上，也就是说反应速率常数会随着温度的改变而改变。由此人们总结出了一些经验规律。

荷兰化学家范特霍夫从大量实验事实中总结出一条近似规则，一般化学反应，在一定的温度范围内，温度每升高$10℃$，反应速率增加到原来的$2\sim4$倍。

瑞典化学家阿仑尼乌斯提出了一个较为精确的描述反应速率常数与温度关系的经验公式，称为阿仑尼乌斯方程。

$$k = A\mathrm{e}^{\frac{-E_a}{RT}}$$

$$\ln\frac{k_2}{k_1} = -\frac{E_a}{R}\left(\frac{1}{T_2} - \frac{1}{T_1}\right)$$

式中　e——自然对数的底；

$\quad$ A——常数，称为指前因子或频率因子；

$\quad$ R——摩尔气体常数，J/(K·mol)；

$\quad$ T——热力学温度，K；

$\quad$ E_a——反应活化能，J/mol或kJ/mol。

由上式可见，反应的温度越高，活化能越小，则k值越大。

按照现代化学速率理论，升高温度有利于增加反应物分子间的碰撞次数，从而提高反应速率。

另外，根据过渡态理论，对于化学反应$A+BC \longrightarrow AB+C$的反应过程如下：

$$A+BC \Longleftrightarrow A{\cdots}B{\cdots}C \longrightarrow AB+C$$

活化络合物

反应物分子的能量至少要等于形成活化络合物分子的最低能量，才可能形成产物分子。反应物分子的平均能量与活化络合物分子的最低能量的差值，称为反应的活化能 E_a。

上述反应中的能量变化如图 3-7 所示。反应活化能越大，能峰越高，能越过能峰的反应物分子越少，反应速率越慢；反之，反应活化能越小，能峰越低，能越过能峰的反应物分子越多，反应速率越快。

大多数化学反应的活化能为 $60\sim250$kJ/mol。活化能小于 40kJ/mol 的反应，反应速率很快，可以瞬间完成；活化能大于 420kJ/mol 的反应，其反应速率则很慢。化学反应数据见表 3-8。

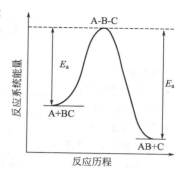

图 3-7　反应过程的能量变化

此例表明，反应活化能越大（反应速率越慢），k 随温度升高而增大的幅度越大，即活化能越大，k 对温度越敏感。利用这一规律，生产和科研中常通过改变反应温度来达到加速主反应，抑制副反应的目的。

表 3-8　化学反应数据表

化学反应	$E_a/$(kJ/mol)	v_{293K}/v_{283K}
$CH_3COOC_2H_5 + NaOH \longrightarrow CH_3COOOH + C_2H_5OH$	47.3	1.99
$2N_2O_5 \longrightarrow 4NO_2 + O_2$	103.4	4.48

【例 2】　某一反应的活化能为 117.15kJ/mol，当温度从 398K 升高到 408K 时，该反应的速率增大多少倍？

解：由 $\ln\dfrac{k_2}{k_1} = -\dfrac{E_a}{R}\left(\dfrac{1}{T_2} - \dfrac{1}{T_1}\right)$

$$\ln\frac{k_2}{k_1} = -\frac{117.15\times10^3}{8.314}\left(\frac{1}{408} - \frac{1}{398}\right) \quad \frac{k_2}{k_1} = 2.38$$

即温度从 398K 升高到 408K 反应的速率增加了 2.38 倍。

4. 催化剂对化学反应速率的影响

催化剂是一种能显著改变化学反应速率，而本身在反应前后组成、质量和化学性质都保持不变的物质。

催化剂加速反应的原因是催化剂能降低反应的活化能。

催化剂除能够改变反应速率外，其另一基本特征是具有选择性，即某种催化剂只能对某些特定反应起催化作用。

能加快反应速率的催化剂，称为正催化剂；减慢反应速率的催化剂，称为负催化剂（常根据具体用途称为抗老化剂、缓蚀剂、稳定剂等）。通常催化剂均指是正催化剂。

催化反应中，微量杂质使催化剂催化能力降低或丧失的现象，称为催化剂中毒。因此催化反应中，应使原料保持纯净，必要时可先进行原料预处理。

5. 其他因素对化学反应速率的影响

对于多相反应，反应在两相交界面上进行，反应速率与接触面和接触机会有关。因此，可以通过固体粉碎、研磨、液体喷淋、搅拌、气体鼓风等多种措施增大反应速率。

其他如超声波、紫外光、X 射线和激光等也能对某些反应速率产生影响。

自我评价

一、填空题

1. 化学反应速率的定义是＿＿＿＿＿＿＿＿＿＿＿＿＿＿＿＿＿＿＿＿＿。

2. 质量作用定律可表示为＿＿＿＿＿＿＿，它只适用于＿＿＿＿＿＿＿。

3. 阿仑尼乌斯公式为＿＿＿＿＿＿＿＿，其中＿＿＿＿＿＿＿是反应的活化能。

4. 反应速率常数 k 值不受＿＿＿＿＿＿的影响，而受＿＿＿＿＿＿和＿＿＿＿＿＿的影响。

5. 基元反应 $2NO + Cl_2 \longrightarrow 2NOCl$ 是＿＿＿＿＿＿分子反应，是＿＿＿＿＿＿级反应，其速率方程为＿＿＿＿＿＿。

6. 在密闭容器中进行的基元反应 $A(g) + 3B(g) \longrightarrow C(g)$，若压力增大到原来的 2 倍，反应速率增大＿＿＿＿＿＿倍。

二、综合题

1. 反应 $N_2O_5(g) \longrightarrow 2NO_2(g) + 1/2O_2(g)$，在 308K 时的 $k = 1.35 \times 10^{-5}$，318K 时 $k = 4.98 \times 10^{-5}$，试计算反应的活化能。

2. 在 30℃，鲜牛奶大约 4h 变酸，但在 5℃的冰箱中可保持 48h，假设反应速率与变酸时间成反比。
   （1）求牛奶变酸反应的活化能；
   （2）在气温为 35℃的盛夏，鲜牛奶最多可放置多少小时而不变酸。

3. 已知青霉素 G 的分解反应为一级反应，37℃时反应的活化能为 84.8kJ/mol，指前因子为 $4.2 \times 10^{12} h^{-1}$，试求 37℃时该反应的速率常数。

4. 环氧乙烷的分解为一级反应，380℃时反应的半衰期为 363min，反应的活化能 E_a 为 217.57 kJ/mol。试计算该反应在 450℃时完成 70% 所需的时间。

5. 某病人发烧至 40℃时，体内某一酶催化反应的速率常数增大为正常体温（37℃）时的 1.23 倍。试求该酶催化反应的活化能。

6. 根据实验，在一定温度范围内，反应 $2NO(g) + Cl_2(g) \longrightarrow 2NOCl(g)$ 符合质量作用定律。
   （1）写出该反应的反应速率表达式。
   （2）该反应的总级数是多少。
   （3）其他条件不变，如果将容器体积增加到原来的 3 倍，反应速率如何变化？
   （4）如果反应器体积不变，将 NO 的浓度增加到原来的 2 倍，反应速率又将如何变化？

7. 对于 H_2O_2 的分解反应：$H_2O_2(l) \longrightarrow H_2O(l) + 1/2O_2(g)$，在没有催化剂时的活化能为 75kJ/mol；当有催化剂存在时，该反应的活化能就降低为 54kJ/mol。计算在 298K 时两种反应速率的比值。

任务四　化学平衡及应用

 【任务描述】

　　某化工厂用酯化工艺生产乙酸乙酯，室温测得经验平衡常数 $K^\ominus = 4.0$，由于乙酸价格相对较高，请从原料配比和反应温度两个方面考虑，将乙酸转化率提高到 95%。

 【任务分析】

　　通过相关知识的学习，了解化学平衡的含义，理解平衡常数的意义，并运用平衡常数和平衡移动原理，解决实际问题。

 **【相关知识】**

一、可逆反应与化学平衡

1. 可逆反应

在同一条件下，能同时向正、逆两个方向进行的反应，称为可逆反应。可逆反应方程式用符号"$\rightleftharpoons$"表示。其中，从左向右进行的反应，称为正反应；从右向左进行的反应，称为逆反应。

例如，500℃时，二氧化硫和氧气在密闭容器中反应表示为：

$$2SO_2(g)+O_2(g)\rightleftharpoons 2SO_3(g)$$

绝大部分反应都存在可逆性，一些反应在一般条件下并非可逆，而改变条件（如密闭环境中、高温条件等），就有明显的可逆性。

2. 化学平衡

如图3-8所示，在一定条件下，可逆反应达到正、逆反应速率相等时的状态称为化学平衡。

化学平衡的特征是反应物和生成物的浓度（或分压）不随时间变化而变化；正、逆反应速率相等，且不等于零；化学平衡是动态平衡；反应条件改变，化学平衡发生移动。化学平衡是化学反应进行的最大限度。

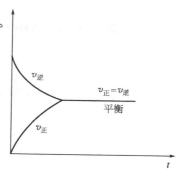

图3-8　正逆反应速率示意图

二、标准平衡常数

对于理想气体反应 $a\mathrm{A}(g)+b\mathrm{B}(g)\rightleftharpoons m\mathrm{M}(g)+n\mathrm{N}(g)$，根据化学反应等温方程式：

$$\Delta_r G_m(T)=\Delta_r G_m^{\ominus}+RT\ln\prod_B\left(\frac{p_B}{p^{\ominus}}\right)^{\nu_B}$$

当反应在恒温、恒压且非体积功为零的条件下达到化学平衡时，$\Delta_r G_m=0$，即：

$$\Delta_r G_m^{\ominus}+RT\ln\prod_B\left(\frac{p_B}{p^{\ominus}}\right)^{\nu_B}=0$$

根据热力学原理，在一定条件下 $\Delta_r G_m^{\ominus}$ 为一个常数，所以在此条件下，上式中反应商 $\prod_B\left(\frac{p_B}{p^{\ominus}}\right)^{\nu_B}$ 也是一个常数，称为标准平衡常数，用符号 $K^{\ominus}$ 表示。于是可以得出：

$$\Delta_r G_m^{\ominus}=-RT\ln K^{\ominus}$$

1. 标准平衡常数表达式

$$K^{\ominus}=\frac{\left[\frac{p(\mathrm{M})}{p^{\ominus}}\right]^m\left[\frac{p(\mathrm{N})}{p^{\ominus}}\right]^n}{\left[\frac{p(\mathrm{A})}{p^{\ominus}}\right]^a\left[\frac{p(\mathrm{B})}{p^{\ominus}}\right]^b}$$

对于溶液反应，将标准平衡常数表达式中各组分的平衡浓度用相对平衡浓度 $c/c^{\ominus}$ 代替，即为标准平衡常数表达式，$c/c^{\ominus}$ 常用 $[\mathrm{B}]$ 简化表示。其中 $c^{\ominus}(c^{\ominus}=1\mathrm{mol/L})$ 为标准浓度。

例如，溶液反应：

$$aA(aq) + bB(aq) \Longleftrightarrow mM(aq) + nN(aq)$$

$$K^{\ominus} = \frac{\left[\dfrac{c(M)}{c^{\ominus}}\right]^m \left[\dfrac{c(N)}{c^{\ominus}}\right]^n}{\left[\dfrac{c(A)}{c^{\ominus}}\right]^a \left[\dfrac{c(B)}{c^{\ominus}}\right]^b} = \frac{[M]^m [N]^n}{[A]^a [B]^b}$$

标准平衡常数是单位为 1 的物理量。由于 $\Delta_r G_m^{\ominus}$ 只与温度有关，因此 $K^{\ominus}$ 只随温度的变化而改变。

2. 书写标准平衡常数表达式注意事项

(1) 平衡常数表达式及其数值与化学计量方程式的写法有关。即化学计量方程式写法不同，平衡常数表达式及其数值不同。例如，相同温度下：

$$N_2(g) + 3H_2(g) \Longleftrightarrow 2NH_3(g) \qquad K_1^{\ominus} = \frac{\left[\dfrac{p(NH_3)}{p^{\ominus}}\right]^2}{\left[\dfrac{p(N_2)}{p^{\ominus}}\right]\left[\dfrac{p(H_2)}{p^{\ominus}}\right]^3}$$

$$\frac{1}{2}N_2(g) + \frac{3}{2}H_2(g) \Longleftrightarrow NH_3(g) \qquad K_2^{\ominus} = \frac{\dfrac{p(NH_3)}{p^{\ominus}}}{\left[\dfrac{p(N_2)}{p^{\ominus}}\right]^{\frac{1}{2}}\left[\dfrac{p(H_2)}{p^{\ominus}}\right]^{\frac{3}{2}}}$$

$$2NH_3(g) \Longleftrightarrow N_2(g) + 3H_2(g) \qquad K_3^{\ominus} = \frac{\left[\dfrac{p(N_2)}{p^{\ominus}}\right] \cdot \left[\dfrac{p(H_2)}{p^{\ominus}}\right]^3}{\left[\dfrac{p(NH_3)}{p^{\ominus}}\right]^2}$$

则

$$\sqrt{K_1^{\ominus}} = K_2^{\ominus} \qquad K_1^{\ominus} = \frac{1}{K_3^{\ominus}}$$

(2) 化学反应中纯固体、纯液体或稀溶液中的溶剂水，其浓度为常数，视为"1"。例如：

$$CaCO_3(s) \Longleftrightarrow CaO(s) + CO_2(g)$$

$$K^{\ominus} = \frac{p(CO_2)}{p^{\ominus}}$$

稀溶液中进行的反应：

$$Cr_2O_7^{2-}(aq) + H_2O(l) \Longleftrightarrow 2CrO_4^{2-}(aq) + 2H^+(aq)$$

$$K^{\ominus} = \frac{[CrO_4^{2-}]^2 [H^+]^2}{[CrO_7^{2-}]}$$

但在非水溶液中进行的反应，水的浓度不能忽略。例如：

$$C_2H_5OH(l) + CH_3COOH(l) \Longleftrightarrow CH_3COOC_2H_5(l) + H_2O(l)$$

$$K^{\ominus} = \frac{[CH_3COOC_2H_5][H_2O]}{[C_2H_5OH][CH_3COOH]}$$

3. 平衡常数的意义

(1) 平衡常数是可逆反应的特征常数，其大小是反应进行程度的标志，$K^{\ominus}$ 越大，正反应进行得越完全。

（2）平衡常数是判断反应的方向依据。化学反应：

$$aA + bB \rightleftharpoons mM + nN$$

在任意时刻各生成物相对浓度（或相对分压）幂的乘积与各反应物相对浓度（或相对分压）幂的乘积之比，定义为反应商 Q。

$$Q_p = \prod_B \left(\frac{p'_B}{p^\ominus}\right)^{\nu_B} = \prod_B (p'_B)^{\nu_B} = \frac{[p'(M)]^m [p'(N)]^n}{[p'(A)]^a [p'(B)]^b}$$

或

$$Q_c = \prod_B \left(\frac{c'_B}{c^\ominus}\right)^{\nu_B} = \prod_B (c'_B)^{\nu_B} = \frac{[c'(M)]^m [c'(N)]^n}{[c'(A)]^a [c'(B)]^b}$$

根据：

$$\Delta_r G_m(T) = \Delta_r G_m^\ominus + RT \ln \prod_B \left(\frac{p_B}{p^\ominus}\right)^{\nu_B} \text{ 和 } \Delta_r G_m^\ominus = -RT \ln K^\ominus$$

得

$$\Delta_r G_m(T) = -RT \ln K^\ominus + RT \ln Q = RT \ln \frac{Q}{K^\ominus}$$

当 $Q < K^\ominus$ 时，$\Delta_r G_m(T) < 0$，正反应自发进行；当 $Q = K^\ominus$ 时，$\Delta_r G_m(T) = 0$ 反应处于平衡状态；当 $Q > K^\ominus$ 时，$\Delta_r G_m(T) > 0$，逆反应自发进行。

因此，在一定温度下，可以通过比较 Q 与 $K^\ominus$ 的大小判断反应是否处于平衡状态及反应自发进行的方向，这就是反应商判据。

三、有关化学平衡的计算

1. 利用 $\Delta_r G_m^\ominus$ 求 $K^\ominus$

【例1】 计算反应 $CO(g) + H_2O(g) \longrightarrow CO_2(g) + H_2(g)$ 在标准状态下、298.15K 时的平衡常数 $K^\ominus$。

解： 查附录得各物质的 $\Delta_f G_m^\ominus(298.15K)$

物质	$CO(g)$	$H_2O(g)$	$CO_2(g)$	$H_2(g)$
$\Delta_f G_m^\ominus$ /(kJ/mol)	-137.17	-228.57	-394.36	0

$$\Delta_r G_m^\ominus = \sum_B \nu_B \Delta_f G_m^\ominus$$
$$= [(-394.36) - (137.17) - (-228.5)] \text{ kJ/mol}$$
$$= -28.62 \text{kJ/mol}$$
$$\ln K^\ominus = \frac{-\Delta_r G_m^\ominus}{RT} = \frac{-(-28.62 \times 10^3)}{8.314 \times 298.15} = 5.01$$
$$K^\ominus = 1.02 \times 10^5$$

2. 利用已知反应的 $K^\ominus$ 进行计算

【例2】 在 973K 时，下述两个反应的平衡常数已知为：

$$SO_2(g) + \frac{1}{2}O_2(g) \longrightarrow SO_3(g) \qquad K_1^\ominus = 20$$

$$NO_2(g) \longrightarrow NO(g) + \frac{1}{2}O_2(g) \qquad K_2^\ominus = 0.012$$

求另一反应：$SO_2(g) + NO_2(g) \longrightarrow SO_3(g) + NO(g)$ 的平衡常数。

解： 由于反应（3）=反应（1）+反应（2）

所以：
$$K^{\ominus}=K_1^{\ominus}K_2^{\ominus}=20\times0.012=0.24$$

如果某一可逆反应由几个可逆反应相加（或相减）得到，则该可逆反应的标准平衡常数等于这几个可逆反应标准平衡常数乘积（或商）。这种关系称为同时平衡规则。

3. 平衡转化率和平衡组成的计算

某一反应物的平衡转化率是指平衡时已转化的量占反应前该反应物总量的百分数，常以 α 来表示。

$$\alpha=\frac{\text{某反应物转化量}}{\text{反应前该反应物总量}}\times100\%$$

【例3】 反应 $C_2H_5OH+CH_3COOH \Longrightarrow CH_3COOC_2H_5+H_2O$，若起始浓度 $c(C_2H_5OH)=2.0\text{mol/dm}^3$，$c(CH_3COOH)=1.0\text{mol/dm}^3$，室温测得经验平衡常数 $K^{\ominus}=4.0$，求平衡时 C_2H_5OH 的转化率 α。

解： 设反应物的平衡转化量为 x。

$$C_2H_5OH+CH_3COOH \Longrightarrow CH_3COOC_2H_5+H_2O$$

起始浓度：	2.0	1.0	0	0
变化浓度：	x	x	x	x
平衡浓度：	$2.0-x$	$1.0-x$	x	x

$$K^{\ominus}=\frac{x^2}{(2.0-x)\times(1.0-x)}=4.0$$

解方程，得 $x=0.845 \text{ mol/dm}^3$

C_2H_5OH 平衡转化率：
$$\alpha=\frac{0.845}{2.0}\times100\%=42\%$$

若起始浓度改为：$c(C_2H_5OH)=2.0\text{mol/dm}^3$，$c(CH_3COOH)=2.0\text{mol/dm}^3$，求同一温度下，$C_2H_5OH$ 的平衡转化率？

因为温度不变，$K^{\ominus}$ 值也不变。所以计算方法同上，得 $\alpha=67\%$。说明增大反应物之一 CH_3COOH 的浓度使化学平衡发生移动；达到新平衡时，C_2H_5OH 转化率提高。

四、影响化学平衡的因素

改变反应条件，使可逆反应从一种平衡状态转变到另一种平衡状态的过程，称为化学平衡移动。

1. 浓度对化学平衡的影响

在其他条件不变条件时，增大反应物浓度（或减小生成物浓度），平衡向正反应方向移动；减小反应物浓度（或增大生成物浓度），平衡向逆反应方向移动。

2. 压力对化学平衡的影响

在其他条件不变时，增大压力，平衡向气体分子数减少（气体体积减小）的方向移动；减小压力，平衡向气体分子数增多（气体体积增大）的方向移动；若反应前后气体分子数相等，则改变压力，平衡不移动。

3. 温度对化学平衡的影响

在其他条件不变时，升高温度，化学平衡向吸热反应方向移动；降低温度，化学平衡向放热反应方向移动。

范特霍夫等压方程（下式）较好地解释了温度对平衡移动的影响。

$$\ln \frac{K_2^{\ominus}}{K_1^{\ominus}} = -\frac{\Delta_r H_m^{\ominus}}{R}\left(\frac{1}{T_2} - \frac{1}{T_1}\right)$$

综上所述，如果改变平衡系统的条件之一（浓度、压力、温度等），平衡就向减弱这种改变的方向移动。这一规律被称为吕查得理（Le Chatelier）原理，又称平衡移动原理。

自我评价

一、填空题

1. 化学反应达到化学平衡状态时，＿＿＿＿＿＿与＿＿＿＿＿＿相等；反应各组分的浓度不再随＿＿＿＿＿＿发生变化。

2. 某反应物的转化率 $\alpha = $ ＿＿＿＿＿＿＿＿＿＿＿＿＿＿。

3. 可逆反应：$I_2 + H_2 \Longrightarrow 2HI$，在 713K 时 $K^{\ominus} = 51$。若将上式改写为：$1/2 I_2 + 1/2 H_2 \Longrightarrow HI$，则其 $K^{\ominus}$ 为＿＿＿＿＿＿＿＿。

4. 已知下列反应的平衡常数：

$$H_2(g) + S(s) \Longrightarrow H_2S(g) \qquad K_1^{\ominus}$$
$$S(s) + O_2(g) \Longrightarrow SO_2(g) \qquad K_2^{\ominus}$$

则反应 $H_2(g) + SO_2(g) \Longrightarrow O_2(g) + H_2S(g)$ 的 $K^{\ominus}$ 为＿＿＿＿＿＿。

5. 反应：$2Cl_2(g) + 2H_2O(g) \Longrightarrow 4HCl(g) + O_2(g)$，$\Delta_r H_m^{\ominus} > 0$，达到平衡后进行下述变化，对指明的项目有何影响？

   (1) 加入一定量的 O_2，会使 $n(H_2O, g)$ ＿＿＿＿＿＿，$n(HCl)$ ＿＿＿＿＿＿。

   (2) 增大反应器体积，$n(H_2O, g)$ ＿＿＿＿＿＿。

   (3) 减小反应器体积，$n(Cl_2)$ ＿＿＿＿＿＿。

   (4) 升高温度，$K^{\ominus}$ ＿＿＿＿＿＿增大＿＿＿＿＿＿，$n(HCl)$ ＿＿＿＿＿＿。

   (5) 加入催化剂，$n(HCl)$ ＿＿＿＿＿＿。

二、计算题

1. 已知下列反应的平衡常数：

$$HCN \Longrightarrow H^+ + CN^- \qquad K_1^{\ominus} = 4.90 \times 10^{-10}$$
$$NH_3 + H_2O \Longrightarrow NH_4^+ + OH^- \qquad K_2^{\ominus} = 1.80 \times 10^{-5}$$
$$H_2O \Longrightarrow H^+ + OH^- \qquad K_w^{\ominus} = 1.0 \times 10^{-14}$$

   试计算反应 $NH_3 + HCN \Longrightarrow NH_4^+ + CN^-$ 的平衡常数 $K^{\ominus}$。

2. 已知反应 $CO(g) + H_2O(g) \Longrightarrow CO_2(g) + H_2(g)$ 在密闭容器中建立平衡，在 476℃时，该反应的平衡常数 $K^{\ominus} = 2.6$，求：

   (1) 若 $n(H_2O)/n(CO) = 1$ 时，CO 的平衡转化率；

   (2) 若 $n(H_2O)/n(CO) = 3$ 时，CO 的平衡转化率；

   (3) 根据计算结果，说明浓度对平衡移动的影响规律。

3. 已知反应 $2A(g) \Longrightarrow B(g)$，在 100℃时，$K_1^{\ominus} = 2.80$，求相同的温度下，下列反应的 $K^{\ominus}$ 值。(1) $A(g) \Longrightarrow 1/2 B(g)$；(2) $B(g) \Longrightarrow 2A(g)$。

4. 向一个密闭真空容器中注入 NO 和 O_2，使系统始终保持在 400℃，反应开始的瞬间测得 $p(NO) = 100.0$ kPa，$p(O_2) = 286.0$ kPa。当反应：

$$2NO(g) + O_2(g) \Longrightarrow 2NO_2(g)$$

   达到平衡时，$p(NO_2) = 79.2$ kPa，试计算该反应在 400℃时 $K^{\ominus}$。

5. 在 35℃，总压为 $1.013×10^5$ Pa 时，N_2O_4 分解 27.2%。计算反应 $N_2O_4(g) \rightleftharpoons 2NO_2(g)$ 的标准平衡常数。

6. 已知二氧化碳气体与氢气的反应为：$CO_2(g)+H_2(g) \rightleftharpoons CO(g)+H_2O(g)$。在某温度下达到平衡时 CO_2 和 H_2 的浓度为 0.44 mol/L，CO 和 H_2O 的浓度为 0.56 mol/L，计算：

(1) 起始时 CO_2 和 H_2 的浓度；

(2) 此温度下的平衡常数 $K^{\ominus}$；

(3) CO_2 的平衡转化率。

三、问答题

1. 已知反应 $A(aq)+B(aq) \rightleftharpoons C(aq)+D(aq)$ 在某温度下，$K^{\ominus}=1.5$，若反应分别从下述情况开始，试判断反应进行的方向。

(1) $c(A)=c(B)=c(C)=c(D)=0.20$ mol/L。

(2) $c(C)=c(D)=2$ mol/L；$c(A)=c(B)=0.20$ mol/L。

(3) $c(A)=c(B)=c(C)=2$ mol/L；$c(D)=3$ mol/L。

2. 写出下列反应的标准平衡常数 $K^{\ominus}$ 表达式。

(1) $CH_4(g)+2O_2(g) \rightleftharpoons CO_2(g)+2H_2O(g)$。

(2) $Al_2O_3(s)+3H_2(g) \rightleftharpoons 2Al(s)+3H_2O(g)$。

(3) $NO(g)+\dfrac{1}{2}O_2(g) \rightleftharpoons NO_2(g)$。

(4) $BaCO_3(s) \rightleftharpoons BaO(s)+CO_2(g)$。

(5) $NH_3(g) \rightleftharpoons \dfrac{1}{2}N_2(g)+\dfrac{3}{2}H_2(g)$。

3. 采取措施，是否可以使平衡向正反应方向移动？

$$2CO(g)+O_2(g) \rightleftharpoons 2CO_2(g) \quad \Delta H_m^{\ominus}<0$$

附　　录

附录一　一些物质的热力学数据（298.15K）

物质	化学式（物态）	$\Delta_f H_m^{\ominus}/$（kJ/mol）	$\Delta_f G_m^{\ominus}/$（kJ/mol）	$S_m^{\ominus}/[J/(K \cdot mol)]$
银	Ag(s)	0	0	42.55
溴化银	AgBr(s)	−100.37	−96.90	107.1
氯化银	AgCl(s)	−127.07	−109.79	96.2
碘化银	AgI(s)	−61.84	−66.19	115.5
铝	Al(s)	0	0	28.33
氧化铝（刚玉）	Al₂O₃(s)	−1675.7	−1582.3	50.92
溴	Br₂(l)	0	0	152.23
溴	Br₂(g)	30.91	3.11	245.46
石墨	C(s)	0	0	5.74
金刚石	C(s)	1.895	2.90	2.38
四氯化碳	CCl₄(l)	−135.44	−65.21	216.40
四氯化碳	CCl₄(g)	−102.9	−60.59	309.85
一氧化碳	CO(g)	−110.52	−137.17	197.67
二氧化碳	CO₂(g)	−393.51	−394.36	213.74
二硫化碳	CS₂(l)	89.70	65.27	151.34
二硫化碳	CS₂(g)	117.36	67.12	237.84
碳化钙	CaC₂(s)	−59.8	−64.9	69.96
方解石	CaCO₃(s)	−1206.92	−1128.79	92.9
氯化钙	CaCl₂(s)	−795.8	−748.1	104.6
氧化钙	CaO(s)	−635.09	−604.03	39.75
氢氧化钙	Ca(OH)₂(s)	−986.59	−896.69	76.1
氯气	Cl₂(g)	0	0	223.07
铜	Cu(s)	0	0	33.15
氧化铜	CuO(s)	−157.3	−129.7	42.63
氧化亚铜	Cu₂O(s)	−168.6	−146.0	93.14
氟气	F₂(g)	0	0	202.78
氧化铁（赤铁矿）	Fe₂O₃(s)	−824.2	−742.2	87.4
四氧化三铁（磁铁矿）	Fe₃O₄(s)	−1118.4	−1015.4	146.4
硫酸亚铁	FeSO₄(s)	−928.4	−820.8	107.5
氢气	H₂(g)	0	0	130.68
溴化氢	HBr(g)	−36.4	−53.45	198.70
氯化氢	HCl(g)	−92.31	−95.30	186.91
氟化氢	HF(g)	−271.1	−273.2	175.78
碘化氢	HI(g)	26.48	1.70	206.59
氰化氢	HCN(g)	135.1	124.7	201.78
硝酸	HNO₃(l)	−174.10	−80.71	155.60
硝酸	HNO₃(g)	−135.10	−74.72	266.38
磷酸	H₃PO₄(s)	−1279.0	−1119.1	110.50
水	H₂O(l)	−285.83	−237.13	69.91
水	H₂O(g)	−241.82	−228.57	188.83
硫化氢	H₂S(g)	−20.63	−33.56	205.79
硫酸	H₂SO₄(l)	−813.99	−690.00	156.90

物　质	化学式(物态)	$\Delta_f H_m^{\ominus}$ / (kJ/mol)	$\Delta_f G_m^{\ominus}$ /(kJ/mol)	$S_m^{\ominus}$ /[J/(K·mol)]
氯化亚汞	$Hg_2Cl_2(s)$	−265.22	−210.75	192.5
氯化汞	$HgCl_2(s)$	−224.3	−178.6	146.0
碘	$I_2(s)$	0	0	116.14
碘	$I_2(g)$	62.44	19.33	260.69
氯化钾	$KCl(s)$	−436.75	−409.14	82.59
硝酸钾	$KNO_3(s)$	−494.63	−394.86	133.05
硫酸钾	$K_2SO_4(s)$	−1437.79	−1321.37	175.56
硫酸氢钾	$KHSO_4(s)$	−1160.6	−1031.3	138.1
镁	$Mg(s)$	0	0	32.68
氧化镁	$MgO(s)$	−601.70	−569.43	26.94
氢氧化镁	$Mg(OH)_2(s)$	−924.54	−833.51	63.18
氮气	$N_2(g)$	0	0	191.61
氨气	$NH_3(g)$	−46.11	−16.45	192.45
氯化铵	$NH_4Cl(s)$	−314.43	−202.87	94.6
一氧化氮	$NO(g)$	90.25	86.55	210.76
二氧化氮	$NO_2(g)$	33.18	51.31	240.06
氧化二氮	$N_2O(g)$	82.05	104.20	219.85
氯化钠	$NaCl(s)$	−411.15	−384.14	72.13
硝酸钠	$NaNO_3(s)$	−467.85	−367.00	116.52
氢氧化钠	$NaOH(s)$	−425.61	−379.49	64.46
碳酸钠	$Na_2CO_3(s)$	−1130.68	−1044.44	134.98
碳酸氢钠	$NaHCO_3(s)$	−950.81	−851.0	101.7
硫酸钠	$Na_2SO_4(s,正交晶系)$	−1387.08	−1270.16	149.58
氧气	$O_2(g)$	0	0	205.14
臭氧	$O_3(g)$	132.7	163.2	238.93
白磷	$P(\alpha-白磷)$	0	0	41.09
红磷	$P(s,三斜晶系)$	−17.6	−12.1	22.80
磷	$P(g,白磷)$	58.91	24.44	279.98
三氯化磷	$PCl_3(g)$	−297.0	−267.8	311.78
五氯化磷	$PCl_5(g)$	−374.9	−305.0	364.58
硫	$S(s,正交晶系)$	0	0	31.80
硫	$S(g)$	278.81	238.25	167.82
硅	$Si(s)$	0	0	18.83
二氧化硅	$SiO_2(s,石英)$	−910.94	−856.64	41.84
二氧化硅	$SiO_2(s,无定形)$	−903.49	−850.70	46.9
锌	$Zn(s)$	0	0	41.63
氧化锌	$ZnO(s)$	−348.28	−318.30	43.64
甲烷	$CH_4(g)$	−74.81	−50.72	186.26
乙烷	$C_2H_6(g)$	−84.68	−32.82	229.60
丙烷	$C_3H_8(g)$	−103.85	−23.37	270.02
正丁烷	$C_4H_{10}(g)$	−126.15	−17.02	310.23
异丁烷	$C_4H_{10}(g)$	−134.52	−20.75	294.75
正己烷	$C_6H_{14}(l)$	−167.19	−0.05	388.51
环己烷	$C_6H_{12}(l)$	−123.14	31.92	298.35
环己烯	$C_6H_{10}(l)$	−5.36	106.99	310.86
乙烯	$C_2H_4(g)$	52.26	68.15	219.56
乙炔	$C_2H_2(g)$	226.73	29.20	200.94
苯	$C_6H_6(l)$	49.04	124.45	173.26
苯	$C_6H_6(g)$	82.93	129.73	269.31
甲苯	$C_6H_5CH_3(l)$	12.01	113.89	220.96
甲苯	$C_6H_5CH_3(g)$	50.00	122.11	320.77

续表

物　质	化学式（物态）	$\Delta_f H_m^{\ominus}$ /（kJ/mol）	$\Delta_f G_m^{\ominus}$ /（kJ/mol）	$S_m^{\ominus}$ /［J/（K·mol）］
乙苯	$C_6H_5C_2H_5$（l）	−12.47	119.86	255.18
苯乙烯	$C_6H_5CH\!=\!CH_2$（g）	103.89	202.51	237.57
乙醚	$(C_2H_5)_2O$（l）	−279.5	−122.75	253.1
乙醚	$(C_2H_5)_2O$（g）	−252.21	−112.19	342.78
甲醇	CH_3OH（l）	−238.66	−166.27	126.8
甲醇	CH_3OH（g）	−200.66	−161.96	239.81
乙醇	C_2H_5OH（l）	−277.69	−174.74	160.81
乙醇	C_2H_5OH（g）	−235.10	−168.49	282.70
乙二醇	$(CH_2OH)_2$（l）	−454.80	−323.08	166.9
甲醛	$HCHO$（g）	−108.57	−102.53	218.77
乙醛	CH_3CHO（l）	−192.30	−128.12	160.2
丙酮	$(CH_3)_2CO$（l）	−248.1	−133.28	200.4
苯酚	C_6H_5OH（s）	−165.02	−50.31	144.01
甲酸	$HCOOH$（l）	−424.72	−361.35	128.95
乙酸	CH_3COOH（l）	−484.5	−389.9	159.8
乙酸	CH_3COOH（g）	−432.25	−374.0	282.5
苯甲酸	$C_6H_5CH\!=\!CH_2$	−385.14	−245.14	167.57
乙酸乙酯	$C_4H_8O_2$（l）	−479.03	−332.55	259.4
氯仿	$CHCl_3$（l）	−134.47	−73.66	201.7
氯仿	$CHCl_3$（g）	−103.14	−70.34	295.71
溴乙烷	C_2H_5Br（l）	−92.01	−27.7	198.7
溴乙烷	C_2H_5Br（g）	−64.52	−26.48	286.71
四氯化碳	CCl_4（l）	−135.44	−65.21	216.40
四氯化碳	CCl_4（g）	−102.9	−60.59	309.85

附录二　一些物质的标准摩尔燃烧焓（298.15K）

物　质	化学式（物态）	$-\Delta_c H_m^{\ominus}$ /（kJ/mol）	物　质	化学式	$-\Delta_c H_m^{\ominus}$ /（kJ/mol）
石墨	C（s）	393.5	乙醛	CH_3CHO（l）	1166.4
一氧化碳	CO（g）	283.0	丙醛	C_2H_5CHO（l）	1816.3
氢气	H_2（g）	285.8	丙酮	$(CH_3)_2CO$（l）	1790.4
甲烷	CH_4（g）	890.3	甲乙酮	$CH_3COC_2H_5$（l）	2444.2
乙烷	C_2H_6（g）	1559.8	甲酸	$HCOOH$（l）	254.6
丙烷	C_3H_8（g）	2219.9	乙酸	CH_3COOH（l）	874.5
正丁烷	C_4H_{10}（g）	2878.5	丙酸	C_2H_5COOH（l）	1527.3
正戊烷	C_5H_{12}（l）	3509.5	正丁酸	C_3H_7COOH（l）	2183.5
正戊烷	C_5H_{12}（g）	3536.1	丙二酸	$CH_2(COOH)_2$（s）	861.2
乙烯	C_2H_4（g）	1411.0	丁二酸	$(CH_2COOH)_2$（s）	1491.0
乙炔	C_2H_2（g）	1299.6	乙酸酐	$(CH_3CO)_2O$（l）	1806.2
环丙烷	C_3H_6（g）	2091.5	甲酸甲酯	$HCOOCH_3$（l）	979.5
环丁烷	C_4H_8（l）	2720.5	苯酚	C_6H_5OH（s）	3053.5
环戊烷	C_5H_{10}（l）	3290.9	苯甲醛	C_6H_5CHO（l）	3527.9
环己烷	C_6H_{12}（l）	3919.9	苯乙酮	$C_6H_5COCH_3$（l）	4148.9
苯	C_6H_6（l）	3267.5	苯甲酸	C_6H_5COOH（s）	3226.9
萘	$C_{10}H_8$（s）	5153.9	邻苯二甲酸	$C_6H_4(COOH)_2$（s）	3223.5
甲醇	CH_3OH（l）	726.5	苯甲酸甲酯	$C_6H_5COOCH_3$（l）	3957.6
乙醇	C_2H_5OH（l）	1366.8	蔗糖	$C_{12}H_{22}O_{11}$（s）	5640.9
正丙醇	C_3H_7OH（l）	2019.8	甲胺	CH_3NH_2（l）	1060.6
正丁醇	C_4H_9OH（l）	2675.8	乙胺	$C_2H_5NH_2$（l）	1713.3
甲乙醚	$CH_3OC_2H_5$（g）	2107.4	尿素	$(NH_3)_2CO$（s）	631.7
乙醚	$(C_2H_5)_2O$（l）	2751.1	吡啶	C_2H_5N（l）	2782.4
甲醛	$HCHO$（g）	570.8	乙酸乙酯	$C_4H_8O_2$（l）	2246.4

参 考 文 献

[1] 王宝仁，王英健．基础化学．辽宁：大连理工大学出版社，2010.

[2] 高琳．基础化学．北京：高等教育出版社，2012.

[3] 王利明，陈红梅，李双石．化学．北京：化学工业出版社，2011.

[4] 房爱敏，董素芳．基础化学．北京：化学工业出版社，2010.

[5] 郭建民．高分子材料化学基础．北京：化学工业出版社，2009.

[6] 张立新，王宏．传质分离技术．北京：化学工业出版社，2009.

元素周期表

IUPAC 2013

电子层

图例说明：

95 — 原子序数
Am — 元素符号(红色的为放射性元素)
镅 — 元素名称(注▲的为人造元素)
5f⁷7s² — 价层电子构型

氧化态(单质的氧化态为0，未列入；常见的为红色)

以 ¹²C=12 为基准的原子量(注◆的是半衰期最长同位素的原子量)

s区元素　p区元素
d区元素　ds区元素
f区元素　稀有气体

周期	IA		IIA	IIIB	IVB	VB	VIB	VIIB	VIIIB(VIII)			IB	IIB	IIIA	IVA	VA	VIA	VIIA	VIIIA(0)
1	1 H 氢 1s¹ 1.008																		2 He 氦 1s² 4.002602(2)
2	3 Li 锂 2s¹ 6.94		4 Be 铍 2s² 9.0121831(5)											5 B 硼 2s²2p¹ 10.81	6 C 碳 2s²2p² 12.011	7 N 氮 2s²2p³ 14.007	8 O 氧 2s²2p⁴ 15.999	9 F 氟 2s²2p⁵ 18.998403163(6)	10 Ne 氖 2s²2p⁶ 20.1797(6)
3	11 Na 钠 3s¹ 22.98976928(2)		12 Mg 镁 3s² 24.305											13 Al 铝 3s²3p¹ 26.9815385(7)	14 Si 硅 3s²3p² 28.085	15 P 磷 3s²3p³ 30.973761998(5)	16 S 硫 3s²3p⁴ 32.06	17 Cl 氯 3s²3p⁵ 35.45	18 Ar 氩 3s²3p⁶ 39.948(1)
4	19 K 钾 4s¹ 39.0983(1)		20 Ca 钙 4s² 40.078(4)	21 Sc 钪 3d¹4s² 44.955908(5)	22 Ti 钛 3d²4s² 47.867(1)	23 V 钒 3d³4s² 50.9415(1)	24 Cr 铬 3d⁵4s¹ 51.9961(6)	25 Mn 锰 3d⁵4s² 54.938044(3)	26 Fe 铁 3d⁶4s² 55.845(2)	27 Co 钴 3d⁷4s² 58.933194(4)	28 Ni 镍 3d⁸4s² 58.6934(4)	29 Cu 铜 3d¹⁰4s¹ 63.546(3)	30 Zn 锌 3d¹⁰4s² 65.38(2)	31 Ga 镓 4s²4p¹ 69.723(1)	32 Ge 锗 4s²4p² 72.630(8)	33 As 砷 4s²4p³ 74.921595(6)	34 Se 硒 4s²4p⁴ 78.971(8)	35 Br 溴 4s²4p⁵ 79.904	36 Kr 氪 4s²4p⁶ 83.798(2)
5	37 Rb 铷 5s¹ 85.4678(3)		38 Sr 锶 5s² 87.62(1)	39 Y 钇 4d¹5s² 88.90584(2)	40 Zr 锆 4d²5s² 91.224(2)	41 Nb 铌 4d⁴5s¹ 92.90637(2)	42 Mo 钼 4d⁵5s¹ 95.95(1)	43 Tc 锝▲ 4d⁵5s² 97.90721(3)◆	44 Ru 钌 4d⁷5s¹ 101.07(2)	45 Rh 铑 4d⁸5s¹ 102.90550(2)	46 Pd 钯 4d¹⁰ 106.42(1)	47 Ag 银 4d¹⁰5s¹ 107.8682(2)	48 Cd 镉 4d¹⁰5s² 112.414(4)	49 In 铟 5s²5p¹ 114.818(1)	50 Sn 锡 5s²5p² 118.710(7)	51 Sb 锑 5s²5p³ 121.760(1)	52 Te 碲 5s²5p⁴ 127.60(3)	53 I 碘 5s²5p⁵ 126.90447(3)	54 Xe 氙 5s²5p⁶ 131.293(6)
6	55 Cs 铯 6s¹ 132.90545196(6)		56 Ba 钡 6s² 137.327(7)	57~71 La~Lu 镧系	72 Hf 铪 5d²6s² 178.49(2)	73 Ta 钽 5d³6s² 180.94788(2)	74 W 钨 5d⁴6s² 183.84(1)	75 Re 铼 5d⁵6s² 186.207(1)	76 Os 锇 5d⁶6s² 190.23(3)	77 Ir 铱 5d⁷6s² 192.217(3)	78 Pt 铂 5d⁹6s¹ 195.084(9)	79 Au 金 5d¹⁰6s¹ 196.966569(5)	80 Hg 汞 5d¹⁰6s² 200.592(3)	81 Tl 铊 6s²6p¹ 204.38	82 Pb 铅 6s²6p² 207.2(1)	83 Bi 铋 6s²6p³ 208.98040(1)	84 Po 钋▲ 6s²6p⁴ 208.98243(2)◆	85 At 砹▲ 6s²6p⁵ 209.98715(5)◆	86 Rn 氡▲ 6s²6p⁶ 222.01758(2)◆
7	87 Fr 钫▲ 7s¹ 223.01974(2)◆		88 Ra 镭▲ 7s² 226.02541(2)◆	89~103 Ac~Lr 锕系	104 Rf 鿔▲ 6d²7s² 267.122(4)◆	105 Db 𫔭▲ 6d³7s² 270.131(4)◆	106 Sg 𬭳▲ 6d⁴7s² 269.129(3)◆	107 Bh 𬭛▲ 6d⁵7s² 270.133(2)◆	108 Hs 𬭶▲ 6d⁶7s² 270.134(2)◆	109 Mt 鿏▲ 6d⁷7s² 278.156(5)◆	110 Ds 𫟼▲ 281.165(4)◆	111 Rg 𬬿▲ 281.166(6)◆	112 Cn 鿔▲ 285.177(4)◆	113 Nh 鿭▲ 286.182(5)◆	114 Fl 𫓧▲ 289.190(4)◆	115 Mc 镆▲ 289.194(6)◆	116 Lv 𫟷▲ 293.204(4)◆	117 Ts 鿬▲ 293.208(6)◆	118 Og 鿫▲ 294.214(5)◆

★ 镧系

57 La 镧 5d¹6s² 138.90547(7)	58 Ce 铈 4f¹5d¹6s² 140.116(1)	59 Pr 镨 4f³6s² 140.90766(2)	60 Nd 钕 4f⁴6s² 144.242(3)	61 Pm 钷▲ 4f⁵6s² 144.91276(2)◆	62 Sm 钐 4f⁶6s² 150.36(2)	63 Eu 铕 4f⁷6s² 151.964(1)	64 Gd 钆 4f⁷5d¹6s² 157.25(3)	65 Tb 铽 4f⁹6s² 158.92535(2)	66 Dy 镝 4f¹⁰6s² 162.500(1)	67 Ho 钬 4f¹¹6s² 164.93033(2)	68 Er 铒 4f¹²6s² 167.259(3)	69 Tm 铥 4f¹³6s² 168.93422(2)	70 Yb 镱 4f¹⁴6s² 173.045(10)	71 Lu 镥 4f¹⁴5d¹6s² 174.9668(1)

★ 锕系

89 Ac 锕▲ 6d¹7s² 227.02775(2)◆	90 Th 钍▲ 6d²7s² 232.0377(4)	91 Pa 镤▲ 5f²6d¹7s² 231.03588(2)	92 U 铀▲ 5f³6d¹7s² 238.02891(3)	93 Np 镎▲ 5f⁴6d¹7s² 237.04817(2)◆	94 Pu 钚▲ 5f⁶7s² 244.06421(4)◆	95 Am 镅▲ 5f⁷7s² 243.06138(2)◆	96 Cm 锔▲ 5f⁷6d¹7s² 247.07035(3)◆	97 Bk 锫▲ 5f⁹7s² 247.07031(4)◆	98 Cf 锎▲ 5f¹⁰7s² 251.07959(3)◆	99 Es 锿▲ 5f¹¹7s² 252.0830(3)◆	100 Fm 镄▲ 5f¹²7s² 257.09511(5)◆	101 Md 钔▲ 5f¹³7s² 258.09843(3)◆	102 No 锘▲ 5f¹⁴7s² 259.10100(7)◆	103 Lr 铹▲ 5f¹⁴6d¹7s² 262.110(2)◆